北京大學《儒藏》編纂與研究中心 編

《儒藏》精華編選刊

孝經注解 溫公易說 司馬氏書儀 家範

北京大學出版社
PEKING UNIVERSITY PRESS

圖書在版編目 (CIP) 數據

孝經注解;温公易説;司馬氏書儀;家範 / (唐)玄宗李隆基等注;北京大學《儒藏》編纂與研究中心編. —北京：北京大學出版社，2023.9
(《儒藏》精華編選刊)
ISBN 978-7-301-34070-7

Ⅰ. ①孝… Ⅱ. ①玄… ②北… Ⅲ. ①《孝經》– 注釋 ②《周易》– 注釋 ③禮儀 – 中國 – 古代 ④家庭道德 – 中國 – 北宋 Ⅳ. ① B823.1 ② B221.2 ③ K892.9 ④ B823.1

中國國家版本館 CIP 數據核字 (2023) 第 101749 號

書　　名　孝經注解　温公易説　司馬氏書儀　家範
XIAOJING ZHUJIE　WENGONG YISHUO　SIMASHI SHUYI　JIAFAN
著作責任者　〔唐〕玄宗李隆基　注　〔北宋〕司馬光　指解
〔北宋〕范祖禹　説；趙四方、井良俊　校點
〔北宋〕司馬光　撰；劉保貞　校點
〔北宋〕司馬光　撰；张焕君　校點
〔北宋〕司馬光　撰；萬義廣、李倩、温樂平　校點
北京大學《儒藏》編纂與研究中心　編
策劃統籌　馬辛民
責任編輯　吴冰妮
標準書號　ISBN 978-7-301-34070-7
出版發行　北京大學出版社
地　　址　北京市海淀區成府路 205 號　100871
網　　址　http://www.pup.cn　新浪微博：@ 北京大學出版社
電子郵箱　編輯部 dj@pup.cn　總編室 zpup@pup.cn
電　　話　郵購部 010-62752015　發行部 010-62750672
編輯部 010-62756449
印 刷 者　三河市北燕印裝有限公司
經 銷 者　新華書店
650 毫米 ×980 毫米　16 開本　31.75 印張　270 千字
2023 年 9 月第 1 版　2023 年 9 月第 1 次印刷
定　　價　126.00 元

目録

家範

孝經注解

〔唐〕玄宗李隆基 注
〔北宋〕司馬光 指解
范祖禹 說
趙四方 井良俊 校點

校點説明

《孝經注解》一卷，唐玄宗注，宋司馬光指解，宋范祖禹説。

司馬光（一〇一九—一〇八六），字君實，陝州夏縣涑水鄉（今屬山西）人，世稱涑水先生。宋仁宗寶元（一〇三八—一〇四〇）初中進士，歷官直祕閣、開封府推官。英宗時進龍圖閣直學士。神宗即位，擢爲翰林學士。因極言新法不便，忤王安石，出判西京御史臺，凡居洛陽十五年。哲宗立，拜尚書左僕射兼門下侍郎，力除新法。元祐元年九月卒，年六十八，贈太師、温國公，謚文正。司馬光一生著述宏富，除《古文孝經指解》外，有《資治通鑑考異》、《稽古録》、《温公易説》等多種著作，其中尤以主持編修之《資治通鑑》對後世影響最巨。其生平及學術詳參《宋史》卷三三六及《宋元學案》卷七、卷八。

范祖禹（一〇四一—一〇九八），字淳夫（又作甫、父），一字夢得，成都華陽（今屬四川）人。仁宗嘉祐八年（一〇六三）中進士，從司馬光編修《資治通鑑》，在洛十五年，不樂仕進。書成，司馬光薦爲祕書省正字。哲宗立，累遷著作郎兼侍講，拜右諫議大夫。後因言者攻之，連貶而卒，年五十八。傳世著作有《唐鑑》、《帝學》、《范太史集》等。其生平及學術詳參

《宋史》卷三三七及《宋元學案》卷二一。

《孝經》有今文、古文二本。今文有鄭氏注，古文舊傳有孔安國傳，後亡於梁亂，隋時曾復得一本。唐開元七年（七一九），玄宗詔令群儒質定今古，後頒行御注，終以今文十八章爲定，於是今文遂行，古文幾廢。及至宋仁宗皇祐年間，司馬光於館閣董理祕府藏書，得見「鄭氏、明皇及古文三家」《孝經》，其中「古文有經無傳」。據司馬光所作《古文孝經指解序》，祕府所藏本「蓋後世好事者用孔氏傳本，更以古文寫之，其文則非，其語則是」，且因「始藏之時，去聖未遠」，故而司馬光以爲「其書最真」，並據此本「以隸寫古文爲之《指解》」。書成之後，司馬光於仁宗、神宗朝兩次進御，並分别上《進古文孝經指解表》和《進孝經指解劄子》。哲宗元祐三年（一〇八八），經筵侍講范祖禹據司馬光《指解》本作《古文孝經説》一卷。在《進古文孝經説劄子》中，范祖禹認爲今、古文《孝經》「雖不同者無幾，然古文實得其正」（《范太史集》卷十四《奏議》）。於此可見，司馬光、范祖禹皆對古文《孝經》推崇備至。司馬、范二書問世後，古文《孝經》名存實亡的局面爲之一變，尤其是朱熹據古文作《孝經刊誤》之後，對古文《孝經》的推崇一時蔚爲風氣。

北宋以前，古文《孝經》曾多次出現。漢武帝末魯恭王壞孔子宅，曾得古文《孝經》（《漢書·藝文志》）。後世學者云孔安國曾爲之作傳，因梁亂而亡佚。隋時祕書監王劭於京師訪得古文《孝經》孔傳，送至河間劉炫處，後上於朝廷，唐初之人已多疑其僞（《隋書·經籍志》）。至唐大曆時，李士訓從灞上得石函絹素古文《孝經》，爲「科斗」文，李陽冰、韓愈等人皆曾傳習之。據今人舒大剛先生《司馬光指解本〈古文孝經〉的源流與演變》、《論宋代的〈古文孝經〉學》二文的考證，司馬光在館閣所見之古文《孝經》，當爲唐李士訓所得之石函絹素本經文。

今見於著録的司馬光《古文孝經指解》各類傳本均爲合編本。其中，《通志堂經解》康熙十九年（一六八〇）刻本中《孝經注解》（以下簡稱「通志堂本」）刊刻年代最早，故此次校點以之作爲底本。此本曾於同治十二年（一八七三）重刻。通志堂本將玄宗注、司馬光指解、范祖禹説三書合刻。翁方綱《通志堂經解目録》曾引何焯語，稱此本源出「李中麓本」，則明代李開先之時，三書已經合編。周中孚《鄭堂讀書記》認爲合編「當出於元、明間人所爲」，而舒大剛先生在前二文中，將三書合編的最早可能年代上推至南宋寧宗時期，這一看法當爲近實。

《增訂四庫簡明目録標注》中「古文孝經指解」條下，録有「明覆宋本」，今不見於各館著録，其爲單行本抑或合編本難以確定。南宋晁公武《郡齋讀書志》、尤袤《遂初堂書目》和陳振孫《直齋書録解題》皆著録「司馬光《指解》」、「范祖禹《説》」各一卷，明初《文淵閣書目》亦著録「《温公孝經指（揮）〔解〕》一部一册」，這表明《古文孝經指解》單行本從南宋直至明初皆有流傳，然今已難確知其具體面貌。

就古文《孝經》經文而言，范祖禹書古文《孝經》石刻校勘價值極高，馬衡先生曾全文録入《凡將齋金石叢稿》卷六（中華書局，一九七七年），並稱其爲「唯一最早之古文本」。古文石刻本凡二十二章，與通志堂本章數雖同，但分章之處小有出入。古文石刻本第六章「此庶人之孝也」下，即接「故自天子」一段二十三字，又下接「曾子曰」等九字，通爲一章，而通志堂本則將「故自天子」一段别爲第七章，「曾子曰」等九字屬第八章。古文石刻本「先王見教之可以化民也」以下别爲第八章，通志堂本則屬上爲一章。除分章之異，通志堂本與古文石刻本在文字上亦多有增删、相異之處。

臺灣商務印書館影印文淵閣《四庫全書》本《古文孝經指解》一卷，《四庫全書總目》謂：「不著編輯者名氏，以宋司馬光、范祖禹之説合爲一書。」四庫館臣稱據内府藏本抄録，此内府藏本今已無從得見，唯知亦是合編本。該本第二十章「言之不通也」五字爲大字經文，四庫館臣已發現此誤（今取古文石刻本核之，該五字確爲後人誤注入經），然而一仍舊貌。該本首録玄宗序，次録司馬光指解序，次録范祖禹説序。通志堂本則首録司馬光指解序，次録玄宗序，次録范祖禹説序。

乾隆元年（一七三六），陳宏謀在雲南刊刻《孝經注解》，跋語稱據通志堂本。道光二十七年（一八四七）二月，諸城李璋煜又取陳宏謀本校以通志堂本刊刻；同年九月，文山李延福重刊李璋煜本，是爲求是軒刻本。此本源出通志堂本，産生過程中雖曾校以通志堂本，然而差别甚大，且多有訛誤。中國國家圖書館所藏清刻本《孝經注解》，亦源出通志堂本。該館將其著録爲南海何氏刻本，從異文來看，與求是軒刻本關係極近。唯求是軒刻本中陳宏謀、何文綺等人跋語位於書首，此本則位於書末，因而其産生年代或稍晚於求是軒刻本。另外，道光十四年（一八三四）福山王德瑛日省吾齋刻《今古文孝經彙刻》本《孝經指解》，删去玄宗注，序跋皆無，不知所出。

晚清錢塘伊樂堯曾單獨録司馬光《指解》爲一册，附范説於後，仁和金繩武認爲《指解》「與明皇注及范淳夫説混併爲一，使切要之旨汩於叢冗之中而勿見」，遂於咸豐七年（一八五七）取伊樂堯所録付梓，是爲評花僊館本。該本題《古文孝經指解》一卷，無玄宗注，《指解》文末冠以「司馬光曰」四字，末附范祖禹説。據金繩武跋語，可知伊樂堯據以改定者亦是合編本，然而究爲何本，未有明言。其後，伊樂堯又對評花僊館本進行改編，取司馬光指解、范祖禹説與李光地注合編，將范説、李注散於各章之後，且於《孝經》經文悉舍古從今。桂林朱琦於咸豐十一年（一八六一）取而刻之，題《孝經指解説注》一卷。上述二本有一共同之處，即皆將「言之不通也」五字以小字刊刻，蓋視之爲司馬光《指解》文，所見良是，且其異文亦多有當理之處。除卻上述諸本，尚有日本文化刻《通志堂經解》本，未及核校，附識於此。

此次校點以通志堂本（復旦大學圖書館藏本）爲底本，以古文石刻本（馬衡先生《凡將齋金石叢稿》卷六）爲主校本，同時參校影印文淵閣《四庫全書》本（簡稱「四庫本」）、評花僊館本（南京圖書館藏本，簡稱「金本」）、日省吾齋刻本（復旦大學圖書館藏本，簡稱「王本」）、求是軒刻本（上海圖書館藏本，簡稱「李本」）、南海何氏刻本（中國國家圖書館藏本，簡稱「何本」）。又，湖北省圖書館藏羊城拾芥園本《孝經注解》，經校點者查勘，實爲何本後印本）、桂林朱琦咸豐十一年刻本（浙江省圖書館藏本，簡稱「朱本」）、同治重刻通志堂本（復旦大學圖書館藏本）。爲保持底本的完整性與獨立性，除少數能斷定文義不通者，皆只出異文校記而不據以改補底本。各本所題書名不一，今遵從底本，題《孝經注解》。底本內「玄」、「炫」、「眩」等字避清聖祖名諱缺末筆，今一律補足缺筆。爲清眉目，此次整理以空行區别各章。限於學力，疏漏難免，尚祈方家不吝指正。

校點者　趙四方　井良俊

古文孝經指解序

朝奉郎守殿中丞充集賢校理史館
撿討臣司馬光上進

聖人言則爲經，動則爲法。故孔子與曾參論孝，而門人書之，謂之《孝經》。及傳授滋久，章句寖差，孔氏之人畏其流蕩失真，故取其先世定本，雜虞、夏、商、周之書及《論語》藏諸壁中。苟使人或知之，則旋踵散失，故雖子孫不以告也。遭秦滅學，天下之書埽地無遺。漢興，河閒人顔芝之子得《孝經》十八章，儒者相與傳之，是爲今文。及魯共王壞孔子宅而古文始出，凡二十二章。當是之時，今文之學已盛，故古文排根，不得列於學官。獨孔安國及後漢馬融爲之傳。諸儒黨同疾異，信僞疑真，是以歷載累百而孤學沈厭，人無知者。隋開皇中，祕書學生王逸於陳人處得之，❶河閒劉炫爲之作《稽疑》一篇，將以興墜起廢，而時

❶「學生王逸」，中華書局影印嘉慶刊《十三經注疏》本《孝經注疏》（以下簡稱「中華本」）「御製序并注」疏文，阮校云：「《文苑英華》『王』下有『孝』字。又注云一本『生』作『士』，案《唐會要》作『士』。」

人已多譏笑之者。及唐明皇開元中，詔議孔、鄭二家。劉知幾以爲宜行孔廢鄭，於是諸儒爭難蠭起，卒行鄭學。及明皇自注，遂用十八章爲定。先儒皆以爲孔氏避秦禁而藏書，臣竊疑其不然。何則？秦科斗之書廢絶已久，❶又始皇三十四年始下焚書之令，距漢興纔七年耳。孔氏子孫豈容悉無知者，必待共王然後乃出？蓋始藏之時，去聖未遠，其書最真，與夫他國之人轉相傳授、歷世疎遠者誠不侔矣。且《孝經》與《尚書》俱出壁中，今人皆知《尚書》之真，而疑《孝經》之僞，是何異信膾之可啗，而疑炙之不可食也？嗟乎！真僞之明皦若日月，而歷世争論不能自伸。雖其中異同不多，然要爲得正，此學者所當重惜也。前世中，《孝經》多者五十餘家，少者亦不減十家。今祕閣所藏止有鄭氏、明皇及古文三家而已。其古文有經無傳，案孔安國以古文時無通者，故以隸體寫《尚書》而傳之。然則《論語》、《孝經》不得獨用古文。此蓋後世好事者用孔氏傳本，更以古文寫之，其文則非，其語則是也。夫聖人之經，高深幽遠，固非一人所能獨了。是以前世並存百家之説，使明者擇焉，所以廣思慮、重經術也。臣愚雖不足以度越前人之胷臆，闚望先聖之藩籬，至於時有所見，亦各言爾志之義，是敢輒以隸寫古文爲之《指解》。其今文舊注有未盡者，引而伸之；其

❶「秦」下，金本、朱本有「世」字。

不合者，易而去之。亦未知此之爲是而彼之爲非。然經猶的也，一人射之，不若衆人射之，其爲取中多矣。臣不敢避狂僭之罪，而庶幾於先王之道萬一有所補焉。

今文孝經序

唐玄宗皇帝

朕聞上古，其風朴略，雖因心之孝已萌，而資敬之禮猶簡。及乎仁義既有，親譽益著，聖人知孝之可以教人也，故「因嚴以教敬，因親以教愛」，於是以順移忠之道昭矣，立身揚名之義彰矣。子曰：「吾志在《春秋》，行在《孝經》。」是知孝者德之本歟！經曰：「昔者明王之以孝治天下也，不敢遺小國之臣，而況於公、侯、伯、子、男乎？」朕嘗三復斯言，景行先哲，雖無德教加於百姓，庶幾廣愛刑于四海。嗟乎！夫子没而微言絶，異端起而大義乖。況泯絶於秦，得之者皆煨燼之末；濫觴於漢，傳之者皆糟粕之餘。故魯史《春秋》，學開五傳；《國風》、《雅》、《頌》，分爲四《詩》。去聖逾遠，源流益别。近觀《孝經》舊注，踳駮尤甚。至於迹相祖述，殆且百家；業擅專門，猶將十室。希升堂者必自開户牖，攀逸駕者必騁殊軌轍，是以道隱小成，言隱浮僞。且傳以通經爲義，義以必當爲主。至當歸一，精義無二，安得不翦其繁蕪而撮其樞要也？韋昭、王肅，先儒之領袖；虞翻、劉卲，❶抑又次焉。劉炫明安國之本，陸澄譏康成之注。在理或當，何必求人？今故特舉六家之異同，會五經之旨趣。約文敷暢，義則昭然；分注錯經，❷理亦條貫。寫之琬琰，庶有補於將來。且夫子談經，志取垂訓，雖五孝之用則别，而百行之源不殊。是以一章之中，凡有數句；一句之内，意有兼明。具載則文繁，略之又義闕，今存於疏，用廣發揮。

❶「卲」，原作「邵」，《四庫全書總目》卷一百十七子部雜家類《人物志》提要引宋庠考證應作「卲」，據改。

❷「分注錯經」，原作「經分注錯」，據中華本及李本、何本改。

古文孝經説序

修實録撿討官承議郎祕書省著作郎
兼侍講臣范祖禹上進

古文《孝經》二十二章，與《尚書》、《論語》同出於孔氏壁中。歷世諸儒，疑眩莫能明，故不列於學官。今文十八章，自唐明皇爲之注，遂行於世。二書雖大同而小異，然得其真者古文也。臣今竊以古爲據，而申之以訓説，雖不足以明先王之道，庶幾有萬一之補焉。臣謹上。

孝經

唐玄宗皇帝注　宋司馬光指解
范祖禹説

仲尼閒居，今文無「閒」。玄宗曰：仲尼，孔子字。居，謂閒居。曾子侍坐。今文無「坐」。玄宗曰：曾子，孔子弟子。侍，謂侍坐。子曰：「參，先王有至德要道，以順天下，民用和睦，上下無怨。女知之乎？」玄宗曰：孝者，德之至、道之要也。言先代聖德之主能順天下人心，行此至要之化，則上下臣人，❶和睦無怨。○司馬光曰：聖人之德，無以加於孝，故曰「至德」。可以治天下、通神明，故曰「要道」。天地之經而民是則，非先王强以教民，故曰「以順天下」。孝道既行，則父父、子子、兄兄、弟弟，故民和睦。下以忠順事其上，上不敢侮慢其下，故「上下無怨」。曾子避席，曰：「參不敏，何足以知之？」玄宗曰：參，曾子名也。禮，師有問，避席起答。敏，達也。言參不達，何足以知此至要之義。子曰：「夫孝，德之

❶「臣」，原作「神」，據中華本改。

本，玄宗曰：人之行，莫大於孝，故爲德本。教之所由生。玄宗曰：言教從孝而生。復坐，吾語女。玄宗曰：曾參起對，故使復坐。○司馬光曰：人之修德必始於孝，而後仁義生。先王之教亦始於孝，而後禮樂興。身體髮膚，受之父母，不敢毁傷，孝之始也；玄宗曰：父母全而生之，己當全而歸之，故不敢毁傷。○司馬光曰：身體，言其大；髮膚，言其細。細猶愛之，况其大乎？夫聖人之教，所以養民而全其生也。苟使民輕用其身，則違道以求名，乘險以要利，忘生以決忿，如是而生民之類滅矣。故聖人論孝之始，而以愛身爲先。或曰：孔子云「有殺身以成仁」，然則仁者固不孝與？曰：非此之謂也。此之所言，常道也；彼之所論，遭時不得已而爲之也。仁者豈樂殺其身哉？顧不能兩全，則舍生而取仁，非謂輕用其身也。立身行道，揚名於後世，以顯父母，孝之終也。玄宗曰：言能立身行此孝道，自然名揚後世，光顯其親。故行孝以不毁爲先，揚名爲後。○司馬光曰：人之所謂孝者，「有事，弟子服其勞；有酒食，先生饌」。聖人以爲此特養爾，非孝也。所謂孝：「國人稱願然，曰：『幸哉！有子如此。』」故君子立身行道，以爲親也。夫孝，始於事親，中於事君，終於立身。玄宗曰：言行孝以事親爲始，事君爲中，忠孝道著，乃能揚名榮親，故曰「終於立身」也。○司馬光曰：明孝非直親而已。《大雅》云：『無念爾祖，聿修厥德。』」玄宗曰：《詩·大雅》也。無念，念也。聿，述也。厥，其也。義取恒念先祖，述修其德。○司馬光曰：毋念，念也。言毋亦念爾之祖乎，而不修德也？引此以證人之修德，皆恐辱先也。○范祖禹曰：聖人之德，無以加於孝，故曰「至德」。治天下之道，莫先於孝，故曰「要道」。因民之性而順之，故曰「順天下」。「民用和睦，上下無怨」，順之至也。上以善道順下，故下無怨；下以愛心順上，故上無怨。人之爲德，必以孝爲本，先王所以治天下，亦本於孝而後教生焉。孝者，五常之本，百行之基也。未有孝而不仁者也，未有孝而不義者也，未有孝而無禮者也，未有孝而不智者也，未有孝而不信者也。以事君則忠，以事兄則悌，以治民則愛，以撫幼則慈。德不本於孝，則非德也；教不生於孝，則非教也。君子之行必本於身。《記》曰：「身也者，親之枝也。」可不敬乎？身體髮膚，受之於親而愛之，則不敢忘其本。不敢忘其本，則不爲不善以辱其親。此所以爲孝之始也。善不積不足以立身，身不立不足以行道。行修於内而名從之矣。故以身爲法於天下，而揚名於後世，以顯其親者，孝之終也。居則事親者，在家之孝也；出則事長者，❶在邦之孝也；立身揚名者，永世之孝也。盡此三道者，君子所以成德也。《記》曰：「必則古昔，稱先王。」故孔子言孝，每以《詩》、《書》明之，言必有稽也。

子曰：「愛親者不敢惡於人，玄宗曰：博愛也。敬親者不敢慢於人。玄宗曰：廣敬也。○司馬光曰：語更端，故以「子曰」起之。不敢惡慢，明出乎此者返乎彼者也。惡慢於人，則人亦惡慢之，如此辱將及親。愛敬盡於事親，而德教加於百姓，刑于四海，玄宗曰：刑，法也。君行博愛、廣敬之道，使人皆不慢惡其親，則德教加被天下，當爲四夷之所法則也。蓋天子之孝。玄宗曰：蓋，猶略也。孝道廣大，此略言之。○司馬光曰：愛恭人者，懼辱親也。然愛人，人亦愛之；恭人，人亦恭之。人愛之，則莫不親；

❶「長」，金本、朱本作「君」。

人恭之，則莫不服。以天子而行此道，則德教可以加於百姓，刑于四海矣。刑，法也。言皆以爲法。《甫刑》云：『一人有慶，兆民賴之。』」玄宗曰：《甫刑》即《尚書·吕刑》也。一人，天子也。慶，善也。十億曰兆。義取天子行孝，兆人皆賴其善。○司馬光曰：慶，善也。一人爲善，而天下賴之，明天子舉動，所及者遠，不可不慎也。○范祖禹曰：天子之孝，始於事親，以及天下。愛親則無不愛也，故不敢惡於人；敬親則無不敬也，故不敢慢於人。天子之於天下也，不敢有所惡，亦不敢有所慢，則事親之道，極其愛敬矣。刑之爲言法也。德教加於百姓，刑于四海者，皆以天子爲法也。天子者，天下之表也。率天下以視一人，天子愛親，則四海之内無不愛其親者矣；天子敬親，則四海之内無不敬其親者矣。天子者，所以爲法於四海也。《詩》曰：「羣黎百姓，徧爲爾德。」故孝始於一心，而教被於天下；慶在其一身，而億兆無不賴之也。

「在上不驕，❶高而不危；玄宗曰：諸侯，列國之君，貴在人上，可謂高矣，而能不驕，則免危也。○司馬光曰：高而危者，以驕也。制節謹度，滿而不溢。玄宗曰：費用約儉謂之制節，慎行禮法謂之謹度。無禮爲驕，奢泰爲溢。○司馬光曰：滿爲溢者，❷以奢也。制節，制財用之節。謹度，不越法度。高而不危，所以長守貴；滿而不溢，所以長守富。富貴不離其身，然後能保其社稷，而和其民人，

---

❶「在」上，古文石刻本有「子曰」二字。

❷「爲」，金本、朱本作「而」。

玄宗曰：列國皆有社稷，其君主而祭之。言富貴常在其身，則長爲社稷之主，而人自和平也。蓋諸侯之孝。司馬光曰：能保社稷，孝莫大焉。《詩》云：『戰戰兢兢，如臨深淵，如履薄冰。』」玄宗曰：戰戰，恐懼。兢兢，戒慎。臨深恐墜，履薄恐陷，義取爲君恒須戒慎。○司馬光曰：不敢爲驕奢。○范祖禹曰：國君之位可謂高矣，有千乘之國可謂滿矣。在上位而不驕，故雖高而不危；制節而能約，謹度而不過，故雖滿而不溢。貴者易驕，驕則必危；富者易盈，盈則必覆。故聖人戒之。貴而不驕則能保其貴矣，富而不奢則能保其富矣。國君不可以失其位，惟勤於德，則富貴不離其身，故能保其社稷，和其民人。所受於天子、先君者也，❶能保之則爲孝矣。《詩》云：「戰戰兢兢，如臨深淵，如履薄冰。」言處富貴者持身當如此，戒慎之至也。夫位愈大者守愈約，民愈衆者治愈簡。《中庸》曰：「君子篤恭而天下平。」故天子以事親爲孝，諸侯以守位爲孝。事親而天下莫不孝，守位而後社稷可保，民人乃和。天子者，與天地參，德配天地，富貴不足以言之也。

「非先王之法服不敢服，❷玄宗曰：服者，身之表也。先王制五服，各有等差。言卿大夫遵守禮法，不敢僭上逼下。非先王之法言不敢道，非先王之德行不敢行。玄宗曰：法言，謂禮法之言。德行，謂道德之行。若言非法、行非德，則虧孝道，故不敢也。○司馬光曰：君當制義，臣當奉法，故卿大夫奉法

---

❶ 「所」上，金本、朱本有「社稷民人」四字。

❷ 「非」上，古文石刻本有「子曰」二字。

而已。**是故非法不言，非道不行。**玄宗曰：言必守法，行必遵道。○司馬光曰：謂出於身者也。**口無擇言，身無擇行。**玄宗曰：言行皆遵法道，所以無可擇也。○司馬光曰：謂接於人者也。擇，謂或是或非，可擇者也。**言滿天下無口過，行滿天下無怨惡。**玄宗曰：禮法之言，焉有口過？道德之行，自無怨惡。○司馬光曰：謂及於天下者也。言雖遠及於天下，猶無過差，爲人所怨惡。**三者備矣，然後能守其宗廟，**玄宗曰：三者，服、言、行也。禮，卿大夫立三廟，以奉先祖。言能備此三者，則能長守宗廟之祀。**蓋卿大夫之孝也。**司馬光曰：三者，謂出於身、接於人、及於天下。**《詩》云：『夙夜匪懈，以事一人。』**玄宗曰：夙，早也。懈，惰也。義取爲卿大夫能早夜不惰，敬事其君也。○司馬光曰：言謹守法度以事君。○范祖禹曰：卿大夫以循法度爲孝。服先王之服，道先王之言，行先王之行，然後可以爲卿大夫。不言非法也，故口無可擇之言；不行非道也，故身無可擇之行。欲言行無可擇者，正心而已矣。心正則無不正之言、不善之行。言日出於口，皆正也；行日出於身，皆善也。雖滿天下，而無口過、怨惡，則可謂孝矣。《易》曰：「言行，君子之所以動天地也。」然則言滿天下亦不必多，行滿天下亦不必著。一言一行，皆足以塞乎天下，其可不慎乎？

「資於事父以事母而愛同，❶司馬光曰：資，取也。取於事父之道以事母，其愛則等矣，而恭有殺

---

❶「資」上，古文石刻本有「子曰」二字。

焉，以父主義、母主恩故也。資於事父以事君而敬同。玄宗曰：資，取也。言愛父與母同，敬父與君同。○司馬光曰：取於事父之道以事君，恭則等矣，而愛有殺焉，以君臣之際，義勝恩故也。故母取其愛，而君取其敬，兼之者父也。玄宗曰：言事父兼愛與敬也。○司馬光曰：明父者愛恭之至隆。故以孝事君則忠，玄宗曰：移事父孝以事於君，則爲忠矣。以敬事長則順，玄宗曰：移事兄敬以事於長，則爲順矣。忠順不失，以事其上，然後能保其爵禄，❶而守其祭祀，玄宗曰：能盡忠順以事君長，則常安禄位，永守祭祀。蓋士之孝也。❷司馬光曰：君言社稷，卿大夫言宗廟，士言祭祀，皆舉其盛者也。禮，庶人薦而不祭。《詩》云：『夙興夜寐，無忝爾所生。』」玄宗曰：忝，辱也。所生，謂父母也。義取早起夜寐，無辱其親也。○司馬光曰：忝，辱也。言當夙夜爲善，毋辱其父母。○范祖禹曰：人莫不有本，父者生之本也。事母之道，取於事父之愛心也；事君之道，取於事父之敬心也。其在母也，愛同於父，非不敬母也，愛勝敬也；其在君也，敬同於父，非不愛君也，敬勝愛也。愛與敬，父則兼之，是以致隆於父，一本故也。致一而後能誠，知本而後能孝。故移孝以事君則爲忠，推敬以事長則爲順。能保其爵禄，守其祭祀，則不辱。

---

❶ 「爵禄」，古文石刻本作「禄位」。

❷ 「也」，金本無。

子曰：「因天之道，❶玄宗曰：春生、夏長、秋收、冬藏，舉事順時，此用天道也。○司馬光曰：春耕秋穫。因地之利，玄宗曰：分別五土，視其高下，各盡所宜，此分地利也。○司馬光曰：高宜黍、稷，下宜稻、麥。謹身節用以養父母。玄宗曰：身恭謹則遠恥辱，用節省則免饑寒。公賦既充，則私養不闕。○司馬光曰：謹身則無過，不近兵刑；節用則不乏，以共甘旨。能此二者，養道盡矣。此庶人之孝也。」❷玄宗曰：庶人爲孝，唯此而已。○司馬光曰：明自士以上，非直養而已。要當立身揚名，保其家國。○范祖禹曰：因天之道，❸用其時也；因地之利，從其宜也。天有時，地有宜，而財用於是乎滋殖。聖人教民，因之以厚其生。謹身則遠罪，節用則不乏，故能以養父母。此孝之事也。

「故自天子已下，至於庶人，孝無終始，而患不及者，未之有也。」玄宗曰：始自天子，終於庶人。尊卑雖殊，孝道同致，而患不能及者，未之有也。言無此理，故曰「未有」。○司馬光曰：始則事親也，終則立身行道也。患，謂禍敗。言雖有其始而無其終，猶不得免於禍敗，而羞及其親，未足以爲孝也。○范祖禹曰：庶人以養父母爲孝，自士已上則莫不有位。士以守祭祀爲孝，卿大夫以守宗廟爲孝，諸侯以保社

❶ 「因」，金本、朱本作「用」。
❷ 「也」，金本無。
❸ 「因」，金本、朱本作「用」。

稷爲孝。至於愛敬之道，則自天子至於庶人一也。「始於事親，終於立身」者，孝之終始。自天子至於庶人，孝不能有終有始，而禍患不及者，未之有也。天子不能刑四海，諸侯不能保社稷，卿大夫不能守宗廟，士不能守祭祀，庶人不能養父母，未有災不及其身者也。

曾子曰：「甚哉！孝之大也。」玄宗曰：參聞行孝無限高卑，始知孝之爲大也。○司馬光曰：曾子始者亦謂養親爲孝耳，及聞孔子之言立身治國之道皆本於孝，乃驚歎其大。子曰：「夫孝，天之經，地之義，民之行。玄宗曰：經，常也。利物爲義。孝爲百行之首，人之恒德，若三辰運天而有常，五土分地而爲義也。天地之經，而民是則之，玄宗曰：天有常明，地有常利。言人法則天地，亦以孝爲常行也。○司馬光曰：經，常也。言孝者天地之常，自然之道，民法之以爲行耳。其爲大，不亦宜乎？因天之明，❶因地之義，以順天下。是以其教不肅而成，其政不嚴而治。玄宗曰：法天明以爲常，因地利以行義，順此以施政教，則不待嚴肅而成理也。○司馬光曰：王者逆於天地之性，則教肅而民不從，政嚴而

❶ 「因」，古文石刻本、金本、朱本、王本作「則」。

事不治。今上則天明，下則地義，❶中順民性，❷又何待於嚴肅乎？先王見教之可以化民也，❸玄宗曰：見因天地教化人之易也。○司馬光曰：「教」，當作「孝」，聲之誤也。知孝天地之經，易以化民也。是故先之博愛而民莫遺其親，❹玄宗曰：君愛其親則人化之，無有遺其親者。○司馬光曰：此親謂九族之親，踈且愛之，況於親乎？陳之以德義而民興行，玄宗曰：陳説德義之美，爲衆所慕，則人起心而行之。○司馬光曰：陳，謂陳列以教人。興行，起爲善行。先之敬讓而民不爭，❺玄宗曰：君行敬讓，則人化而不爭。導之以禮樂而民和睦，玄宗曰：禮以檢其跡，樂以正其心，則和睦矣。○司馬光曰：禮以和外，樂以和内。示之以好惡而民知禁。玄宗曰：示好以引之，示惡以止之。則人知有禁令，不敢犯也。○司馬光曰：君好善而能賞，惡惡而能誅，則下知禁矣。五者皆孝治之具。《詩》云：『赫赫師尹，民具爾瞻。』」玄宗曰：赫赫，明盛貌也。尹氏爲太師，周之三公也。義取大臣助君行化，人皆瞻之也。○司馬光曰：赫赫，明盛貌。師尹，周太師尹氏。具，俱也。言上之所爲，下必觀而化之。○范祖禹曰：《易》曰：

---

❶「則」，金本、朱本作「因」。

❷「順」，原作「非」，據四庫本、金本、朱本、王本改。李本、何本作「爲」。

❸「先」上，古文石刻本有「子曰」二字。

❹「之」下，古文石刻本、四庫本、金本、朱本、王本有「以」字。

❺「之」下，古文石刻本、四庫本、金本、朱本、王本有「以」字。

「大哉乾元，萬物資始。」資始則父道也。又曰：「至哉坤元，萬物資生。」資生則母道也。天施之，萬物莫不本於天，故孝者天之經；地生之，萬物莫不親於地，故孝者地之義。天地之道，順而已矣。經者，順之常也；義者，順之宜也。不順則物不生，天地順萬物，故萬物順天地。民生於天地之閒，爲萬物之靈，故能則天地之經以爲行。在天地則爲順，在人則爲孝，其本一也。則天地以爲行者，民也；則天地以爲道者，王也。故上則因天之明，下則因地之義。教不肅而成，政不嚴而治，皆因人心也。先之博愛者，身先之也。博愛者，無所不愛，況其親族，其可遺之乎？上之所爲，不令而從之，故君能博愛，則民不遺其親矣。陳之以德義，德者，得也；義者，宜也。得於己，宜於人，必可見於天下，則民莫不興行矣。先之以敬讓，爲上者不可不敬，爲國者不可不讓。先之以敬讓，所以教民不争也。禮者，非玉帛之謂也；樂者，非鐘鼓之謂也。禮所以修外，主於節；樂所以修内，主於和。天敘有典，天秩有禮，五典五禮，所以奉天也。有序則和樂，故樂由是生焉。有序而和，未有不親睦者也。導之以禮樂，則民和睦矣。上之所好，不必賞而勸；上之所惡，不必罰而懲。好善而惡惡，則民知所禁，甚於刑賞。故人君爲天下，示其好惡所在而已矣。《詩》云：「赫赫師尹，民具爾瞻。」言民之從於上也。

子曰：「昔者明王以孝治天下也，❶玄宗曰：言先代聖明之王以至德要道化人，是爲孝理。不敢

❶ 「王」下，古文石刻本、金本、朱本有「之」字。

遺小國之臣，而況於公、侯、伯、子、男乎？玄宗曰：小國之臣，至卑者耳，主尚接之以禮，況於五等諸侯，是廣敬也。○司馬光曰：遺，謂簡忽使之失所。故得萬國之懽心，以事其先王。玄宗曰：萬國，舉其多也。言行孝道以理天下，皆得懽心，則各以其職來助祭也。○司馬光曰：莫不得所欲，故皆有懽心，以之事先王，孝孰大焉。治國者不敢侮於鰥寡，而況於士民乎？玄宗曰：理國，謂諸侯也。鰥寡，國之微者，君尚不敢輕侮，況知禮義之士乎？○司馬光曰：侮，謂輕棄之。士，謂凡在位者。故得百姓之懽心，以事其先君。玄宗曰：諸侯能行孝理，得所統之懽心，則皆恭事助其祭享也。治家者不敢侮於臣妾，❶而況於妻子乎？玄宗曰：理家，謂卿大夫。臣妾，家之賤者。妻子，家之貴者。故得人之懽心，以事其親。玄宗曰：卿大夫位以材進，受禄養親，若能孝理其家，則得小大之懽心，助其奉養。夫然，故生則親安之，祭則鬼享之，玄宗曰：夫然者，然上孝理皆得懽心，則存安其榮，没享其祭。○司馬光曰：治天下國家者，苟不用此道，則近於危辱，非孝也。是以天下和平，災害不生，司馬光曰：天道和。禍亂不作。玄宗曰：上敬下懽，存安没享，人用和睦，以致太平，則災害、禍亂無因而起。○司馬光曰：人理平。古文「亂」作「𡙟」，舊讀作「變」，非。故明王之以孝治天下如此。玄宗曰：言明王以孝爲理，則諸侯以下化而行之，故致如此福應。○司馬光曰：使國以孝治其國，家以孝治其家，以致和平。《詩》

---

❶「侮」，古文石刻本作「失」。

云：『有覺德行，四國順之。』」玄宗曰：覺，大也。義取天子有大德行，則四方之國順而行之。○司馬光曰：覺，大也，直也。言王者有大直之德行，謂以孝治天下，故四方之國無敢逆之。○范祖禹曰：天子不敢遺小國之臣，則待公、侯、伯、子、男以禮可知矣。上以禮待下，下以禮事上，而愛敬生焉。愛敬，所以得天下之懽心也。以萬國懽心而事先王，此天子孝之大者也。治國者不敢侮鰥寡，則無一夫不獲其所矣。以百姓懽心而事先君，此諸侯孝之大者也。伊尹曰：「匹夫匹婦不獲自盡，民主罔與成厥功。」天子之於天下，諸侯之於一國，有一夫不獲其所，一物不得其養，則於事先王、先君有不至者矣。治家者遇臣妾以道，待妻子以禮，然後可以得人之懽心，而不辱其親矣。自天子至於卿大夫，事親以懽心爲大。天子必得天下之心，諸侯必得一國之心，卿大夫必得人之心，乃可以爲孝矣。夫知幽莫如顯，知死莫如生，能事親則能事神。故生則親安之，祭則鬼享之，其理然也。災害，天之所爲也；禍亂，人之所爲也。夫孝，致之而塞乎天地，溥之而橫乎四海。推一人之心，而至於陰陽和、風雨時，故災害不生；禮樂興、刑罰措，故禍亂不作。《詩》云：「有覺德行，四國順之。」以天下之大，而莫不順於一人，惟能孝也。

曾子曰：「敢問聖人之德，其無以加於孝乎？」玄宗曰：參聞明王孝理以致和平，又問聖人德教更有大於孝不。○司馬光曰：言聖人之德，亦止於孝而已邪？子曰：「天地之性人爲貴。玄宗曰：貴其異於萬物也。○司馬光曰：人爲萬物之靈。人之行莫大於孝，玄宗曰：孝者，德之本也。○司馬光曰：孝者，百行之本。孝莫大於嚴父，玄宗曰：萬物資始於乾，人倫資父爲天。故孝行之大，莫過尊嚴其父也。○司馬光曰：嚴，謂尊顯之。嚴父莫大於配天，則周公其人也。玄宗曰：謂父爲天，雖無貴賤，然以父配天之禮，始自周公。故曰「其人」也。○司馬光曰：聖人之孝，無若周公事業著明，故舉以爲説。

昔者周公郊祀后稷以配天，玄宗曰：后稷，周之始祖也。郊，謂圜丘祀天也。周公攝政，因行郊天之祭，乃尊始祖以配之也。宗祀文王於明堂以配上帝，玄宗曰：明堂，天子布政之宫也。周公因祀五方上帝於明堂，乃尊文王以配之也。是以四海之内，各以其職來助祭。玄宗曰：君行嚴配之禮，則德教刑於四海。海内諸侯各修其職來助祭也。夫聖人之德又何以加於孝乎？玄宗曰：言無大於孝者。○司馬光曰：武王克商，則后稷、文王固有配天之尊矣。然居位日寡，禮樂未備，政教未洽，其於尊顯之道，猶若有闕。及周公攝政，制禮作樂，以致太平，四海之内莫不服從，各率其職以來助祭，然後聖人之孝於斯爲盛。故親生之膝下，以養父母日嚴。玄宗曰：親，猶愛也。膝下，謂孩幼之時也。言親愛之心，生於孩幼，比及年長，漸識義方，則日加尊嚴，能致敬於父母也。○司馬光曰：此下又明聖人以孝德教人之道也。親者，親愛之心。膝下，謂孩幼嬉戲於父母膝下之時也。當是之時，已有親愛之心而未知嚴恭。及其稍長，則日加嚴恭。明皆出其天性，非聖人强之。膝，或作育。聖人因嚴以教敬，因親以教愛。玄宗曰：聖人因其親嚴之心，敦以愛敬之教。故出以就傅、趨而過庭，以教敬也；抑搔癢痛、縣衾篋枕，以教愛也。○司馬光曰：嚴親者，因心自然；恭愛者，約之以禮。聖人之教不肅而成，其政不嚴而治。玄宗曰：聖人順羣心以行愛敬，制禮則以施政教，亦不待嚴肅而成理也。其所因者，本也。」玄宗曰：本，謂孝也。○司馬光曰：本，謂天性。○范祖禹曰：天地之生萬物，惟人爲貴。人有天地之貌，❶懷五常之性，故人之行莫大於孝。聖人者，人倫之先也，❷惟孝爲大。嚴父，孝之大者也。天子有配天之理。配天，嚴父之大者也，自周公始行之。故郊祀后稷以配天，宗祀文王以配上帝，四海之内，皆來助祭也。所謂得萬國之懽心，事先王者也。聖人德至以如此，❸惟生於心也。孩提之童，無不知愛其親者，故循其本而言之。親愛之心，生於膝下，此其生知之良心。年既長矣，❹則知養父母，而日加敬矣，此亦其自然之良心也。聖人非能强人以爲善，順其性使明於善而已矣。愛敬之心，人皆有之。故因其有嚴而教之敬，因其有親而教之愛。此所以教不肅而成，政不嚴而治。其治同者，❺因於人之天性故也。

子曰：「父子之道，天性，司馬光曰：不慈不孝，情敗之也。君臣之義。玄宗曰：父子之道，天性之常，加以尊嚴，又有君臣之義。❻ ○司馬光曰：父君子臣。父母生之，續莫大焉。玄宗曰：父母生子，傳體相續，人倫之道，莫大於斯。○司馬光曰：人之所貴有子孫者，爲續祖父之業故也。續，或作績。君親

❶「有」，金本、朱本作「肖」。
❷「先」，金本、朱本作「至」。
❸「以」，金本、朱本作「於」。
❹「年」，原作「親」，據金本、朱本改。
❺「同」，金本、朱本作「易」。
❻「義」，原作「養」，據四庫本、李本、何本、《通志堂經解》同治重刻本改。

臨之，厚莫重焉。」玄宗曰：謂父爲君，以臨於己，恩義之厚，莫重於斯。○司馬光曰：有君之尊，有親之親，恩義之厚，莫此爲重。○范祖禹曰：父慈子孝出於天性，❶非人爲之也。父尊子卑，則君臣之義立矣。故有父子然後有君臣。《中庸》曰：「父母其順矣乎！」父之愛子，子之孝父，皆順其性而已矣。君臣之義，生於父子。人非父不生，非君不治。故有父斯有子，有君斯有臣。天地定位而父子、君臣立矣。父母生之，續其世，莫大焉。有君之尊，有親之親，以臨於己，義之存，莫重焉。能知此，則愛敬隆矣。

子曰：「不愛其親而愛他人者，謂之悖德；不敬其親而敬他人者，謂之悖禮。玄宗曰：言盡愛敬之道，然後施教於人。違此則於德禮爲悖也。○司馬光曰：苟不能恭愛其親，雖恭愛他人，猶不免於悖。以明孝者德之本也。以順則逆，民無則焉。玄宗曰：行教以順人心，今自逆之，則下無所法則也。○司馬光曰：謂之順，則不免於逆，又不可爲法則。不在於善，而皆在於凶德，玄宗曰：善，謂身行愛敬也。凶，謂悖其德禮也。雖得之，君子所不貴。玄宗曰：言悖其德禮，雖得志於人上，君子之所不貴也。○司馬光曰：得之，謂幸而有功利。君子則不然，玄宗曰：不悖於德禮也。言斯可道，行斯可樂，玄宗曰：思可道而後言，人必信也；思可樂而後行，人必悦也。德義可尊，❷作事可法，玄宗曰：立

❶「出」，原作「者」，據金本、朱本改。李本、何本作「本」。
❷「尊」，古文石刻本作「遵」。

德行義，不違道正，故可尊也。制作事業，動得物宜，故可法也。容止可觀，進退可度，玄宗曰：容止，威儀也，必合規矩則可觀也；進退，動静也，不越禮法則可度也。以臨其民，是以其民畏而愛之，則而象之。玄宗曰：君行六事，臨撫其人，則下畏其威、愛其德，皆放象於君也。故能成其德教，而行政令。玄宗曰：上正身以率下，下順上而法之，則德教成、政令行也。○司馬光曰：可道，純正可傳道也。容止，容貌動止也。言皆當極其尊美，使民法之，不爲苟得之功利。《詩》云：『淑人君子，其儀不忒。』」玄宗曰：淑，善也。忒，差也。義取君子威儀不差，爲人法則。○司馬光曰：淑，善；忒，差也。言善人君子内德既茂，又有威儀，然後民服其教。○范祖禹曰：君子愛親而後愛人，推愛親之心以及人也，夫是之謂順德；敬親而後敬人，推敬親之心以及人也，夫是之謂順禮。若夫有愛心而不知愛親，乃以愛人，是心也，無自而生焉；有敬心而不知敬親，乃以敬人，是心也，亦無自而生焉。無自而生者，無本也。故謂之悖。自内而出者，順也；自外而入者，逆也。不施之親而施之他人，是不知己之所由生也。以爲順則逆，不可以爲法，故民無則焉。失其本心，則日入於惡，故不在於善，皆在於凶德。雖得志於人上，君子不貴也。君子存其心、修其身，爲順而不悖。言斯可道，皆法言也；行斯可樂，皆善行也。德義可尊，作事可法，所以表儀於民。容止可觀，進退可度，德充於内，故禮發於外，美之至也。以此臨民，則民畏其敬而愛其仁，則其儀而象其行。故以德教先民而無不成，以政令率民而無不行。《詩》云：「淑人君子，其儀不忒。」言其德之見於外也。

子曰：「孝子之事親，居則致其敬，玄宗曰：平居必盡其敬。○司馬光曰：恭己之身，不近危辱。

養則致其樂，玄宗曰：就養能致其懽。○司馬光曰：樂親之志。病則致其憂，玄宗曰：色不滿容，行不正履。喪則致其哀，玄宗曰：擗踊哭泣，盡其哀情。祭則致其嚴，玄宗曰：齋戒沐浴，明發不寐。○司馬光曰：嚴猶慕也。❶五者備矣，然後能事親。玄宗曰：五者闕一，則未爲能。事親者居上不驕，玄宗曰：當莊敬以臨下也。爲下不亂，玄宗曰：當恭謹以奉上也。○司馬光曰：亂者，干犯上之禁令。在醜不爭。玄宗曰：醜，衆也。爭，競也。當和順以從衆也。○司馬光曰：醜，類也，謂己之等夷。居上而驕則亡，爲下而亂則刑，在醜而爭則兵。玄宗曰：謂以兵刃相加。○司馬光曰：争而不已，必以兵刃相加。此三者不除，雖日用三牲之養，猶爲不孝也。」玄宗曰：三牲，太牢也。孝以不毁爲先，言上三事皆可亡身，而不除之，雖日致太牢之養，固非孝也。○司馬光曰：三牲，牛、羊、豕，太牢也。三者不除，憂將及親，雖日具太牢之養，庸爲孝乎？○范祖禹曰：居則致其敬者，舜夔夔齊慄、文王朝于王季日三是也。養則致其樂者，舜以天下養、曾子養志是也。病則致其憂者，武王養疾，文王一飯亦一飯，文王再飯亦再飯是也。喪與祭，孝之終也。備此然後能事親。居上不驕，爲下不亂，在醜不争，皆恐危其親也。居上而驕，則天子不能保四海，諸侯不能保社稷，故亡。爲下而亂，則入刑之道也。在醜而争，則興兵之道也。孝莫大於寧親，三者不除，災必及親。雖能備物以養，猶爲不孝也。

❶「慕」，金本、朱本作「恭」。

子曰："五刑之屬三千，而罪莫大於不孝。玄宗曰：五刑，謂墨、劓、剕、宫、大辟也。條有三千，而罪之大者莫過不孝。〇司馬光曰：五刑之屬三千者，異罪同罰，合三千條也。要君者無上，玄宗曰：君者，臣之稟命也，而敢要之，是無上也。〇司馬光曰：君令臣行，所謂順也，而以臣要君，故曰"無上"。非聖者無法，玄宗曰：聖人制作禮法，而敢非之，是無法也。〇司馬光曰：聖人，道之極、法之原也，而非之，是無法。非孝者無親，玄宗曰：善事父母爲孝，而敢非之，是無親也。〇司馬光曰：父母且不能事，而況他人，其誰親之？此大亂之道也。"玄宗曰：言人有上三惡，豈惟不孝，乃是大亂之道。〇司馬光曰：無上則統紀絶，非法則規矩滅，無親則本根蹷。三者大亂之所由生也。〇范祖禹曰：人之善莫大於孝，其惡莫大於不孝。故聖人制刑，不孝之罪爲大。君者，臣之所稟令也，而要之，是無上。聖人者，法之所自出也，而非之，是無法。人莫不有親，而以孝爲非，則是無其父母。此三者，致天下大亂之道也。聖人制刑以懲夫不孝、要君、非聖之人，所以防天下之亂也。

子曰："教民親愛，莫善於孝。司馬光曰：親愛，謂和睦。教民禮順，莫善於弟。玄宗曰：言教人親愛、禮順，無加於孝悌也。〇司馬光曰：禮順，有禮而順。❶移風易俗，莫善於樂。玄宗曰：風俗

---

❶ "順"，原作"非"，據四庫本、金本、朱本、王本改。李本、何本"順"下有"適"字。

移易，先入樂聲，變隨人心，正由君德。正之與變，因樂而彰，故曰「莫善於樂」。○司馬光曰：蕩滌邪心，納之中和。安上治民，莫善於禮。玄宗曰：禮所以正君臣、父子之別，明男女、長幼之序，故可以安上化下也。○司馬光曰：尊卑有序，各安其分，則上安而民治。禮者，敬而已矣。玄宗曰：敬者，禮之本也。○司馬光曰：將明孝而先言禮者，明禮、孝同術而異名。故敬其父則子悦，敬其兄則弟悦，敬其君則臣悦。敬一人而千萬人悦。玄宗曰：居上敬下，盡得懽心，故曰「悦」也。○司馬光曰：天下之父、兄、君，聖人非能偏致其恭，恭一人，則與之同類者千萬人皆悦。所敬者寡而悦者衆，此之謂要道。」司馬光曰：所守者約，所獲者多，非要而何？○范祖禹曰：孝於父則能和於親，弟於兄則能順於長。故欲民親愛、禮順，莫如教以孝弟。樂者，天下之和也；禮者，天下之序也。和，故能移風易俗；序，故能安上治民。夫風俗非政令之所能變也，必至於有樂而後治道成焉。禮則無所不敬而已。天下至大，萬民至衆，聖人非能偏敬之也。敬其所可敬者，而天下莫不悦矣。故敬人之父，則凡爲人子者無不悦矣。敬人之兄，則凡爲人弟者無不悦矣。敬人之君，則凡爲人臣者無不悦矣。敬一人而千萬人悦者，以此道也。聖人執要以御繁，敬寡而服衆，是以不勞而治道成也。

子曰：「君子之教以孝也，非家至而日見之也。玄宗曰：言教不必家到户至，日見而語之，但行孝於内，其化自流於外。○司馬光曰：在於施得其要而已。教以孝，所以敬天下之爲人父者；教以弟，所以敬天下之爲人兄者；玄宗曰：舉孝悌以爲教，則天下之爲人子弟者，無不敬其父兄也。教以臣，所以敬天下之爲人君者。玄宗曰：舉臣道以爲教，則天下之爲人臣者，無不敬其君也。○司馬光曰：天下之父、兄、君，聖人非能身往恭之。修此三道以教民，使民各自恭其長上，則聖人之德無不偏矣。《詩》云：『愷悌君子，民之父母。』玄宗曰：愷，樂；悌，易也。義取君以樂易之道化人，則爲天下蒼生之父母也。○司馬光曰：愷，樂；悌，易也。樂易，謂不尚威猛而貴惠和也。能以三道教民者，樂易之君子也。三道既行，則尊者安乎上，卑者順乎下，上下相保，禍亂不生。非爲民父母而何？非至德，其孰能順民如此其大者乎？」范祖禹曰：君子所以教天下，非人人而諭之也，推其誠心而已。故教民孝，則爲父者無不敬之。教民弟，則爲兄者無不敬之。教民臣，則爲君者無不敬之矣。君子所謂教者，孝而已。施於兄則謂之弟，施於君則謂之臣，皆出於天性，非由外也。《詩》云：「愷悌君子，民之父母。」愷以强教之，悌以悦安之。爲民父母，惟其職是教也。父母之於子，未有不愛而教之、樂而安之也。至德者，善之極也。聖人無以加焉，故曰「順民」而不曰「治民」。孝者，「民之秉彝」，先王使民率性而行之，順其天理而已矣，故不曰「治」。

子曰：「昔者明王事父孝，故事天明；事母孝，故事地察。玄宗曰：王者，父事天、母事地。言能敬事家廟，則事天地能明察也。○司馬光曰：王者父天母地。事父孝，則知所以事天，故曰「明」；事母孝，則知所以事地，故曰「察」。長幼順，故上下治。玄宗曰：君能尊諸父，先諸兄，則長幼之道順，君人之化理。○司馬光曰：長幼者，言乎其家；上下者，言乎其國。能使家之長幼順，則知所以治國之上下矣。

天地明察，神明彰矣。玄宗曰：事天地能明察，則神感至誠而降福祐，故曰「彰」也。○司馬光曰：神明者，天地之所爲也。王者知所以事天地，則神明之道昭彰可見矣。故雖天子必有尊也，言有父也；必有先也，言有兄也。玄宗曰：父謂諸父，兄謂諸兄。皆祖考之胤也。禮，君燕族人，與父兄齒也。宗廟致敬，不忘親也。玄宗曰：言能敬祀宗廟，則不敢忘其親也。修身慎行，恐辱親也。❶玄宗曰：天子雖無上於天下，猶修持其身，謹慎其行，恐辱先祖而毁盛業也。○司馬光曰：天子至尊，繼世居長，宜若無所施其孝弟然，故舉此四者，以明天子之孝弟也。有尊，謂承事天地；有先，謂尊嚴德齒之人也。❷宗廟致敬，鬼神著矣。玄宗曰：事宗廟能盡敬，則祖考來格，享於克誠，故曰「著」矣。○司馬光曰：知所以事宗廟，則自餘事鬼神之道皆可知。❸孝弟之至，通於神明，光於四海，無所不通。玄宗曰：能敬宗廟、順長幼，以極孝悌之心，則至性通於神明，光於四海，故曰「無所不通」。○司馬光曰：「通於神明」者，鬼神歆其祀而致其福。「光於四海」者，兆民歸其德而服其教。鬼神至幽，四海至遠，然且不違，況其邇者，烏有不通乎？《詩》云：『自西自東，自南自北，無思不服。』」玄宗曰：義取德教流行，莫不服義從化也。○司馬光曰：道隆德洽，四方之人，無有思爲不服者，言皆服也。○范祖禹曰：王者事父孝，故能事天；事

❶「親」，古文石刻本、金本、朱本作「先」。

❷「德齒」，金本、朱本作「齒德」。

❸「自」，四庫本、李本、何本、王本作「其」。

母孝，故能事地。事天以事父之敬，事地以事母之愛。明者，誠之顯也；察者，德之著也。明察，事天地之道盡矣。長幼順者，其家道正也；上下治者，其君臣嚴也。事父母以格天地，正長幼以嚴朝廷，上達乎天，下達乎地，誠之所至，則神明彰矣。天子者，天下之至尊也。承事天地以教天下，則以有父也；貴老敬長以率天下，則以有兄也。宗廟致敬，非祭祀而已也。修身慎行，恐辱及宗廟也。鬼神之爲德，視之而不見，聽之而不聞，爲之宗廟以存之，則可以著見矣。《書》曰：「祖考來格。」又曰：「黍稷非馨，明德惟馨。」孝至於此，則鬼神享其誠而致其福，四海服其德而順其行。格於上下，旁燭幽隱，天之所覆，地之所載，日月所照，霜露所墜，無所不通。四方之人，豈有不思服者乎？

子曰：「君子之事親孝，故忠可移於君。玄宗曰：以孝事君則忠。事兄弟，故順可移於長。玄宗曰：以敬事長則順。○司馬光曰：長，謂卿士、大夫凡在己上者也。居家理，故治可移於官。玄宗曰：君子所居則化，故可移於官也。○司馬光曰：《書》云：「孝乎惟孝，友于兄弟，克施有政。」是故行成於内，而名立於後世矣。」玄宗曰：修上三德於内，名自傳於後代。○范祖禹曰：君者父道也，長者兄道也，國者家道也。以事父之心而事君，則忠矣；以事兄之心而事長，則順矣；以正家之禮而正國，則治矣。君子未有孝於親而不忠於君、悌於兄而不順於長、理於家而不治於官者也。故正國之道在治其家，正家之道在修其身，修身之道在順其親。此孝所以爲德之本也。

子曰：「閨門之内，具禮矣乎。司馬光曰：宫中之門，其小者謂之閨。禮者，所以治天下之法也。閨門之内，其治至狹，然而治天下之法舉在是矣。嚴父嚴兄。司馬光曰：事君事長之禮也。妻子臣妾，猶百姓徒役也。」司馬光曰：徒役，皂牧。妻子猶百姓，臣妾猶皂牧。御之必以其道，然後上下相安。唐明皇時，議者排毁古文，以《閨門》一章爲鄙俗不可行。《易》曰：「正家而天下定。」《詩》云：「刑于寡妻，至于兄弟，以御于家邦。」與此章所言何以異哉？○范祖禹曰：閨門之内，具治天下之禮也。嚴父，則尊君也；嚴兄，則敬長也。妻子猶百姓，臣妾猶徒役。國以民爲本，家以妻子爲本。非民無以爲國，非妻與子無以爲家。待妻子以禮，遇臣妾以道，則猶百姓不可不重，徒役不可不知其勞也。《易》曰：「正家而天下定矣。」《孟子》曰：「天下之本在國，國之本在家，家之本在身。」一家之治猶天下，天下之大猶一家也。善治者正身而已矣。

曾子曰：「若夫慈愛、司馬光曰：謂養致其樂。慈亦愛也。《内則》曰：「慈以旨甘。」恭敬、司馬光曰：謂居致其恭。安親、司馬光曰：不近兵刑。揚名，司馬光曰：立身行道。參聞命矣。司馬光曰：四者包攝上孔子之言。敢問從父之令，可謂孝乎？」玄宗曰：事父有隱無犯，又敬不違，故疑而問之。○司馬光曰：聞令則從，不恤是非。子曰：「是何言與，是何言與？言之不通也。❶玄宗曰：有非而

---

❶「言之不通也」，古文石刻本無，金本、朱本皆爲小字，蓋以司馬光注文視之。

從，成父不義，理所不可，故再言之。昔者天子有争臣七人，雖無道不失其天下；司馬光曰：天下至大，萬機至重，故必有能争者及七人，然後能無失也。諸侯有争臣五人，雖無道不失其國；大夫有争臣三人，雖無道不失其家；玄宗曰：降殺以兩，尊卑之差。争謂諫也。言雖無道，爲有争臣，則終不至失天下、亡家國也。士有争友，則身不離於令名；玄宗曰：令，善也。益者三友。言受忠告，故不失其善名。○司馬光曰：士無臣，故以友争。父有争子，則身不陷於不義。玄宗曰：父失則諫，故免陷於不義。○司馬光曰：通上下而言之。故當不義，則子不可以弗争於父，臣不可以弗争於君。玄宗曰：不争則非忠孝。故當不義則争之，從父之令，焉得爲孝乎？」❶范祖禹曰：父有過，子不可以不争，争所以爲孝也。君有過，臣不可以不争，争所以爲忠也。子不争則陷父於不義，至於亡身。臣不争則陷君於無道，至於失國。故聖人深戒曾子從父之令「是何言與，是何言與」。古者，天子設四輔及三公、卿、大夫、士，皆有諫職。至於「瞽獻曲，史獻書，師箴，瞍賦，矇誦，百工獻藝，庶人傳言，近臣盡規，親戚補察，耆老教誨」，所以救過防失之道至矣。然而必有争臣焉。争者，諫之大者也。諫而不入，則犯顔引義以争之，不聽則不止。故必有力争者至於七人，則雖無道，猶可以不失天下。諸侯必有五人，乃可以不失其國。大夫必有三人，乃可以不失其家。言争臣之不可無也。忠臣之事聖君也，諫於無形而止於未然；事賢君也，諫於已然而防其未來；事亂君也，救其横流而拯其將亡。故有以諫殺身者矣。益戒舜曰：「罔遊于逸，罔淫

❶ 「焉」上，金本、朱本有「又」字。

于樂。」禹戒舜曰：「無若丹朱傲。」以上智之性而戒之如此，惟舜欲聞之。此事聖君者也。傅説之訓高宗，周公之戒成王，救其微失，防其未來。此事賢君也。商以三仁存，亦以三仁亡。此事亂君者也。人君惟能儆戒於無形，受諫於未然，使忠臣不至於争，則何危亂之有？

子曰：「君子事上，進思盡忠，玄宗曰：上謂君也。進見於君，則思盡忠節。○司馬光曰：盡忠以諫争。退思補過，玄宗曰：君有過失，則思補過。○司馬光曰：掩上之過惡。將順其美，玄宗曰：將，行也。君有美善，則順而行之。○司馬光曰：將，助也。上有美，則助順而成之。匡救其惡，玄宗曰：匡，正也。救，止也。君有過惡，則正而止之。○司馬光曰：上有惡，則正救之。故上下能相親。玄宗曰：下以忠事上，上以義接下。君臣同德，故能相親。○司馬光曰：凡人事上，進則面從，退有後言。上有美不能助而成也，有惡不能救而止也，激君以自高，謗君以自絜，諫以爲身而不爲君也。是以上下相疾而國家敗矣。《詩》云：『心乎愛矣，遐不謂矣。中心藏之，何日忘之？』」玄宗曰：遐，遠也。義取臣心愛君，雖離左右，不謂爲遠。愛君之志，恒藏心中，無日暫忘也。○司馬光曰：遐，遠也。言臣心愛君，不以君疏遠己而忘其忠。○范祖禹曰：入則父，出則君，父子天性，君臣大倫。以事父之心而事君，則忠矣。故孔子言孝必及於忠，言事君必本於事父。忠孝者，其本一也。未有舍孝而謂之忠，違忠而謂之孝。進思盡忠，退思補過，將順其美，正救其惡，此四者事君之常道也。昔者禹、益、稷、契之事舜也，進則思所以規諫，退則思所以儆戒。頌君之美，而不爲諂，防君之惡，如丹朱傲虐而不爲激。是故君享其安逸，臣預其尊榮，此上下相親之至也。若夫君有大過則諫，諫而不可則去，此豈所欲哉？蓋不得已也。《詩》云：「心乎愛矣，遐不謂矣。中心藏之，何日忘之？」夫君子之愛君，雖在遠猶不忘也，而況於近，可不盡忠益乎？

子曰：「孝子之喪親，玄宗曰：生事已畢，死事未見，故發此章。哭不偯，玄宗曰：氣竭而息，聲不委曲。○司馬光曰：偯，聲餘從容也。禮無容，玄宗曰：觸地無容。言不文，玄宗曰：不爲文飾。○司馬光曰：皆内憂，不暇外飾。❶服美不安，玄宗曰：不安美飾，故服衰麻。聞樂不樂，玄宗曰：悲哀在心，故不樂也。食旨不甘，玄宗曰：旨，美也。不甘美味，故疏食飲水。○司馬光曰：甘，美味也。此哀戚之情。玄宗曰：謂上六句。○司馬光曰：此皆民自有之情，非聖人强之。三日而食，教民無以死傷生，司馬光曰：禮，三年之喪，三日不食。過三日則傷生矣。毁不滅性。司馬光曰：滅性，謂毁極失志，變其常性也。此聖人之政。玄宗曰：不食三日，哀毁過情，滅性而死，皆虧孝道。故聖人制禮施教，不令至於殞滅。○司馬光曰：政者，正也。以正義裁制其情。喪不過三年，示民有終。玄宗曰：三年之喪，天下達禮，❷使不肖企及，賢者俯從。夫孝子有終身之憂，聖人以三年爲制者，使人知有終竟之限也。○司馬光曰：孝子有終身之憂，然而遂之，則是無窮也。故聖人爲之立中制節，以爲子生三年然後免於父母之

❶ 「暇」，四庫本作「假」。
❷ 「禮」，原作「理」，據四庫本改。

懷，故以三年爲天下之通喪也。爲之棺椁、衣衾而舉之，玄宗曰：周尸爲棺，周棺爲椁。衣謂斂衣。衾，被也。舉謂舉尸内於棺也。〇司馬光曰：舉者，舉以納諸棺也。陳其簠簋而哀戚之，玄宗曰：簠簋，祭器也。陳奠素器而不見親，故哀感也。〇司馬光曰：謂朝夕奠之。擗踊哭泣，哀以送之。玄宗曰：男踊女擗，祖載送之。〇司馬光曰：謂祖載以之墓也。擗，拊心也。踊，躍也。男踊而女擗。卜其宅兆而安措之，❶玄宗曰：宅，墓穴也。兆，塋域也。葬事大，故卜之。〇司馬光曰：宅，冢穴也。兆，墓域也。措，置也。爲之宗廟，以鬼享之。玄宗曰：立廟祔祖之後，則以鬼禮享之。〇司馬光曰：送形而往，迎精而返，爲之立主，以存其神。三年喪畢，遷祭於廟，始以鬼禮事之。春秋祭祀，以時思之。玄宗曰：寒暑變移，益用增感。以時祭祀，展其孝思也。〇司馬光曰：言春秋則包四時矣。孝子感時之變而思親，故皆有祭。生事愛敬，死事哀戚，生民之本盡矣，死生之義備矣，孝子之事親終矣。」玄宗曰：愛敬、哀戚，孝行之始終也。備陳死生之義，以盡孝子之情。〇司馬光曰：夫人之所以能勝物者，以其衆也。所以衆者，聖人以禮養之也。夫幼者非壯則不長，老者非少則不養，死者非生則不藏。人之情莫不愛其親，愛之篤者莫若父子。故聖人因天之性，順人之情，而利導之。教父以慈，教子以孝，使幼者得長，老者得養，死者得藏。是以民不夭折棄捐而咸遂其生，日以繁息而莫能傷。不然，民無爪牙羽毛以自衛，其殄滅也必爲物先矣。故孝者，生民之本也。〇范祖禹曰：古者葬之中野，厚衣之以薪，喪期無數。後世聖人爲之中

---

❶「措」，古文石刻本作「厝」。

制，中則欲其可繼也，繼則欲其可久也，措之天下而人共守焉。聖人未嘗有心於其閒，此法之所以不廢也。是故苴衰之服、饘粥之食、顔色之戚、哭泣之哀，皆出於人情，不安於彼而安於此，非聖人强之也。三日而食，三年而除，上取象於天，下取法於地，不以死傷生，毁不滅性。此因人情而爲之節者也。死者人之大變也。爲之棺椁者，爲使人勿惡也。擗踊哭泣，爲使人勿背也。措之宅兆，爲使人勿褻也。春秋祭祀，爲使人勿忘也。情文盡於此矣，所以常久而不廢也。夫有生者必有死，有始者必有終。生，事之以禮；死，葬之以禮，祭之以禮：則可謂孝矣。事死如事生，事亡如事存者，孝之至也。

孝　經

經凡一千八百一十言

注凡一萬二千三百六十五言內序文一千三百四十六言

後學成德挍訂

温公易説

〔北宋〕司馬光　撰
劉保貞　校點

校點説明

《温公易説》六卷,北宋司馬光(一〇一九—一〇八六)撰。光字君實,號迂叟,山西夏縣涑水鄉人,世稱涑水先生。寶元進士,累官端明學士,哲宗時入相,卒於任上,贈太師、温國公,謚文正。著作除《温公易説》外,尚有《資治通鑑》、《涑水記聞》、《稽古録》、《温公瑣語》、《温公日記》及文集等。

《温公易説》,或題作《易説》,成書於何時,難以確考。司馬光在《與范景仁問〈正書〉所疑書》中説:「前日所留《易説》、《繫辭注》、《續詩話》,皆狂簡不揆,宜見誅絶於君子者,然亦庶幾景仁矜其有志於學,痛爲鉏治其蕪穢,明示以坦塗,使識所之詣,幸甚!幸甚!」此書約作於元豐初年。又蘇軾《司馬温公行狀》亦説光作《易説》三卷,注《繫辭》二卷,則是書約成於元豐初,且以《易説》、《繫辭注》二名行於世,但傳佈並不廣,至南宋時已鮮有完本。朱熹《書張氏所刻潛虚圖後》云:「紹興己巳,洛人范仲彪炳文避章傑之禍,自信安來客崇安,予得從之遊。炳文親唐鑑公諸孫,嘗娶温國司馬氏,及諫議大夫無恙時爲子壻,逮聞文正公事爲多,時爲賓客道語,亹亹不厭,且多藏文正公遺墨……是時又得温公《易説》於炳文,盡《隨卦》六二之半，而其後亦闕焉。炳文自言其家使人就謄温公手摹，適至而興亡之，故所存止此。始亦喜其書之獲全，今則不能無疑，然無以考其果爲真與僞也。後數年予乃復得其全書，云好事者於北方互市得版本焉。」朱熹并從炳文處得知，金人入侵洛陽時，温公家人避禍曾遭羣盜執，盜首因欽佩温公爲人，「傳令軍中，無得驚司馬太師家，又揭牓以曉其後曹。以故，骨肉皆幸無他，而圖書亦多得全」。據此可知，鑒於司馬光之聲望，是書兩宋間曾傳佈於北方少數民族，但傳佈中或經後人增竄。是書原名《易説》、《繫辭注》，似不及《説卦》，然今本於《説卦》下亦有注二則，此其可疑者也。《宋史・藝文志》著録光「《易説》一卷，又三卷，又《繫辭説》二卷」，則其時《易説》即有一卷本和三卷本傳世，晁公武《郡齋讀書志》、董真卿《周易會通》所引，明言一卷。馮椅《厚齋易學》附録《先儒著述下》引《中興書目》云：「《易説》一卷，本朝尚書左僕射司馬光撰。首篇設問答語，後有《繫辭》雜説。」朱彝尊《經義考》注此書爲「已佚」，是其在清初已無傳本，唯《永樂大典》有之，清修《四庫全書》，從中輯出《易説》與《繫辭注》，合爲一編，定爲六卷，名之曰《温公易説》。此定六卷，實乃對《宋史・藝文志》之誤解。清修《四庫》時，《永樂大典》已佚失兩千多卷，再加古籍卷帙浩繁，翻檢不易，故所輯《易説》脱漏之處在所難免。且四庫館臣輯録時，並未嚴格按原本照録，而是時常據己意删削改易。

是書並非《易》之通釋，每卦或釋三四爻，或一二爻，亦有全卦無解説者。《繫辭》部分尚屬完備，《説卦》以下則僅有二條。其宗旨是摒棄前人老、莊之學，唯仲尼「中庸」思想是宗，建説立論，推本天地之道，歸之於仁義禮智信。方法與《程氏易傳》相類，而簡略過之。

編纂《四庫全書》時，乾隆命人彙輯《永樂大典》内罕見之籍，在武英殿以活字刻印，這就是「武英殿聚珍版叢書」，《温公易説》即在其中。《温公易説》其後又經多次翻刻、重修，均以武英殿聚珍版爲祖本。現常見之版本，除文淵閣《四庫全書》本和武英殿聚珍版外，尚有河南新鐫《經苑》本、《榕園叢書》重刻聚珍本。今即以文淵閣《四庫全書》本爲底本，以武英殿聚珍版叢書本（簡稱「殿本」）爲校本，并參考阮元校刻《十三經注疏》本《周易正義》（簡稱「通行本」）。另翻檢前人《易》注，得佚文四則，附於後。

校點者　劉保貞

四庫全書易説提要

臣等謹案：《易説》六卷，宋司馬光撰。光事蹟見《宋史》本傳。考蘇軾撰光《行狀》，載所作《易説》三卷，注《繫辭》二卷。《宋史·藝文志》作：《易説》一卷，又三卷，又《繫辭説》二卷。晁公武《讀書志》云：《易説》，雜解《易》義，無詮次，未成書。《朱子語類》又云，嘗得温公《易説》于洛人范仲彪，盡隨卦六二，其後缺焉。後數年，好事者于北方互市得板本，喜其復全。是其書在宋時所傳本已往往多寡互異，其後乃并失傳，故朱彝尊《經義考》亦注爲「已佚」。今獨《永樂大典》中有之，而所列實不止于隨卦，似即朱子所稱後得之本。其釋本卦或三四爻，或一二爻，且有全無説者，惟《繫辭》差完備，而《説卦》以下僅得二條，亦與晁公武之言相合。又以陳友文《集傳精義》、馮椅《易學》、胡一桂《會通》諸書所引光説核之，一一具在，知爲宋代原本無疑。其解義多闕者，蓋光本撰次未成，如所著《潛虚》，轉以不完者爲真本，並非有所殘佚也。光《傳家集》中有《答韓秉國書》，謂王輔嗣以老莊解《易》，非《易》之本旨，不足爲據。蓋其意在深闢虚無元渺之説，故于古今事物之情狀無不貫徹疏通，推闡深至。如解《同人》之《象》曰：「君子樂與人同，小人樂與人異。君子同其遠，小人同其近。」《坎》之《大象》曰：「水之流也，習而不止，以成大川；人之學也，習而不止，以成大賢。」《咸》之九四曰：「心苟傾焉，則物以其類應之，故喜則不見其所可怒，怒則不見其所可喜，愛則不見其所可惡，惡則不見其所可愛。」大都不襲先儒舊説，而有得之言，要如布帛菽粟之切于日用。惜其沈湮滋久，説《易》家竟不獲覩其書。今幸際聖朝，表章典籍，復得搜羅故簡，裒次成編，亦可知名賢著述，其精意所在，有不終泯于來世者矣。謹校勘釐訂，略仿《宋史》原目，定爲六卷，著于録。乾隆四十九年十月恭校上。

總纂官臣紀昀臣陸錫熊臣孫士毅

總校官臣陸費墀

易說原序

九師興而易道微。《易》之微，豈專九師咎哉！《象》翼而下，旁薄深廣，留七分者亡幾，田、丁、施、費脈脈師授，俾勿墜龍龜圖書，或左用之而不悟。京房守緯數，其失也浮。❶二千年間，易道倀倀如蒙霧行。述而不論，河汾猶難之。歷越五閏，真人御宇，玉澤萃鍾，異人間世。❷希夷抉羲畫而成于邵，濂溪泄周經而融于程，以至匯爲漢上而尚變，演爲考亭而尚占，支析爲合沙而尚象。三聖玄藴，剖抉靡遺，而讀者瞭然如生三代之世。晚得温公《易說》一編，視諸老尤最通暢。今流傳人間世，稿雖未完，其論太極陰陽之道，乾坤律吕之交，正而不頗，明而不鑿，獵獵與濂洛貫穿。中間分剛柔中正配四時，微疑未安，學者直心會爾。❸《易》之作，聖人吉凶與民同患之書也，非隱奧難深而難見也。談《易》而病其隱且艱，非深于《易》者也。參習是編，易道庶其明乎。時丙申臘月朔茶陵後學古迂陳仁子同俌序。

❶ 此句《經義考》卷十九引作「京房守緯數，其失也泥；韓康伯談名理，其失也浮」。陳仁子《牧萊脞語》（清初影元抄本）卷七《温公易說序》同《經義考》。

❷「世」，《經義考》作「出」。

❸「直」，《經義考》作「宜」。

易總論

或曰：「易者，聖人之所作乎？」曰：「易者，先天而生，後天而終，細無不該，大無不容，遠無不臻，廣無不充，惟聖人能索而知之，逆而推之，使民識其所來而知其所歸。夫易者，自然之道也。子以爲伏羲出而後易乃生乎？」

或曰：「敢問易者，天事歟，抑人事歟？」曰：「易者，道也。道者，萬物所由之塗也。孰爲天？孰爲人？故易者，陰陽之變也，五行之化也，出於天，施於人，被於物，莫不有陰陽五行之道焉。故陽者，君也，父也，樂也，德也。陰者，臣也，子也，禮也，刑也。五行者，五事也，五常也，五官也。推而廣之，凡宇宙之間皆易也。烏在其專於天專於人？二者之論皆蔽也。且子以聖人爲取諸胸臆而爲仁義禮樂乎？蓋有所本之矣。」

或曰：「易道其有亡乎？」「天地可敝，則易可亡。孔子曰：『乾坤毁則無以見易，易不可見，則乾坤或幾乎息矣。』是故人雖甚愚，而易未嘗亡也。推而上之，邃古之前而易已生，抑而下之，億世之後而易無窮。是故《易》之書或可亡也，若其道則未嘗一日而去物之左右也。萬物蚩蚩，若魚蝦蠃蚌之處於海，食焉游焉死焉，而終莫之知也。」

或曰：「聖人之作《易》也，爲數乎？爲義乎？」曰：「皆爲之。」「二者孰急？」曰：「義急，數亦急。」「何爲乎數急？」曰：「義出於數也。」「義何爲出於數？」曰：「禮樂刑德，陰陽也。仁義禮智信，五行也。義不出於數乎？故君子知義而不知數，雖善，無所統之。夫水無源則竭，木無本則蹶，是以聖人抉其本源以示人，使人識其所來，則益固矣。《易》曰『君子居則觀其象而玩其辭，動則觀其變而玩其占』，明二者之不可偏廢也。」

卷一

宋　司馬光　撰

上經

乾　坤　屯　蒙　需
訟　師　比　小畜　履

䷀ 乾下乾上

乾，元亨利貞。

初九，潛龍勿用。

初九，陽之始也。于律爲黄鍾，于曆爲建子之月。陽氣方萌于黄泉，太陰始盛，萬物未被其澤，故曰「潛龍」。龍者何？陽也。陽則曷謂之龍？龍者神獸，變化無常，升降有時，故象陽也。其言「勿用」何？聖人觀象而爲之戒也。潛龍之時，伏于泉，不可用也，是故冬華而雷爲妖爲災，人躁而狂爲凶爲殃，皆時不可用而用之也。

九二，見龍在田，利見大人。

九二者，陽之見也。于律爲太蔟，于曆爲建寅之月。陽氣蔟達，發而在田，萬物忻忻，生意昭蘇，故曰「見龍在田」。其言「利見大人」者何？通之于人也。君子修德行義，始聞于人，人莫不悦，莫不歸焉。雖未有功，善之端也，治之本也，故曰「利見大人」。

九三，君子終日乾乾，夕惕若，厲，无咎。

九三，陽之進也。于律爲姑洗，于曆爲建辰之月。萬物畢生而趨于繁茂之時也，故君子進德修業，自强不息也。其言「夕惕若，厲，無咎」者何？聖人爲之戒也。九三在下體之上，居上體之下，勤則進乎上，怠則退乎下，故「夕惕若，厲」，然後得「无咎」也。

九四，或躍在淵，无咎。

九四，陽之盛也。于律爲蕤賓，于曆爲建午之月。萬物誠茂矣，而未及于大成，德業誠盛矣，而未至于大亨，安居則不能，欲進而自疑，故躍以試之也。夫言「在淵无咎」者何？失于進不若失于止之愈也。

九五，飛龍在天，利見大人。

九五，陽之成也。于律爲夷則，于曆爲建申之月。黍稷既實，功德成矣，德業普施，大人亨矣，萬物熙熙，道力行矣，故曰「利見大人」。

上九，亢龍有悔。

乾上九。或曰：「物之盛則蕤賓不若林鍾也，物之成則夷則不若仲吕也，舉其微而舍其彰，何也？」曰：「君倡而臣和，陽生而陰成，故陰者佐陽而代有終也，陽者倡陰而尸其功也，是君臣之道也，又何疑矣。」

案：光解乾坤六爻本于《景王將鑄無射篇》。韋昭注云：「十一月曰黄鍾，乾初九。正月曰太蔟，乾九二。三月曰姑洗，乾九三。五月曰蕤賓，乾九四。七月曰夷則，乾九五。九月曰黄鍾，乾上九。」據此則此爻注于律應爲無射，爲建戌之月，乃此條復論蕤賓、林鍾、夷則、仲吕，不及無射，疑上有脱文。

用九，見羣龍无首，吉。

龍者神獸，能隱能見，有變化之象。陽氣能生能成，聖賢能出能處，故《易》皆謂之龍。惟聖知聖，惟賢知賢。聖賢見己之類，當推而下之，勿爲之首。爲之首則亢矣。

《彖》曰：大哉乾元，萬物資始，乃統天。雲行雨施，品物流形。大明終始，六位時成，時乘六龍以御天。乾道變化，各正性命，保合大和，乃利貞。首出庶物，萬國咸寧。

《象》曰：天行，健。君子以自彊不息。

「潛龍勿用」，陽在下也。「見龍在田」，德施普也。「終日乾乾」，反復道也。

「反復道也」，君子進德修業，反復以求先王之道而力行之。

「或躍在淵」，進无咎也。

「進无咎也」，言進亦无咎，而君子寧在淵也。

飛龍在天，大人造也。

「大人造也」，大人之所宜爲也。

「亢龍有悔」，盈不可久也。「用九」，天德不可爲首也。

《文言》曰：元者，善之長也。亨者，嘉之會也。利者，義之和也。貞者，事之幹也。君子體仁足以長人，嘉會足以合禮，利物足以和義，貞固足以幹事。

「元者，善之長也」，「體仁足以長人」，長猶首也。仁者愛人，人皆歸之，可爲之首。「亨者，嘉之會也」，「嘉會足以合禮」，君明臣忠，父慈子孝，兄友弟恭，夫義婦順，上下皆美，際會交通，然後成禮。「利者，義之和也」，「利物足以和義」，仁者，聖人不裁之義，則事失其宜，人喪其利，故君子以義制仁，政然後和。「貞者，事之幹也」，「貞固足以幹事」，「《詩》三百，一言以蔽之，曰思無邪」，故貞者事之幹也，君子固守其正，以楨幹萬事，使不散亂也。

君子行此四德者，故曰「乾，元亨利貞」。

初九曰「潛龍勿用」，何謂也？子曰：「龍德而隱者也。不易乎世，不成乎名，遯世无悶，不見是而无悶。樂則行之，憂則違之，確乎其不可拔，潛龍也。」

「不見是而無悶」，舉世非之亦無悶也。樂行憂違，君子遇有道，得行其志則樂，遇無道，不得行其志則憂。

九二曰「見龍在田，利見大人」，何謂也？子曰：「龍德而正中者也。庸言之信，庸行之謹，閑邪存其誠，善世而不伐，德博而化。《易》曰『見龍在田，利見大人』，君德也。」

正中信謹以下，皆所以修身也。君子有君德而無其位，修己以俟時，德己及人也。

九三曰「君子終日乾乾，夕惕若，厲，无咎」，何謂也？子曰：「君子進德脩業。忠信可以進德也；❶脩辭立其誠，所以居業也。知至至之，可與幾也；知終終之，可與存義也。是故，居上位而不驕，在下位而不憂。故乾乾因其時而惕，雖危无咎矣。」

「修辭立其誠，所以居業也」，君子外修言辭，內推至誠，內外相應，令無不行，事業所以日新也。

九四曰「或躍在淵，无咎」，何謂也？子曰：「上下无常，非爲邪也。進退无恒，非離羣也。君子進德脩業，欲及時也，故无咎。」

君子時行則上進，時止則下退，非爲邪以求利，非違衆以干名也，恐失時而已。

九五曰「飛龍在天，利見大人」，何謂也？子曰：「同聲相應，同氣相求。水流濕，火就燥，雲從龍，風從虎，聖人作而萬物覩。本乎天者親上，本乎地者親下，則各從其類也。」

聖人在位，萬物無不知之，故聖賢畢集，亦從其類也。

上九曰「亢龍有悔」，何謂也？子曰：「貴而无位，高而无民，賢人在下位而无輔，是以動而有悔也。」

既亢驕自賢，則賢人在下位，莫肯輔，其顛危也。

「潛龍勿用」，下也。「見龍在田」，時舍也。

爲時所捨，故有君德而無其位。

❶ 「可」，殿本、通行本作「所」。

「終日乾乾」，行事也。「或躍在淵」，自試也。「飛龍在天」，上治也。「亢龍有悔」，窮之災也。乾元用九，天下治也。

「潛龍勿用」，陽氣潛藏。「見龍在田」，天下文明。「終日乾乾」，與時偕行。「或躍在淵」，乾道乃革。「飛龍在天」，乃位乎天德。「亢龍有悔」，與時偕極。乾元用九，乃見天則。

乾元者，始而亨者也。利貞者，性情也。乾始能以美利利天下，不言所利，大矣哉！

大哉乾乎！剛健中正，純粹精也。六爻發揮，旁通情也。時乘六龍，以御天也。雲行雨施，天下平也。

君子以成德爲行，日可見之行也。潛之爲言也，隱而未見，行而未成，是以君子弗用也。

君子學以聚之，問以辨之，寬以居之，仁以行之。《易》曰「見龍在田，利見大人」，君德也。

九三重剛而不中，上不在天，下不在田，故乾乾因其時而惕，雖危无咎矣。

九四重剛而不中，上不在天，下不在田，中不在人，故或之。或之者，疑之也，故无咎。

夫大人者，與天地合其德，與日月合其明，與四時合其序，與鬼神合其吉凶。先天而天弗違，後天而奉天時。天且弗違，而況于人乎？況于鬼神乎？

亢之爲言也，知進而不知退，知存而不知亡，知得而不知喪。其惟聖人乎！知進退存亡，而不失其正者，其惟聖人乎！

䷁ 坤下坤上

坤，元亨，利牝馬之貞。君子有攸往，先迷後得主利。西南得朋，東北喪朋。安貞，吉。

《彖》曰：至哉坤元！萬物資生，乃順承天。坤厚載物，德合无疆。含弘光大，品物咸亨。牝馬地類，行地无疆，柔順利貞。君子攸行，先迷失道，後順得常。西南得朋，乃與類行。東北喪朋，乃終有慶。安貞之吉，應地无疆。

《象》曰：地勢，坤。君子以厚德載物。

《乾》之《象》曰「自强不息」，《坤》之《象》曰「厚德載物」，何也？曰：强者，勉之謂也。載者，安濟之謂也。君子自强法天，厚德法地，德不厚則物不得而濟也。是故自强不息則道無不臻，厚德而載則物無不濟。夫乾坤者，《易》之門户，二《象》者，道德之關樞也。

初六，履霜，堅冰至。

《象》曰：「履霜」「堅冰」，陰始凝也。馴致其道，至「堅冰」也。

初六者，陰之始也。于律爲林鍾，于曆爲建未之月。陽氣方盛，陰生而物未之知也，是故君子謹之。其曰「履霜，堅冰至」，霜者，寒之先也。冰者，寒之盛也。君子見微而知彰，原始而知終，攘惡于未芽，杜禍于未萌，是以身提而國家乂寧也。

六二，直方大，不習无不利。

《象》曰：六二之動，直以方也。不習无不利，地道光也。

六二者，于律爲南吕，于曆爲建酉之月。草木黄落，暑去而寒至也。其曰「直方大」何？直方而大地之德也。六二何爲擅地之德？坤之主也。六二何爲坤之主？夫陰陽雖殊，皆主中正者也，故乾九五，陽之主也，坤六二，陰之主也。地之得其爲直方大者何？直者言其氣，方者言其形也，大者兼形與氣而言之也。

六三，含章，可貞。或從王事，无成有終。

《象》曰：「含章，可貞」，以時發也。「或從王事」，知光大也。

乾、坤之爻，得位未必吉，失位未必凶，其故何也？曰：陽非陰則不成，陰非陽則不生。陰陽之道，表裏相承，陰勝則消，陽勝則亢，是故乾、坤，以陰居陽、以陽居陰，不皆爲咎也。《乾》之九三以陽居陽而不中，故曰「夕愓若，厲，無咎」，《坤》之六四以陰居陰而不中，故曰「括囊，无咎无譽」，皆剛柔太過，故須畏慎而後免咎也。然未失其正，故不凶也。九五、六二居中履正，其德最美。九二、六五不失其中，德美次之。九三、六四不失其正，雖危無疑。九四、六三雖無中正之德，九四以陽處下，剛克而沈潛者也，故曰「在淵，无咎」，六三以陰處上，柔克而高明者也，故曰「含章，可貞」。

六三者，于律爲應鍾，于曆爲建亥之月。百穀斂藏，萬物備成。陰功小終，體執乎柔而志存乎剛，故曰「含章」。柔不泥于下，剛不疑乎上，故曰「可貞」。王者，尊之極也。爲臣之榮，從王役也。不敢專成，下之職也。承事之終，臣之力也。物以陽生，得陰而成。令由君出，得臣而行。故陽而不陰則萬物傷矣，君而不臣則百職曠矣。陰陽同功，君臣同體，天之經也，人之紀也。《虞書》曰「予欲左右，有民汝翼，予欲宣力，四方汝爲」，此之謂也。

六四，括囊，无咎无譽。

《象》曰：「括囊，无咎」，慎不害也。

六四者，于律爲大吕，于曆爲建丑之月。日窮于次，月窮于紀，天吟地閉，萬物伏死，陰氣大盛，陽將更始，履卑體順，以陰居陰，處不得中，而潛伏乎其深，是以幽晦否塞而不通，雖无咎，亦無譽也。

六五，黄裳，元吉。

《象》曰：「黄裳，元吉」，文在中也。

六五者，于律爲夾鍾，于曆爲建卯之月。天地始闢，和氣融明，莩甲發散，庶物滋榮，體柔而志剛，乘陰而佐陽，中美能黄，上美則元，下美則裳，是以吉也。

上六，龍戰于野，其血玄黄。

《象》曰：「龍戰于野」，其道窮也。

上六者，陰之窮也。于律爲仲吕，于曆爲建巳之月。純陰用事，陽道已窮，冒進不已，不能守中，是以戰也。夫下不能自重，重之者，上也；臣不能自大，大之者，君也。重而不已上必危，大而不已君必虧，既危且虧，能無戰乎？故君子執臣之樞，守臣之機，謹其樞，固其機，禍無從來。樞機之失，僵僕爲災，雖得而勝之，猶有傷也，故曰「其血黄玄」。《文言》曰：「臣弑其君，子弑其父，非一朝一夕之故，其所由來者漸矣，由辨之不早辨也。」嗚呼！聖人之戒爲人上者如此其深乎！

用六，利永貞。

《象》曰：用六「永貞」，以大終也。

《文言》曰：坤至柔而動也剛，至静而德方，後得主而有常，含萬物而化光。坤道其順乎？承天而時行。

積善之家，必有餘慶。積不善之家，必有餘殃。臣弑其君，子弑其父，非一朝一夕之故，其所由來者漸矣，由辨之不早辨也。《易》曰「履霜，堅冰至」，蓋言順也。

直其正也，方其義也。君子敬以直内，義以方外，敬義立而德不孤。「直方大，不習无不利」，則不疑其所行也。

君子法地之直方，則「敬以直内，義以方外，敬義立而德不孤」，則大也。何謂「敬以直内，義以方外」？敬則所受不陷于敗也，義則所適不失其宜也。直且方者，守諸己而無待于外也。君子居則不陷于敗，動則不爽其宜，施于身而身正，施于國而國治，夫又何習而何不利焉？可以斷然無疑矣。

陰雖有美，含之以從王事，弗敢成也，地道也，妻道也，臣道也。地道无成而代有終也。

天地變化，草木蕃。天地閉，賢人隱。《易》曰「括囊，无咎无譽」，蓋言謹也。

君子黄中通理，正位居體，美在其中，而暢于四支，發于事業，美之至也。

陰疑于陽必戰，爲其嫌于无陽也，故稱龍焉，猶未離其類也，故稱血焉。夫玄黄者，天地之雜也。天玄而地黄。

䷂ 震下坎上

屯，元亨利貞，勿用有攸往，利建侯。

《彖》曰：屯，剛柔始交而難生，動乎險中，大亨貞。雷雨之動滿盈，天造草昧，宜建侯而不寧。

《象》曰：雲雷，屯。君子以經綸。

屯者何？草木之始生也，貫地而出，屯然其難也。《象》曰「君子以經綸」，經綸者何？猶云綱紀也。屯者，結之不解者也。結而不解則亂，亂而不緝則窮，是以君子設綱布紀以緝其亂，解其結，然後物得其分，事得其序，治屯之道也。

初九，磐桓，利居貞，利建侯。

《象》曰：雖「磐桓」，志行正也。以貴下賤，大得民也。

《屯》初九「磐桓」者何？治屯之道，不可遽也。「利居貞」者何？治之不正，愈以亂之也。「利建侯」者何？建侯所以治其綱也。治其綱，百目張，夫又何亂之不緝？何結之不解乎？此之謂經綸之道也。

六二，屯如邅如，乘馬班如，匪寇婚媾。女子貞不字，十年乃字。

《象》曰：六二之難，乘剛也。十年乃字，反常也。

人臣之道，患不正也，患不一也。苟一而正，通可必也。十年之屯猶一日也。

六三，即鹿无虞，惟入于林中，君子幾不如舍，往吝。

《象》曰：「即鹿无虞」，以從禽也。君子舍之，往吝窮也。

六四，乘馬班如，求婚媾，往吉，无不利。

《象》曰：求而往，明也。

九五，屯其膏，小貞吉，大貞凶。

《象》曰：「屯其膏」，施未光也。

上六，乘馬班如，泣血漣如。

《象》曰：「泣血漣如」，何可長也！

䷃ 坎下艮上

蒙，亨。匪我求童蒙，童蒙求我。初筮告，再三瀆，瀆則不告。利貞。

《彖》曰：蒙，山下有險，險而止，蒙。蒙亨，以亨行，時中也。「匪我求童蒙，童蒙求我」，志應也。「初筮告」，以剛中也。「再三瀆，瀆則不告」，瀆蒙也。蒙以養正，聖功也。

蒙者何？百姓蚩蚩，莫知所之，聖人教之以道，然後曉然識其是非，故夫蒙者，教人之象也。「匪我求童蒙，童蒙求我」，孔子曰「不憤不啓，不悱不發」，夫人不求我而强教之，則志不應而言不從矣，故君子之教，道而弗牽，强而弗抑，開而弗達也。「初筮告，再三瀆，瀆則不告」，孔子曰：「學而不思則罔。」又曰：「舉一隅不以三隅反，則不復也。」陸希聲曰：「初筮告」，啓其宗也。「再三瀆」，以塞聰也。「瀆則不告」，告乃成蒙也。夫鍜礪者工也，犀利者金也，植藝者圃也，堅實者木也，則工雖巧不能持土以爲兵，圃雖良不能植穀而生梓也。故才者天也，不教則棄，教者人也，不才則悖。故人者受才于天而受教于師，師者決其滯，發其蔽，抑其過，引其不及，以養進其天才而已。《繫辭》曰「苟非其人，道不虛行」，此之謂也。

《象》曰：山下出泉，蒙。君子以果行育德。

果行者言其動也，育德者言其静也。君子動果而静專，内明而外晦，此之謂「蒙以養正」也。

初六，發蒙，利用刑人，用説桎梏，以往吝。

《象》曰：「利用刑人」，以正法也。

九二，包蒙吉。納婦吉。子克家。

《象》曰：「子克家」，剛柔接也。

六三，勿用取女，見金夫，不有躬，无攸利。

《象》曰：「勿用取女」，行不順也。

六四，困蒙，吝。

《象》曰：「困蒙」之吝，獨遠實也。

六四「困蒙，吝」。孔子曰：「困而不學，民斯爲下矣。」聖人于是爻也，將以戒夫不學者也。

六五，童蒙，吉。

《象》曰：「童蒙」之吉，順以巽也。

童蒙者何以吉也？得人而信使之也。昔齊桓公、衛靈公之行，犬彘之所不爲也，然而大則霸諸侯，小則有一國，其故何哉？有管仲、仲叔圉、祝鮀、王孫賈爲之輔也。二君者，天下之不肖君也，得賢人而信使之，猶且安其身而收其功，况明哲之君用忠良之臣者乎！

上九，擊蒙。不利爲寇，利禦寇。

《象》曰：利用「禦寇」，上下順也。

䷄乾下坎上

需，有孚，光亨，貞吉。利涉大川。

需者何？待時而行之謂也。孚者，見信于人之謂也。夫信者己之所爲也，孚者待人而後成者也，故夫需之道，利安而不利躁，修己以待人者也，非夫信義著明，道德光大，則不能以亨也。居正待時，然後吉也；用邪求益，宜其凶也。需以涉難，難可濟也；躁以涉川，沈可必也。

《象》曰：需，須也。險在前也。剛健而不陷，其義不困窮矣。「需，有孚，光亨，貞吉」，位乎天位，以正中也。「利涉大川」，往有功也。

坎，陷也。其云不陷何？需然後進，故不陷也。又曰「位乎天位，以正中」者何？「有孚，光亨，貞吉」者，人君所以待天下之道也。

《象》曰：雲上于天，需。君子以飲食宴樂。

需之爲飲食，何也？雲上于天，萬物蔭之，滂沱下施，萬物飲之，以豐以肥，以榮以滋。飲食燕樂，及下之道也。

初九，需于郊，利用恒，无咎。

《象》曰：「需于郊」，不犯難行也。「利用恒，无咎」，未失常也。

九二，需于沙，小有言，終吉。

《象》曰：「需于沙」，衍在中也。雖「小有言」，以吉終也。

九三，需于泥，致寇至。

《象》曰：「需于泥」，災在外也。自我致寇，敬慎不敗也。寇雖邇，不犯不至，故曰「自我致寇也」。能用需道，故曰「敬慎不敗也」。

六四，需于血，出自穴。

《象》曰：「需于血」，順以聽也。

「需于血」者，入險而傷也。出于險者，不競乃善也。以需血者非需之地也。子曰「繫辭焉以盡其言，變而通之以盡利」，此之謂也。

九五，需于酒食，貞吉。

《象》曰：「酒食貞吉」，以中正也。

《需》九五「需于酒食，貞吉」，酒食者何？福禄之謂也。九五以中正而受尊位，天之所佑，人之所助也。

然則福禄既充矣，而又何需焉？曰：中正者，所以待天下之治也。《書》曰「允執其中」，又曰「以萬民惟正之供」，夫中正者足以盡天下之治也。舍乎中正而能享天之福禄者寡矣。

上六，入于穴，有不速之客三人來，敬之終吉。

《象》曰：不速之客來，「敬之終吉」，雖不當位，未大失也。

䷅ 坎下乾上

訟，有孚窒惕，中吉，終凶。利見大人，不利涉大川。

《彖》曰：訟，上剛下險，險而健，訟。「訟，有孚窒惕，中吉」，剛來而得中也。「終凶」，訟不可成也。「利見大人」，尚中正也。「不利涉大川」，入于淵也。

《象》曰：天與水違行，訟。君子以作事謀始。

初六，不永所事，小有言，終吉。

《象》曰：「不永所事」，訟不可長也。雖「小有言」，其辯明也。

九二，不克訟，歸而逋，其邑人三百户，无眚。

《象》曰：「不克訟」，歸逋竄也。自下訟上，患至掇也。

六三，食舊德，貞厲，終吉。或從王事，无成。

《象》曰：「食舊德」，從上吉也。

九四，不克訟，復即命渝，安貞，吉。

《象》曰：「復即命渝，安貞」，不失也。

九五，訟元吉。

《象》曰：「訟元吉」，以中正也。

上九，或錫之鞶帶，終朝三褫之。

《象》曰：以訟受服，亦不足敬也。案：訟卦説原本缺。

䷆ 坎下坤上

師，貞丈人吉，无咎。

「師，貞丈人吉，无咎」，何也？曰：難之也。夫治衆，天下之大事也，非聖人則不能。夫衆之所服者武也，所從者智也，所親者仁也，三者不備而能用其衆，未之有也。然或得之小，或得之大，或用之邪，或用之正。邪正大小之道，其得失吉凶相去遠矣。彼小人者，以矯矯爲武，瞲瞲爲智，呴呴爲仁，衆人亦有悦而從之者，所謂小也。聖人者以正人爲武，安人爲智，利人爲仁，天下皆悦而從之，所謂大也。夫小人之得衆也，以爲上則暴，以爲下則亂，故謂之邪。聖人之得衆也，所以禁暴而止亂也，故謂之正。夫衆非小人之所用也，小人用之以爲不正，咎孰大焉！子罕曰「兵者所以威不軌而昭文德也，聖人以興，亂人以廢」，此之謂也。

《象》曰：師，衆也。貞，正也。能以衆正，可以王矣。剛中而應，行險而順，以此毒天下，而民從之，吉又何咎矣。

王者何？大人之謂也。「剛中而應，行險而順」者，治衆而不以剛則慢而不振，用剛而不獲中則暴而無親，上無應于君，下無應于民，則身危而功不成，所施不在于順則衆怒而民不從，四者非所以吉而无咎也。吉而无咎，則惟剛中而應，行險而順者乎？夫兵者，危事也，故曰行險。財用之蠹而民之殘也，故曰毒天下。毒之者，其志將以安之也，若鍼砭之所以已疾也，是以民從而无咎也。

《象》曰：地中有水，師。君子以容民畜衆。

師之所以爲容民畜衆者，非特施于治兵之謂也，故天子用之以治天下，諸侯用之以治其國，卿大夫用之以治其家，其道一也。

初六，師出以律，否臧凶。

《象》曰：「師出以律」，失律凶也。

九二，在師中，吉，无咎，王三錫命。

《象》曰：「在師中，吉」，承天寵也。「王三錫命」，懷萬邦也。

六三，師或輿尸，凶。

《象》曰：「師或輿尸」，大无功也。

六四，師左次，无咎。

《象》曰：「左次无咎」，未失常也。

六五，田有禽，利執言，无咎。長子帥師，弟子輿尸，貞凶。

《象》曰：「長子帥師」，以中行也。「弟子輿尸」，使不當也。

師六五，柔也，其爲師之主，奈何？古者人君之遣將也，跪而推轂曰：「閫以内寡人制之，閫以外將軍制之。」進止之制、賞罰之權皆決于外，不從中覆也，委任責成功而已矣。六五以柔居尊，下應于二，二以剛中，能任其事，是以動則有功，若田狩而獲禽也。師出無名，事故不成，故曰「利執言」。執者何？奉辭伐罪之謂也。舉國家之衆而委之一人，此安危之機，存亡之端，不可以不謹。謹擇其人，是人君之事守也，故曰「長子帥師，弟子輿尸」。「貞凶」者，雖正猶凶也。

上六，大君有命，開國承家，小人勿用。

《象》曰：「大君有命」，以正功也。「小人勿用」，必亂邦也。

䷇ 坤下坎上

比，吉。原筮，元永貞，无咎。不寧方來，後夫凶。

《象》曰：比，吉也，比，輔也，下順從也。「原筮，元永貞，无咎」，以剛中也。「不寧方來」，上下應也。「後夫凶」，其道窮也。

比吉，比之所以吉者何？《雜卦》曰：「比樂師憂。」凡物孤則危，羣則强。比者，上下相親，他不能間，外不能侵者也，故吉。原筮者何？　比者，不可苟合也，是故初六曰「有孚比之，无咎」。夫初六，比之始也。始謀相親者，不可不謹擇其人。人之誠信未孚而親愛之，取禍之道也，故曰「有孚比之，无咎」。《繫辭》曰「君子易其心而後語，定其交而後求」，此之謂也。「原筮，元永貞，无咎」者何？　凡比之道，不可以不善也，不可以不長也，不可以不正也，故曰「原筮，元永貞，无咎」。夫物比而不以剛中則柔邪也，故《象》曰「原筮，元永貞，无咎，以剛中也」。

《象》曰：地上有水，比。先王以建萬國，親諸侯。

初六，有孚比之，无咎。有孚盈缶，終來有他吉。

《象》曰：比之初六，「有他吉」也。

六二，比之自内，貞吉。

《象》曰：「比之自内」，不自失也。

六三，比之匪人。

《象》曰：「比之匪人」，不亦傷乎！

六四，外比之，貞吉。

《象》曰：外比于賢，以從上也。

外比者何？　棄親而從疎也。棄親而從疎者，非親賢而從上則不可也。親賢而從上者，苟不出乎正，猶不免乎凶也。夫比非大公之道也。子曰：「君子周而不比，小人比而不周。」故比而不中正者，皆非君子之道也。

九五，顯比，王用三驅，失前禽，邑人不誡，吉。

《象》曰：「顯比」之吉，位正中也。舍逆取順，「失前禽」也。「邑人不誡」，上使中也。

九五顯比吉，何也？九五履至貴之位，爲衆陰所歸，暢其中正以懷海内，從命者賞，違命者誅，善善惡惡，而不在于私用中正以求比者也，故曰顯比吉。顯者，光顯盛大之謂也。「王用三驅，失前禽」，前禽者何？背去之禽也。失者何？求與之相親而不可得者也。

上六，比之无首，凶。

《象》曰：「比之无首」，无所終也。

䷈ 乾下巽上

小畜，亨。密雲不雨，自我西郊。

《象》曰：小畜，柔得位而上下應之，曰小畜。健而巽，剛中而志行，乃「亨」。「密雲不雨」，尚往也。「自我西郊」，施未行也。

《象》曰：風行天上，小畜。君子以懿文德。

初九，復自道，何其咎？吉。

《象》曰：「復自道」，其義吉也。

九二，牽復，吉。

《象》曰：「牽復」在中，亦不自失也。

九三，輿説輻，夫妻反目。

《象》曰：「夫妻反目」，不能正室也。

六四，有孚，血去惕出，无咎。

《象》曰：「有孚」惕出，上合志也。

九五，有孚攣如，富以其鄰。

《象》曰：「有孚攣如」，不獨富也。

上九，既雨既處，尚德載，婦貞厲。月幾望，君子征凶。

《象》曰：「既雨既處」，德積載也。「君子征凶」，有所疑也。案：小畜卦説原本缺。

☱☰ 兑下乾上

履虎尾，不咥人，亨。

《彖》曰：履，柔履剛也。説而應乎乾，是以「履虎尾，不咥人，亨」。剛中正，履帝位而不疚，光明也。

《象》曰：上天下澤，履。君子以辨上下、定民志。

履者何？人之所履也。人之所履者何？禮之謂也。人有禮則生，無禮則死。禮者，人所履之常也。其曰「辨上下定民志」者何？　夫民生有欲，喜進務得，而不可厭者也，不以禮節之則貪淫侈溢而無窮也，是故先王作爲禮以治之，使尊卑有等，長幼有倫，内外有别，親疏有序，然後上下各安其分，而無覬覦之心，此先王制世御民之方也。

初九，素履，往无咎。

《象》曰：「素履」之往，獨行願也。

九二，履道坦坦，幽人貞吉。

《象》曰：「幽人貞吉」，中不自亂也。

六三，眇能視，跛能履，履虎尾，咥人，凶。武人爲于大君。

《象》曰：「眇能視」，不足以有明也。「跛能履」，不足以與行也。「咥人」之凶，位不當也。「武人爲于大君」，志剛也。

九四，履虎尾，愬愬，終吉。

《象》曰：「愬愬，終吉」，志行也。

九五，夬履，貞厲。

《象》曰：「夬履，貞厲」，位正當也。

夬者何？　決也。履者何？　人之所履也。人之所履，有得有失，爲人君者決而正之，得則有賞，失則有法，勸賞畏刑，然後人莫敢不慎其履，而天下國家可得而治也。五以剛健爲履之主，乘其中正以決得失，任斯重也，可不戒乎？故曰「貞厲」。

上九，視履考祥，其旋元吉。

《象》曰：元吉在上，大有慶也。

卷二

宋　司馬光　撰

上經

泰　否　同人　大有　謙　豫　隨　蠱　臨
觀　噬嗑　賁　剥　復　无妄　大畜　頤　大過
坎　離

䷊ 乾下坤上

泰，小往大來，吉亨。

《彖》曰：「泰，小往大來，吉亨」，則是天地交而萬物通也，上下交而其志同也。内陽而外陰，内健而外順，内君子而外小人，君子道長，小人道消也。

《象》曰：天地交，泰，后以財成天地之道，輔相天地之宜，以左右民。

《象》曰「后以財成天地之道，輔相天地之宜」，何也？　夫萬物生之者天也，成之者地也，天地能生成之而不能治也。君者，所以治人而成天地之功也，非后則天地何以得通乎？《太玄》曰「天之所貴曰生，物之所尊曰人，人之大倫曰治，治之所因曰辟，崇天普地，分羣偶物，使不失其統者莫若乎辟。天辟乎上，地辟乎下，君辟乎中」，此之謂也。

初九，拔茅茹，以其彙，征吉。

《象》曰：「拔茅」征吉，志在外也。

九二，包荒，用馮河，不遐遺，朋亡，得尚于中行。

《象》曰：「包荒」得尚于中行，以光大也。

九三，无平不陂，无往不復，艱貞无咎。勿恤其孚，于食有福。

《象》曰：「无往不復」，天地際也。

物極則反，天地之常也，是故治者亂之原也，通者塞之端也。三居天地之際，剛德將退，柔德將進，故曰「无平不陂，无往不復」。君子于是時也，何爲而可哉？必也執節守道而獨行其志乎？故曰「艱貞，無咎」。君子之道也，患志之不篤，不患人之不信，譬如農夫是穮是蓘，雖有飢饉，必有豐年，故「勿恤其孚」。君子之干禄也，修其性，俟其命而已矣，然後能永享安榮也，故曰「于食有福」。《詩》云「愷悌君子，求福不回」，此之謂也。

六四，翩翩不富，以其鄰，不戒以孚。

《象》曰：「翩翩不富」，皆失實也。「不戒以孚」，中心願也。

六五，帝乙歸妹，以祉元吉。

《象》曰：「以祉元吉」，中以行願也。

上六，城復于隍，勿用師。自邑告命，貞吝。

《象》曰：「城復于隍」，其命亂也。

䷋ 坤下乾上

否之匪人，不利君子貞，大往小來。

《象》曰：「否之匪人，不利君子貞，大往小來」，則是天地不交而萬物不通也，上下不交而天下无邦也。內陰而外陽，內柔而外剛，內小人而外君子，小人道長，君子道消也。

「否之匪人」，何也？凡君子小人更爲否泰也，故君子泰則小人否。君子否則天下亂，小人否則天下治。今大往小來，則君子之道否也，故曰「否之匪人」，否之所施非其人也。否者，壅塞使之不進之謂也。

《象》曰：天地不交，否。君子以儉德辟難，不可榮以祿。

初六，拔茅茹，以其彙，貞吉亨。

《象》曰：「拔茅」貞吉，志在君也。

六二，包承，小人吉，大人否亨。

《象》曰：「大人否亨」，不亂羣也。

否而得位，以柔應君，包承者也，故小人居之則爲吉，大人居之則爲否也。然大人者體順履正，和而不同，否不能久，久而必通，故曰「亨」也。

六三，包羞。

《象》曰：「包羞」，位不當也。

君子之不得其時也，失位而居于下則爲小人之所侮，居于上則爲君子之所恥，故六三不當其位，而進退包羞也。

九四，有命无咎，疇離祉。

《象》曰：「有命无咎」，志行也。

四者，陰退而陽進之時也。命者，上之所以施于下也。四以陽居上，變否爲泰。命之所施必施于賢者，賢人進則泰之端見矣，故「有命无咎」。疇者，羣陽之謂也。陽德將亨，故曰「疇離祉」。

九五，休否，大人吉。其亡其亡，繫于苞桑。

《象》曰：「大人」之吉，位正當也。

上九，傾否，先否後喜。

《象》曰：否終則傾，何可長也！

䷌ 離下乾上

同人于野，亨，利涉大川，利君子貞。

《彖》曰：同人，柔得位得中而應乎乾，曰「同人」。《同人》曰「同人于野，亨，利涉大川」，乾行也。文明以健，中正而應，君子正也。惟君子爲能通天下之志。

同人者何？同于人之謂也。君子樂與人同，小人樂與人異。與人同者人亦同之，與人異者人亦異之。同則相愛，異則相惡。愛則相利，惡則相害。相利則交安，相害則交危。利害安危之端在于同人，不可不察也。何謂君子樂與人同？請借魯事以言之。夫季孟異室而皆出于桓，魯衛異國而皆出于姬，姬姜異姓而皆爲中國，夷夏異俗而皆列于會，此君子之樂與人同也。是以近者悦，遠者來，同人之利，豈不大哉！何謂小人樂與人異？小人曰：「季孟異室也，吾何與哉？」又曰：「彼此異民也，吾何與哉？」又曰：「爾汝異身也，吾何與哉？」此樂與人異也，是以民有灾而君弗恤，父有疾而子弗憂，兄有禍而弟弗救也，異之爲害，豈不大哉！《詩》曰：「自西自東，自南自北，無思不服。」同之至也。又曰：「翕翕訿訿，亦孔之哀。」又曰：「噂沓背憎，職競由人。」異之至也。然則同而已矣，其曰「同人」者何？同之道極于人也，草木禽獸不可同也。「同人于野，亨，利涉大川，利君子貞」，何也？曰：野則言其遠也。君子同其遠，小人同其近。遠故無不同也，近故迭相攻也。迭相攻非同人之道也。然則聖人其有私乎？曰：有。聖人之私大，衆人之私小。聖人者以天下爲私者也。藝穀樹蔬而食之，犕牛乘馬而畜使之，皆所以役物而養人也，所私不亦大乎？夫惟聖人爲能愛其身，愛其身故愛其親，愛其親故愛其國，愛其國故愛其道。道者，所以保天下而兼利之也。未有危人之親而人不危其親者也，害人之身而人不害其身者也。天下交害之而身不亡者，未之有也。然則危人適所以自危，害人適所以自害也，烏在其能私哉！夫君子小人，其爲愛身一也。君子之愛身也遠，小人之愛身也近。遠故大，近故小。小者非他也，智不及也。是故識其大者爲大人，識其小者爲小人。非其志之異也，識之蔽也。君子同于正，故其同大。小人同于邪，故其同小。邪正者，小大之分也。何謂「君子能通天下之志」？天下之志，莫不欲利而惡害，欲安而惡危，欲治而惡亂。君子能安之、利之、治之，使天下猶一人也，此之謂「能通天下之志」。

《象》曰：天與火，同人。君子以類族辨物。

初九，同人于門，无咎。

《象》曰：出門「同人」，又誰咎也？

初者，動之始也。夫向于左者必背于右，附于前者必離于後，故同者必有所異也。初九「出門同人」无咎，言未有係也。

六二，同人于宗，吝。

《象》曰：「同人于宗」，吝道也。

宗，類也，類之中又有類焉。同其類者，所同狹也，故吝。

九三，伏戎于莽，升其高陵，三歲不興。

《象》曰：「伏戎于莽」，敵剛也。「三歲不興」，安行也。

九四，乘其墉，弗克攻，吉。

《象》曰：「乘其墉」，義弗克也，其吉則困而反則也。

九三「伏戎于莽」，九四「乘其墉，弗克攻，吉」，何也？　三四者，上下之際，同異之分也，故迭争而交不勝也。「伏戎于莽」者，下襲上。「乘其墉」者，上陵下。上可變，下不可變，逆順之勢也。

九五，同人，先號咷而後笑，大師克相遇。

《象》曰：「同人」之先，以中直也。「大師」相遇，言相克也。

九五，君也，以中正而施同人者也。夫君子好同，小人好異。德之未充，信之未孚，近者不服，遠者不懷，故號咷也。中則不阿，正則不私。不阿不私，天下歸之。始于憂勤，終于逸樂，故後笑也。同者之與多，異者之與寡，寡不足以勝衆，故聖人在上，天下大同者，化于衆也。子曰「君子之道，或出或處，或默或語」，言迹之異也。「二人同心，其利斷金」，言道之同也。二人，言其寡也。金，物之難斷者也。二人同心，猶可以斷，況于衆乎！「同心之言，其臭如蘭」，蘭，芬物也。言猶如是，況其道乎！美之至也。

上九，同人于郊，无悔。

《象》曰：「同人于郊」，志未得也。

郊者，外也。不同于人而亦不異于人，是以无悔，而志未得也。按《序卦》之義，否者，物不相交之卦也，不相交則異，異則争，争則窮，故受之以同人。同人者，所以通之也。物通則大有矣。

䷍ 乾下離上

大有，元亨。

《彖》曰：大有，柔得尊位，大中而上下應之，曰「大有」。其德剛健而文明，應乎天而時行，是以「元亨」。

大有者何？富有之謂也。天子富有天下，諸侯富有其國，大夫富有其家，非得大有之道，烏能得其下乎。然則大有何故以柔爲主？夫爲人上者，言而人莫敢違也，動而人莫敢逆也，故戒之在剛也。夫上之所以能有下者，得其心也。得其心者，能以恩信結之也。故大有以柔中爲主也。柔而不明，則前有讒而弗見，後有賊而不知。明而不健，則知善而不能舉，知惡而不能去，二者皆亂亡之端也。明以燭之，健以決之，居不失中，行不失時，然後能保有其衆而元亨也。然則大有何以上明而下健？曰：明勝于健，則賞不失功，罰不失罪；健勝于明則反之，此大有所以當明也。

《象》曰：火在天上，大有。君子以遏惡揚善，順天休命。

火在天上，明之至也。至明則善惡無所遺矣。善則舉之，惡則抑之，上之職也。明而能健，慶賞刑威得其當，然後能保有四方，所以順天美命也。

初九，无交害，匪咎，艱則无咎。

《象》曰：大有初九，「无交害」也。

九二，大車以載，有攸往，无咎。

《象》曰：「大車以載」，積中不敗也。

九三，公用亨于天子，小人弗克。

《象》曰：「公用亨于天子」，小人害也。

九四，匪其彭，无咎。

《象》曰：「匪其彭，无咎」，明辨晢也。

六五，厥孚交如，威如，吉。

《象》曰：「厥孚交如」，信以發志也。「威如」之吉，易而无備也。

六五柔得尊位，大中而上下應之，故曰「厥孚交如」，言孚發于中，而應之者交至也。夫以柔德而主衆剛，推誠任物，易而无備，所可戒者在于無威，故曰「威如吉」，此聖人所以儆戒人君優游不斷，柔而不立者也。爲人君者剛而不暴，柔而不可犯，此所以爲皇極之道。

上九，自天祐之，吉无不利。

《象》曰：大有上吉，「自天祐」也。

䷎ 艮下坤上

謙，亨，君子有終。

《彖》曰：謙，亨，天道下濟而光明，地道卑而上行。天道虧盈而益謙，地道變盈而流謙，鬼神害盈而福謙，人道惡盈而好謙。謙尊而光，卑而不可踰，君子之終也。

人之將有行也，將有爲也，施之以謙則無不通也。君子之德誠盛矣，業誠大矣，不謙以持之，則無以保其終也，故夫謙者，君子之終也。

《象》曰：地中有山，謙。君子以裒多益寡，稱物平施。

初六，謙謙君子，用涉大川，吉。

《象》曰：「謙謙君子」，卑以自牧也。

六二，鳴謙，貞吉。

《象》曰：「鳴謙貞吉」，中心得也。

九三，勞謙君子，有終吉。

《象》曰：「勞謙君子」，萬民服也。

勞謙，有勞而謙者也。

六四，无不利，撝謙。

《象》曰：「无不利，撝謙」，不違則也。

六五，不富，以其鄰，利用侵伐，无不利。

《象》曰：「利用侵伐」，征不服也。

上六，鳴謙，利用行師，征邑國。

《象》曰：「鳴謙」，志未得也。可用行師，「征邑國」也。

䷏ 坤下震上

豫，利建侯行師。

《彖》曰：豫，剛應而志行，順以動，豫。豫，順以動，故天地如之，而況建侯行師乎？天地以順動，故日月不過而四時不忒。聖人以順動，則刑罰清而民服。豫之時義大矣哉！

《象》曰：雷出地奮，豫。先王以作樂崇德，殷薦之上帝，以配祖考。

雷出地者，春分候也。春分之時，雷迅出地以動萬物，萬物莫不奮迅悦豫而從之也。豫，喜意也。作樂所以飾喜也。薦之上帝，以配祖考，用樂之盛者。

初六，鳴豫，凶。

《象》曰：初六「鳴豫」，志窮凶也。

六二，介于石，不終日，貞吉。

《象》曰：「不終日，貞吉」，以中正也。

六三，盱豫，悔。遲有悔。

《象》曰：「盱豫」有悔，位不當也。

九四，由豫，大有得。勿疑朋盍簪。

《象》曰：「由豫，大有得」，志大行也。

六五，貞疾，恒不死。

《象》曰：六五「貞疾」，乘剛也。「恒不死」，中未亡也。

上六，冥豫，成有渝，无咎。

《象》曰：「冥豫」在上，何可長也！

䷐震下兑上

隨，元亨利貞，无咎。

《彖》曰：隨，剛來而下柔，動而説，隨。大亨貞，无咎，而天下隨時，隨時之義大矣哉！

《象》曰：澤中有雷，隨。君子以嚮晦入宴息。

初九，官有渝，貞吉。出門交有功。

《象》曰：「官有渝」，從正吉也。「出門交有功」，不失也。

六二，係小子，失丈夫。

《象》曰：「係小子」，弗兼與也。

六三，係丈夫，失小子。隨有求得，利居貞。

《象》曰：「係丈夫」，志舍下也。

九四，隨有獲，貞凶。有孚在道，以明，何咎？

《象》曰：「隨有獲」，其義凶也。「有孚在道」，明功也。

九五，孚于嘉，吉。

《象》曰：「孚于嘉，吉」，位正中也。

上六，拘係之，乃從維之。王用亨于西山。

《象》曰：「拘係之」，上窮也。案：隨卦說原本缺。

䷑ 巽下艮上

蠱，元亨，利涉大川。先甲三日，後甲三日。

《象》曰：蠱，剛上而柔下，巽而止，蠱。「蠱，元亨」，而天下治也。「利涉大川」，往有事也。「先甲三日，後甲三日」，終則有始，天行也。

蠱者，物有蠹敝而事之也，事之者，治之也。除蠹補敝，故大通也。剛上而柔下，善登而惡降也。巽而止之，利以濟難也。甲者生之始，爲仁爲德。庚者殺之終，爲義爲刑。先之三日以謹其始，後之三日以慎其終。蠱以少陽在上而行令，故主仁。巽以少陰在上而行令，故主義。天以陰陽終始萬物，君子以仁義修身，以德刑治國，各有其事也。

《象》曰：山下有風，蠱。君子以振民育德。

艮爲丘爲山，巽爲風爲號令。君子洗濯其心，一以待人，以育德于上，山之象也。發號施令，革弊除蠹，以振民于下，風之象也。

初六，幹父之蠱，有子，考无咎，厲，終吉。

《象》曰：「幹父之蠱」，意承考也。

子者所以承父之事而成之，臣者所以成君之事而終之。天下之事大矣，多矣，自非聖人不能無過，故子能蓋父之愆，臣能掩君之惡，然後爲幹蠱也。以秦始漢武之奢汰驕暴，相遠也無幾耳。始皇得胡亥以爲子，李斯以爲臣，不旋踵而亡矣。天下後世之言惡者必歸焉。武帝得昭帝以爲子，霍光以爲臣，而國家乂寧，後世稱之爲明君。隋唐之祖亦然，故必有賢子，然後考得无咎也。幹事之始，敢自安乎？故戰戰兢兢，乃得終吉也。夫事有蠱敝，不可不更。臣子之心，非以高君父而自名也，欲以掩惡而全美，故曰「意承考也」。

九二，幹母之蠱，不可貞。

《象》曰：「幹母之蠱」，得中道也。

九三，幹父之蠱，小有悔，无大咎。

《象》曰：「幹父之蠱」，終无咎也。

親有過，下氣怡聲以諫，禮也。三以重剛幹之，故小有悔也。然不失其正，故无大咎也。

六四，裕父之蠱，往見吝。

《象》曰：「裕父之蠱」，往未得也。

六四「裕父之蠱」，楚屈到嗜芰，有疾，屬之曰：「祭我必以芰。」及祥，宗老將薦芰。屈建命去之，曰：「國君有牛享，大夫有羊饋，士有豚豕之奠，庶人有魚炙之薦，不羞珍異，不陳庶侈。夫子不以其私欲干國之典。」遂不用。《易》曰：「裕父之蠱，往見吝。」裕之爲言饒也，益也。父不義而順之，是裕之也。往而不變，斯可醜也。

六五，幹父之蠱，用譽。

《象》曰：「幹父用譽，承以德也。」

五居盛位，以柔承剛，又有中和之德，故有譽也。

上九，不事王侯，高尚其志。❶

《象》曰：「不事王侯」，志可則也。

陽者，君子之象。致仕而無位，年高而德尊，雖不能以力幹事，而智慮深遠，志可法也，故先王養老乞言焉，非夫矯亢以驚俗，虛驕而無用者也。

䷒ 兑下坤上

臨，元亨利貞。至于八月有凶。

---

❶ 「志」，通行本作「事」。

《象》曰：臨，剛浸而長。説而順，剛中而應，大亨以正，天之道也。「至于八月有凶」，消不久也。

八月者，周之八月也。陽生于復，長于臨。陰生于姤，長于遯。遯與臨反者也。聖人防微杜漸，故于陽長之初而著陰之戒也。

《象》曰：澤上有地，臨。君子以教思无窮，容保民无疆。

「教思无窮，容保民无疆」，功之所以大也。

初九，咸臨，貞吉。

《象》曰：「咸臨，貞吉」，志行正也。

君子之所以能自大者，學于道也。學充于内則志氣夷懌矣，浸長于外則人化而順之矣。人化而順之，所以大也。有應于外，化順之象也。夫道以正心爲本。初九所以能感物而大，志行正也。孔子曰：「學而時習之，不亦悦乎？有朋自遠方來，不亦樂乎？」傳曰：「大學之本，心正然後身修。」

九二，咸臨，吉无不利。

《象》曰：「咸臨，吉无不利」，未順命也。

二在下體而不當位，故小人未肯盡受命也。

六三，甘臨，无攸利。既憂之，无咎。

《象》曰：「甘臨」，位不當也。「既憂之」，咎不長也。

六四，至臨，无咎。

《象》曰：「至臨，无咎」，位當也。

六四進升上體至大之境，已得其位，故无咎也。

六五，知臨，大君之宜，吉。

《象》曰：「大君之宜」，行中之謂也。

上六，敦臨，吉，无咎。

《象》曰：敦臨之吉，志在内也。

䷓ 坤下巽上

觀，盥而不薦，有孚顒若。

《象》曰：大觀在上，順而巽，中正以觀天下。「觀，盥而不薦，有孚顒若」，下觀而化也。觀天之神道，而四時不忒，聖人以神道設教，而天下服矣。

觀者，上以德示人，使人觀而化之也。盥，圭潔其德也。薦，豐備其物也。顒，人君有德之容也。夫德由内出，物自外至。苟内德不充，雖外物豐備，不能化人也。故黍稷非馨，明德惟馨。苟有明信，澗溪沼沚之毛，蘋蘩藴藻之菜，可薦于鬼神，可羞于王公，而況下民乎！故曰「盥而不薦」。君人者能隆内殺外，勤本畧末，德潔誠著，物皆信之，然後可以不爲而成，不言而化，恭己南面，顒然而已，所謂神道設教而天下服也，故曰「有孚顒若」。

《象》曰：風行地上，觀。先王以省方，觀民設教。

先王省方，考禮樂，恊時日，飭法度，以示人爲觀之象。

初六，童觀，小人无咎，君子吝。

《象》曰：初六「童觀」，小人道也。

六二，闚觀，利女貞。

《象》曰：「闚觀」女貞，亦可醜也。

六三，觀我生，進退。

《象》曰：「觀我生，進退」，未失道也。

六四，觀國之光，利用賓于王。

《象》曰：「觀國之光」，尚賓也。

九五，觀我生，君子无咎。

《象》曰：「觀我生」，觀民也。

上九，觀其生，君子无咎。

《象》曰：「觀其生」，志未平也。

䷔ 震下離上

噬嗑，亨。利用獄。

《彖》曰：頤中有物，曰「噬嗑」。噬嗑而「亨」，剛柔分，動而明，雷電合而章。柔得中而上行，雖不當位，「利用獄」也。

《象》曰：雷電，噬嗑。先王以明罰勑法。

「明罰勑法」，先王明罰，非以殘人，所以正法也。

初九，屨校滅趾，无咎。

《象》曰：「屨校滅趾」，不行也。

六二，噬膚滅鼻，无咎。

《象》曰：「噬膚滅鼻」，乘剛也。

六三，噬腊肉，遇毒。小吝，无咎。

《象》曰：「遇毒」，位不當也。

噬嗑，食也，故皆以食物明之。禽獸全乾者謂之腊，噬之至難者也。乾肉者難于噬膚，而易于乾胏者也。

九四，噬乾胏，得金矢，利艱貞，吉。

《象》曰：「利艱貞，吉」，未光也。

六五，噬乾肉，得黄金，貞厲，无咎。

《象》曰：「貞厲，无咎」，得當也。

上九，何校滅耳，凶。

《象》曰：「何校滅耳」，聰不明也。

䷕ 離下艮上

賁，亨。小利有攸往。

《彖》曰：「賁，亨」，柔來而文剛，故「亨」。分剛上而文柔，故「小利有攸往」。天文也。文明以止，人文也。觀乎天文，以察時變。觀乎人文，以化成天下。

《象》曰：山下有火，賁。君子以明庶政，無敢折獄。

初九，賁其趾，舍車而徒。

《象》曰：「舍車而徒」，義弗乘也。

六二，賁其須。

《象》曰：「賁其須」，與上興也。

九三，賁如濡如，永貞吉。

《象》曰：「永貞」之吉，終莫之陵也。

六四，賁如皤如，白馬翰如，匪寇婚媾。

《象》曰：六四當位，疑也。「匪寇婚媾」，終无尤也。

六五，賁于丘園，束帛戔戔，吝，終吉。

《象》曰：六五之「吉」，有喜也。

上九，白賁，无咎。

《象》曰：「白賁，无咎」，上得志也。案：賁卦説原本缺。

䷖ 坤下 艮上

剥，不利有攸往。

《彖》曰：剥，剥也，柔變剛也。「不利有攸往」，小人長也。順而止之，觀象也。君子尚消息盈虚，天行也。

《象》曰：山附于地，剥。上以厚下安宅。

剥以厚下安宅，夫基薄則牆隤，下薄則上危，故君子厚其下者，所以自安其居也。

初六，剥牀以足，蔑貞凶。

《象》曰：「剥牀以足」，以滅下也。

六二，剥牀以辨，蔑貞凶。

《象》曰：「剥牀以辨」，未有與也。

六三，剥之，无咎。

《象》曰：「剥之，无咎」，失上下也。

六四，剥牀以膚，凶。

《象》曰：「剥牀以膚」，切近災也。

六五，貫魚，以宫人寵，无不利。

《象》曰：「以宫人寵」，終无尤也。

上九，碩果不食，君子得輿，小人剥廬。

《象》曰：「君子得輿」，民所載也。「小人剥廬」，終不可用也。

碩果不食，將墜于地而復生也。剥之爲道，舉卦皆陰，而上獨以陽乘之，猶衰世之君子，獨立不懼以制羣陰，雖不當位，民所載也。或者陰來伐之，則是小人得志，君子道窮，禍亂遂成，民無所庇矣。《詩》云「人之云亡，邦國殄瘁」，此之謂也。

䷗ 震下坤上

復，亨。出入无疾，朋來无咎。反復其道，七日來復，利有攸往。

《象》曰：復，亨。剛反動而以順行，是以「出入无疾，朋來无咎」。「反復其道，七日來復」，天行也。「利有攸往」，剛長也。復其見天地之心乎？

「七日來復」，何也？　冬至卦氣起于中孚，次復，次屯，次謙，次睽，凡一卦御六日二百四十分日之二十一，五卦合三十日二百四十分日之一百五，此冬至距大寒之數也，故入冬至凡涉七日，而復之氣應也。

《象》曰：雷在地中，復。先王以至日閉關，商旅不行，后不省方。

初九，不遠復，无祇悔，元吉。

《象》曰：「不遠」之復，以修身也。

六二，休復，吉。

《象》曰：「休復」之吉，以下仁也。

六三，頻復，厲，无咎。

《象》曰：「頻復」之厲，義无咎也。

復者，過而能復之謂也。不慎其始，頻過而復，亦已危矣。雖然，猶愈于迷而不復也，故曰「无咎」。

六四，中行獨復。

《象》曰：「中行獨復」，以從道也。

中行者，行于衆陰之中也。四行衆陰之中，獨能履正思順，下應于陽，不陷溺于羣邪，而能自復于善者也，故曰「中行獨復」。孔子曰「不曰堅乎？磨而不磷。不曰白乎？涅而不淄」，此之謂也。

六五，敦復，无悔。

《象》曰：「敦復，无悔」，中以自考也。

上六，迷復，凶，有災眚。用行師，終有大敗，以其國君凶。至于十年不克征。

《象》曰：「迷復」之凶，反君道也。

䷘ 震下乾上

无妄，元亨利貞。其匪正有眚，不利有攸往。

《彖》曰：无妄，剛自外來而爲主于内。動而健，剛中而應，大亨以正，天之命也。「其匪正有眚，不利有攸往」，无妄之往，何之矣？天命不祐行矣哉？

《象》曰：天下雷行，物與无妄。先王以茂對時，育萬物。

初九，无妄往，吉。

《象》曰：「无妄」之往，得志也。

六二，不耕穫，不菑畬，則利有攸往。

《象》曰：「不耕穫」，未富也。

六三，无妄之災，或繫之牛，行人之得，邑人之災。

《象》曰：「行人」得牛，「邑人」災也。

九四，可貞，无咎。

《象》曰：「可貞，无咎」，固有之也。

九五，无妄之疾，勿藥有喜。

《象》曰：「无妄」之藥，不可試也。

上九，无妄行，有眚，无攸利。

《象》曰：「无妄」之行，窮之災也。案：无妄卦説原本缺。

☶☰ 乾下艮上

大畜，利貞。不家食吉，利涉大川。

《彖》曰：「大畜」，剛健篤實輝光，日新其德。剛上而尚賢，能止健，大正也。「不家食吉」，養賢也。「利涉大川」，應乎天也。

《象》曰：天在山中，大畜。君子以多識前言往行，以畜其德。

初九，有厲，利已。

《象》曰：「有厲，利已」，不犯災也。

九二，輿説輹。

《象》曰：「輿説輹」，中无尤也。

九三，良馬逐，利艱貞。曰閑輿衛，利有攸往。

《象》曰：「利有攸往」，上合志也。

六四，童牛之牿，元吉。

《象》曰：六四「元吉」，有喜也。

童牛，不角之牛也。牿者，貫角之木，所以止其觸也。四用柔正以畜剛健，不用威武而物自服，故曰「童牛之牿」，言雖設而無用也。

六五，豶豕之牙，吉。

《象》曰：六五之「吉」，有慶也。

上九，何天之衢，亨。

《象》曰：「何天之衢」，道大行也。

䷚ 震下艮上

頤，貞吉。觀頤，自求口實。

《彖》曰：「頤，貞吉」，養正則吉也。「觀頤」，觀其所養也。「自求口實」，觀其自養也。天地養萬物，聖人養賢以及萬民。頤之時大矣哉！

凡萬物有者爲陽，無者爲陰，日光之所灼者爲陽，所不灼者爲陰，和氣之所煦者爲陽，所不煦者爲陰。聖人之于仁義猶是也。愛養萬物謂之仁，其所不愛不養謂之義。義者，裁仁以就宜者也。或曰：聖人之仁無不及也，而有不愛不養乎？曰：暴亂而爲物害者，聖人所不得而愛養也。聖人豈樂殺哉！何謂「觀其所養」？ 其人賢則其所養必賢也，其人不肖則所養必不肖也。何謂「觀其自養」？ 取于人以義，自奉養以禮，斯賢也。取于人無度，自奉養無節，斯不肖也。故富視其所與，貧視其所取，窮視其所主，達視其所舉，足以知其爲人矣。

《象》曰：❶山下有雷，頤。君子以慎言語，節飲食。

初九，舍爾靈龜，觀我朵頤，凶。

《象》曰：「觀我朵頤」，亦不足貴也。

六二，顛頤，拂經，于丘頤，征凶。

《象》曰：六二「征凶」，行失類也。

六三，拂頤，貞凶，十年勿用，无攸利。

《象》曰：「十年勿用」，道大悖也。

六四，顛頤吉，虎視眈眈，其欲逐逐，无咎。

《象》曰：「顛頤」之吉，上施光也。

六五，拂經，居貞吉，不可涉大川。

《象》曰：「居貞」之吉，順以從上也。

---

❶ 「《象》曰」以下十六字，原闕，殿本亦闕，據通行本補。

上九，由頤，厲，吉，利涉大川。

《象》曰：「由頤，厲，吉」，大有慶也。

䷛ 巽下兑上

大過，棟橈，利有攸往，亨。

《彖》曰：大過，大者過也。「棟橈」，本末弱也。剛過而中，巽而説行，「利有攸往」，乃亨。大過之時大矣哉！

大過者何？大者陽也，陽之過差者也。陽之所以過差者奈何？陽當居外以衛陰，陰當居内以佐陽。今大過多陽而居内，小過多陰而居外，此其所以爲過也。然則《彖》曰「剛過而中，巽而説行，利有攸往，乃亨」，何也？大過者，剛之過也。有攸往者，猶云有爲而然者也。夫剛過而不得其中，又不以巽説行之，其志非以有爲也，苟求過人而已矣，如是則何以得亨乎？故大過之所以得亨者，此數德故也。君子或爲過人之行者，將以有爲也，非道之常也，故曰「利有攸往，乃亨」。

《象》曰：澤滅木，大過。君子以獨立不懼，遯世无悶。

初六，藉用白茅，无咎。

《象》曰：「藉用白茅」，柔在下也。

九二，枯楊生稊，老夫得其女妻，无不利。

《象》曰：「老夫」女妻，過以相與也。

九三，棟橈，凶。

《象》曰：「棟橈」之凶，不可有輔也。

九四，棟隆，吉。有它吝。

《大過》九三「棟橈凶」，九四「棟隆吉，有它吝」，何也？夫大過剛已過矣，正可濟之以柔，而不可濟之以剛也，故大過之陽皆以居陰爲吉，而不以得位爲義也。九三居陽履剛，而在一體之上，剛很强愎，不可輔弼者也，故曰「棟橈凶」。九四以陽居陰，而在一體之下，剛不違謙，能隆其棟者也，然過而失中，故曰「有它吝」。

《象》曰：「棟隆」之吉，不橈乎下也。

九五，枯楊生華，老婦得其士夫，无咎无譽。

《象》曰：「枯楊生華」，何可久也。「老婦」士夫，亦可醜也。

《大過》九二「无不利」，九五「无咎无譽」，何也？夫「大過，本末弱也」，初已弱矣，進入于二而遇陽，故曰「枯楊生稊」。稊者，始生而向茂者也。五，陽之盛也，盛極將落，故曰「枯楊生華」。華者，已榮而將落者也。初過于弱，二過于强，强弱相濟，厥功已成。其于國也，如剛毅之君以寬柔之臣輔之，故无不利也。上以衰陰符于盛陽，其于國也，如驕盈之君以愚庸之臣輔之，雖幸而无咎，不足以有譽也。五居中履正，故无咎。輔弼非人，故无譽也。

上六，過涉滅頂，凶，无咎。

《象》曰：「過涉」之凶，不可咎也。

䷜ 坎下坎上

習坎，有孚，維心亨，行有尚。

《彖》曰：「習坎」，重險也。水流而不盈，行險而不失其信。「維心亨」，乃以剛中也。「行有尚」，往有功也。天險不可升也，地險山川丘陵也。王公設險以守其國。險之時用大矣哉！

《象》曰：水洊至，習坎。君子以常德行，習教事。

坎「以常德行，習教事」，何也？水之爲德，無有方圓曲直高下夷險而不失其平者也，故君子以常德行。水之流也，習而不止，以成大川；人之學也，習而不止，以成大賢：故君子以習教事。

初六，習坎，入于坎窞，凶。

《象》曰：「習坎」入坎，失道凶也。

初者，事之始也。聖人之教人也，禁其始不禁其終，防其微不防其章，故《坤》之初六曰「履霜，堅冰至」，《震》之初九曰「震來虩虩，後笑言啞啞，吉」，皆原其始而要終也。夫人之于險也，始皆有恐懼之心焉，及幸而濟也，則狃以爲常，至于失身而不自知也，是以聖人于險之初而戒其將來之禍曰：「習坎，入于坎窞，凶。」窞者，坎中之坎也。

九二，坎有險，求小得。

《象》曰：「求小得」，未出中也。

六三，來之坎坎，險且枕，入于坎窞，勿用。

《象》曰：「來之坎坎」，終无功也。

六四，樽酒簋貳，用缶，納約自牖，終无咎。

《象》曰：「樽酒簋貳」，剛柔際也。

九五，坎不盈，祇既平，无咎。

《象》曰：「坎不盈」，中未大也。

上六，係用徽纆，寘于叢棘，三歲不得，凶。

《象》曰：上六失道，凶「三歲」也。

䷝ 離下離上

離，利貞，亨。畜牝牛吉。

《象》曰：離，麗也。日月麗乎天，百穀草木麗乎土，重明以麗乎正，乃化成天下。柔麗乎中正，故亨。是以「畜牝牛吉」也。

「離，利貞，亨」，離，麗也，麗者不可以不正也。夫明者常失于察，察之甚者或入于邪，是以聖人重明以麗乎正，乃能化成天下。柔者失于弱而不立，故柔麗乎中正，然後乃亨。夫太明則察，太昧則蔽。二以明德而用中正，是以獲元吉也。

《象》曰：明兩作，離。大人以繼明照于四方。

初九，履錯然，敬之无咎。

《象》曰：「履錯」之敬，以辟咎也。

初九「敬之无咎」，何也？夫火者始于錟錟而至于不可撲滅者也，是以明者慮于未兆，見于未萌，方事之初，而錯然矜慎，以避其咎也。

六二，黄離，元吉。

《象》曰：「黄離，元吉」，得中道也。

九三，日昃之離，不鼓缶而歌，則大耋之嗟，凶。

《象》曰：「日昃之離」，何可久也。

九四，突如其來如，焚如，死如，棄如。

《象》曰：「突如其來如」，无所容也。

突者，子之不順者也。火性炎上，而九四以剛乘剛，用其不正以陵于上，若火之方熾，其來甚盛，極盛必衰，故「死如，棄如」也。死者，禍之極也。棄者，衆所不與也。

六五，出涕沱若，戚嗟若，吉。

《象》曰：六五之「吉」，離王公也。

上九，王用出征，有嘉折首，獲匪其醜，无咎。

《象》曰：「王用出征」，以正邦也。

卷三

宋　司馬光　撰

下經

咸　恒　遯　大壯　晉　明夷　家人

睽　蹇　解　損　益　夬　姤

䷞ 艮下兑上

咸，亨，利貞。取女吉。

《彖》曰：咸，感也。柔上而剛下，二氣感應以相與，止而説，男下女，是以「亨，利貞，取女吉」也。天地感而萬物化生，聖人感人心而天下和平。觀其所感，而天地萬物之情可見矣！

《象》曰：山上有澤，咸。君子以虚受人。

初六，咸其拇。

《象》曰：「咸其拇」，志在外也。

六二，咸其腓，凶，居吉。

《象》曰：雖「凶，居吉」，順不害也。

九三，咸其股，執其隨，往吝。

《象》曰：「咸其股」，亦不處也。志在隨人，所執下也。

九四，貞吉悔亡，憧憧往來，朋從爾思。

《象》曰：「貞吉悔亡」，未感害也。「憧憧往來」，未光大也。

四在脢下，感其心者也。心感于物，爲善爲惡，爲吉爲凶，無不至焉，必也執一以應萬，守約以御衆，其惟正乎。夫正而遇禍，猶爲福也。求仁得仁，又何悔！故心正則事無不吉而悔亡也。憧憧，心動貌。朋，類也。心苟正矣，則往也來也，屈也伸也，而心不爲之動焉。動于往來則心傾矣。心苟傾焉，則物以其類應之。是故喜則不見其所可怒，怒則不見其所可喜，愛則不見其所可惡，惡則不見其所可愛。顧右則失左，瞻前則忘後。視必有所蔽，聽必有所偏。故曰「未光大也」。孔子曰：「天下何思何慮？天下同歸而殊塗，一致而百慮，天下何思何慮！」歸與致者，豈非正歟？故于文一止爲正。正者，止于一而無不周也。夫又何思而何慮焉？譬諸止水，寂然不動，物有萬變，而所以應之者一也。日月者，天地之精也。寒暑者，天地之氣也。天地猶以屈伸相感，而況于人乎！故大人之道，正其心而已矣。治之養之，以至于精義入神，則用無違矣。用之于身則身安而德崇矣。過此以往，不足思也。久而不息，則可以窮神而知化。大人之德，莫盛于斯矣。

九五，咸其脢，无悔。

《象》曰：「咸其脢」，志末也。

上六，咸其輔、頰、舌。

《象》曰：「咸其輔、頰、舌」，滕口説也。

䷟ 巽下震上

恒，亨，无咎，利貞，利有攸往。

《彖》曰：恒，久也。剛上而柔下，雷風相與，巽而動，剛柔皆應，恒。「恒，亨，無咎，利貞」，久于其道也，天地之道，恒久而不已也。「利有攸往」，終則有始也。日月得天而能久照，四時變化而能久成，聖人久于其道而天下化成。觀其所恒，而天地萬物之情可見矣！

「恒，亨，无咎，利貞」，久于其道，無不通也。行而可久，必無咎也。常久之利，利居貞也。

《象》曰：雷風，恒。君子以立不易方。

初六，浚恒，貞凶，无攸利。

《象》曰：「浚恒」之凶，始求深也。

九二，悔亡。

《象》曰：九二「悔亡」，能久中也。

九三，不恒其德，或承之羞，貞吝。

《象》曰：「不恒其德」，无所容也。

九四，田无禽。

《象》曰：久非其位，安得禽也？

六五，恒其德，貞婦人吉，夫子凶。

《象》曰：「婦人」貞吉，從一而終也。「夫子」制義，從婦凶也。

上六，振恒，凶。

《象》曰：「振恒」在上，大无功也。

振者，木之摇落也。上以柔弱之質，當恒久之終，體動而應風，摇落之象也。常久之道由茲而墜，故曰「大无功也」。

䷠ 艮下乾上

遯，亨，小利貞。

《彖》曰：「遯，亨」，遯而亨也。剛當位而應，與時行也。「小利貞」，浸而長也。遯之時義大矣哉！

《象》曰：天下有山，遯。君子以遠小人，不惡而嚴。

初六，遯尾，厲，勿用有攸往。

《象》曰：「遯尾」之厲，不往何災也？

六二，執之用黄牛之革，莫之勝説。

《象》曰：執用「黄牛」，固志也。

遯之爲道，避内而趨外者也。二以柔居内，未得自去者也。然履中守正，和而不流，執志之堅，人不能奪，故曰「執之用黄牛之革，莫之勝説」。黄者，中也。牛革，取其柔而堅韌也。

九三，係遯，有疾厲，畜臣妾吉。

《象》曰：「係遯」之厲，有疾憊也。「畜臣妾吉」，不可大事也。

三以剛德居位而宴安于内，係于榮利，不能自退，故曰「有疾」。小人道長，貪位不退，危之道也，故曰「厲」。臣妾者，係于人而不能自去者也，故「畜臣妾吉」。

九四，好遯，君子吉，小人否。

《象》曰：「君子」好遯，「小人」否也。

四以剛德而處非其位，君子難進而易退，小人反是者也，故曰「好遯，君子吉，小人否」也。

九五，嘉遯，貞吉。

《象》曰：「嘉遯，貞吉」，以正志也。

中正，德之嘉也。君子邦有道則見，邦無道則隱，可以進而進，可以退而退，不失其時，以中正爲心者也，故曰「嘉遯，貞吉」。

上九，肥遯，無不利。

《象》曰：「肥遯，无不利」，無所疑也。

䷡ 乾下震上

大壯，利貞。

《彖》曰：大壯，大者壯也。剛以動，故壯。「大壯，利貞」，大者正也。正大而天地之情可見矣！

《象》曰：雷在天上，大壯。君子以非禮弗履。

初九，壯于趾，征凶，有孚。

《象》曰：「壯于趾」，其孚窮也。

九二，貞吉。

《象》曰：九二「貞吉」，以中也。

九三，小人用壯，君子用罔，貞厲。羝羊觸藩，羸其角。

《象》曰：「小人用壯」，君子罔也。

九四，貞吉悔亡，藩決不羸，壯于大輿之輹。

《象》曰：「藩決不羸」，尚往也。

六五，喪羊于易，无悔。

《象》曰：「喪羊于易」，位不當也。

上六，羝羊觸藩，不能退，不能遂，无攸利，艱則吉。

《象》曰：「不能退，不能遂」，不詳也。「艱則吉」，咎不長也。案：大壯卦説原本缺。

☷☲ 坤下離上

晉，康侯用錫馬蕃庶，晝日三接。

《彖》曰：晉，進也。明出地上，順而麗乎大明，柔進而上行，是以「康侯用錫馬蕃庶，晝日三接」也。

《象》曰：明出地上，晉。君子以自昭明德。

君子進其明德，如日之升也。

初六，晉如，摧如，貞吉。罔孚，裕，无咎。

《象》曰：「晉如，摧如」，獨行正也。「裕，无咎」，未受命也。

初進者德業未著，人莫之信，躁以求之，則凶，寬以待之，无咎。未受命者受上命，然後可進。无命而進，凶道也。

六二，晉如，愁如，貞吉。受兹介福于其王母。

《象》曰：「受兹介福」，以中正也。

六三，衆允，悔亡。

《象》曰：「衆允」之志，上行也。

九四，晉如鼫鼠，貞厲。

《象》曰：「鼫鼠，貞厲」，位不當也。

六五，悔亡，失得勿恤，往吉，无不利。

《象》曰：「失得勿恤」，往有慶也。

上九，晉其角，維用伐邑，厲，吉，無咎，貞吝。

《象》曰：「維用伐邑」，道未光也。

䷣ 離下坤上

明夷，利艱貞。

《彖》曰：明入地中，明夷。內文明而外柔順，以蒙大難，文王以之。「利艱貞」，晦其明也。內難而能正其志，箕子以之。

《象》曰：明入地中，明夷。君子以莅衆，用晦而明。

初九，明夷于飛，垂其翼。君子于行，三日不食。有攸往，主人有言。

《象》曰：「君子于行」，❶義不食也。

---

❶「行」，原脱，據殿本、通行本補。

六二，明夷，夷于左股，用拯馬壯，吉。

《象》曰：六二之「吉」，順以則也。

九三，明夷于南狩，得其大首，不可疾貞。

《象》曰：「南狩」之志，乃大得也。

六四，入于左腹，獲明夷之心，于出門庭。

《象》曰：「入于左腹」，獲心意也。

六五，箕子之明夷，利貞。

《象》曰：「箕子」之貞，明不可息也。

君子之晦，以避難也。內修明德，不可息也。爲人臣者，有箕子之正則可也。無箕子之正，苟生以忘其君者，罪莫大焉，故曰「利貞」。

上六，不明晦，初登于天，後入于地。

《象》曰：「初登于天」，照四國也。「後入于地」，失則也。

上六之象，其言「失則」何？國家之所以立者，法也，故爲工者規矩繩墨不可去也，爲國者禮樂法度不可失也。度差而機失，綱絶而網紊，紀散而絲亂，法壞則國家從之。嗚呼！爲人君者可不慎哉！魯有慶父之難，齊桓公使仲孫湫視之，曰：「魯可取乎？」對曰：「不可，猶秉周禮。周禮，所以本也。」然則法之于國，豈不重哉！

䷤ 離下巽上

家人，利女貞。

《彖》曰：「家人」，女正位乎内，男正位乎外，男女正，天地之大義也。家人有嚴君焉，父母之謂也。父父，子子，兄兄，弟弟，夫夫，婦婦，而家道正。正家而天下定矣。

家者，治之至小者也，然有嚴君之道焉。嚴，恭也。知事親則知事君矣。

《象》曰：風自火出，家人。君子以言有物，而行有恒。

初九，閑有家，悔亡。

《象》曰：「閑有家」，志未變也。

六二，无攸遂，在中饋，貞吉。

《象》曰：六二之「吉」，順以巽也。

九三，家人嗃嗃，悔厲吉。婦子嘻嘻，終吝。

《象》曰：「家人嗃嗃」，未失也。「婦子嘻嘻」，失家節也。

六四，富家大吉。

《象》曰：「富家大吉」，順在位也。

九五，王假有家，勿恤吉。

《象》曰：「王假有家」，交相愛也。

假，大也。文王刑于寡妻，至于兄弟，以御于家邦，大其家以至于有天下。親其親以及人之親，長其長以及人之長，上下交相愛而天下和矣。故曰「交相愛也」。

上九，有孚威如，終吉。

《象》曰：「威如」之吉，反身之謂也。

上九以陽居上，家之至尊者也。家人望之，以爲表式。苟其身不正，則雖令不從，是以内盡至誠，爲人所信，然後有威可畏，而獲終吉也。《大學》曰「欲齊其家者先修其身，欲修其身者先正其心，欲正其心者先誠其意」，此之謂也。

䷥ 兑下離上

睽，小事吉。

《象》曰：「睽」，火動而上，澤動而下。二女同居，其志不同行。説而麗乎明，柔進而上行，得中而應乎剛，是以「小事吉」。天地睽而其事同也，男女睽而其志通也，萬物睽而其事類也。睽之時用大矣哉！

《象》曰：上火下澤，睽。君子以同而異。

初九，悔亡，喪馬勿逐，自復。見惡人，无咎。

《象》曰：「見惡人」，以辟咎也。

九二，遇主于巷，无咎。

《象》曰：「遇主于巷」，未失道也。

六三，見輿曳，其牛掣，其人天且劓，无初有終。

《象》曰：「見輿曳」，位不當也。「无初有終」，遇剛也。

九四，睽孤，遇元夫，交孚，厲，无咎。

《象》曰：「交孚」无咎，志行也。

六五，悔亡，厥宗噬膚，往何咎。

《象》曰：「厥宗噬膚」，往有慶也。

上九，睽孤，見豕負塗，載鬼一車，先張之弧，後說之弧，匪寇婚媾，往遇雨則吉。

《象》曰：「遇雨」之吉，羣疑亡也。

䷦ 艮下坎上

蹇，利西南，不利東北。利見大人。貞吉。

《彖》曰：蹇，難也，險在前也。見險而能止，知矣哉！蹇「利西南」，往得中也；「不利東北」，其道窮也。「利見大人」，往有功也。當位「貞吉」，以正邦也。蹇之時用大矣哉！

《象》曰：山上有水，蹇。君子以反身修德。

初六，往蹇，來譽。

《象》曰：「往蹇，來譽」，宜待也。

六二，王臣蹇蹇，匪躬之故。

《象》曰：「王臣蹇蹇」，終无尤也。

九三，往蹇來反。

《象》曰：「往蹇來反」，内喜之也。

六四，往蹇來連。

《象》曰：「往蹇來連」，當位實也。

九五，大蹇朋來。

《象》曰：「大蹇朋來」，以中節也。

上六，往蹇來碩，吉。利見大人。

《象》曰：「往蹇來碩」，志在内也。「利見大人」，以從貴也。案：睽蹇二卦説並原本缺。

䷧ 坎下震上

解，利西南。無所往，其來復吉。有攸往，夙吉。

《象》曰：「解」，險以動，動而免乎險，解。解「利西南」，往得衆也；「其來復吉」，乃得中也。「有攸往，夙吉」，往有功也。天地解而雷雨作，雷雨作而百果草木皆甲坼，解之時大矣哉！

《解》「无所往，其來復吉。有攸往，夙吉」，何也？夫能濟難者存乎中，能有功者存乎時。時未可往而用之太速則不達，時可以往而應之太緩則無功，故上六藏器于身，待時而動，君子韙之。

《象》曰：雷雨作，解。君子以赦過宥罪。

初六，无咎。

《象》曰：剛柔之際，義无咎也。

九二，田獲三狐，得黄矢，貞吉。

《象》曰：九二「貞吉」，得中道也。

六三，負且乘，致寇至，貞吝。

《象》曰：「負且乘」，亦可醜也。自我致戎，又誰咎也。

九四，解而拇，朋至斯孚。

《象》曰：「解而拇」，未當位也。

六五，君子維有解，吉。有孚于小人。

《象》曰：「君子」有解，「小人」退也。

上六，公用射隼于高墉之上，獲之，无不利。

《象》曰：「公用射隼」，以解悖也。

䷨ 兑下艮上

損，有孚，元吉，无咎，可貞，利有攸往。曷之用？二簋可用享。

損益之名，以内爲主者也。内爲己，外爲彼。

《彖》曰：「損」，損下益上，其道上行。損而「有孚，元吉，无咎，可貞，利有攸往。曷之用？二簋可用享」，二簋應有時。損剛益柔有時，損益盈虚，與時偕行。

《象》曰：山下有澤，損。君子以懲忿窒欲。

初九，已事遄往，无咎。酌損之。

《象》曰：「已事遄往」，尚合志也。

九二，利貞，征凶，弗損益之。

《象》曰：九二「利貞」，中以爲志也。

六三，三人行，則損一人。一人行，則得其友。

《象》曰：「一人行」，三則疑也。

六四，損其疾，使遄有喜，无咎。

《象》曰：「損其疾」，亦可喜也。

六五，或益之，十朋之龜弗克違，元吉。

《象》曰：六五「元吉」，自上祐也。

上九，弗損，益之，无咎，貞吉，利有攸往。得臣无家。

《象》曰：「弗損，益之」，大得志也。

䷩ 震下巽上

益，利有攸往，利涉大川。

《象》曰：「益」，損上益下，民説无疆，自上下下，其道大光。「利有攸往」，中正有慶。「利涉大川」，木道乃行。益動而巽，日進无疆。天施地生，其益无方。凡益之道，與時偕行。

《象》曰：風雷，益。君子以見善則遷，有過則改。

初九，利用爲大作，元吉，无咎。

《象》曰：「元吉，无咎」，下不厚事也。

六二，或益之，十朋之龜弗克違，永貞吉。王用享于帝，吉。

《象》曰：「或益之」，自外來也。

六三，益之用凶事，无咎。有孚中行，告公用圭。

《象》曰：益用「凶事」，故有之也。

六四，中行，告公從，利用爲依遷國。

《象》曰：「告公從」，以益志也。

九五，有孚惠心，勿問元吉。有孚惠我德。

《象》曰：「有孚惠心」，勿問之矣。「惠我德」，大得志也。

「惠心」者何？惠之所施，孚于心，然後善也。夫人墜于絶壑而遺之珠玉，寢疾垂死而饋之酒肉，其物非不美也，而人不以德者，何也？非其心之所欲也。

上九，莫益之，或擊之，立心勿恒，凶。

《象》曰：「莫益之」，偏辭也。「或擊之」，自外來也。

上九「立心勿恒，凶」，何也？戒人勿以求益爲常心也。「莫益之」，《象》曰「偏辭」者何也？知益于己而不知怨于人之謂也。

䷪ 乾下兑上

夬，揚于王庭，孚號有厲。告自邑，不利即戎，利有攸往。

《象》曰：夬，決也，剛決柔也。健而説，決而和，「揚于王庭」，柔乘五剛也。「孚號有厲」，其危乃光也。「告自邑，不利即戎」，所尚乃窮也。「利有攸往」，剛長乃終也。

《象》曰：澤上于天，夬。君子以施禄及下，居德則忌。

初九，壯于前趾，往不勝爲咎。

《象》曰：「不勝」而往，咎也。

九二，惕號，莫夜有戎，勿恤。

《象》曰：「有戎勿恤」，得中道也。

九三，壯于頄，有凶。君子夬夬獨行，遇雨若濡，有愠，无咎。

《象》曰：「君子夬夬」，終无咎也。

「壯于頄」，壯形于面也。三爲健極，故曰「壯于頄」也。物惡太健，故有凶。然君子居之，體剛履正，決決無疑，信志獨行，而不易于世，故雖怨怒，不足爲咎也。雨濡者，怨謗之象也。

九四，臀无膚，其行次且。牽羊悔亡，聞言不信。

《象》曰：「其行次且」，位不當也。「聞言不信」，聰不明也。

九四任其剛決以據健之上，故居與行皆不安也。羊，狠物也。牽羊者，制其狠心也。制其狠心則悔亡矣。不正而決，故「聞言不信」也。

九五，莧陸夬夬，中行无咎。

《象》曰：「中行无咎」，中未光也。

上六，无號，終有凶。

《象》曰：「无號」之凶，終不可長也。

☰☴ 巽下乾上

姤，女壯，勿用取女。

《彖》曰：姤，遇也，柔遇剛也。「勿用取女」，不可與長也。天地相遇，品物咸章也。剛遇中正，天下大行也。姤之時義大矣哉！

剛，陽德也，君子所尚也。然剛而不中則亢，剛而不正則戾。亢則人疾之，戾則人違之，故剛遇中正，然後可以大行于天下也。「姤之時義大矣哉」，姤，消卦也。孔子何大焉！夫世之治亂，人之窮通，事之成敗，不可以力致也，不可以數求也，遇與不遇而已矣。舜遇堯而五典克從，百揆時叙，禹、稷、契、皋陶遇舜而六府三事允治，地平天成，伊尹遇湯而格于皇天，師尚父遇文武而天下大定，不然泯泯于衆人之中，後世誰克知之。以是觀之，姤之爲義豈不大哉！

《象》曰：天下有風，姤。后以施命誥四方。

初六，繫于金柅，貞吉，有攸往，見凶，羸豕孚蹢躅。

《象》曰：「繫于金柅」，柔道牽也。

九二，包有魚，无咎，不利賓。

《象》曰：「包有魚」，義不及賓也。

九三，臀无膚，其行次且，厲，无大咎。

《象》曰：「其行次且」，行未牽也。

九四，包无魚，起凶。

《象》曰：「无魚」之凶，遠民也。

《姤》九四「包无魚，起凶」，魯昭公將去季氏，宋樂祁譏之曰：「政在季氏三世矣，魯君喪政四公矣。無民而能逞其志者，未之有也。國君以是鎮撫其民。魯君失民矣，靖以待命猶可，動必憂。」已而昭公伐季氏，果不勝而出，死于外。

九五，以杞包瓜，含章，有隕自天。

《象》曰：九五「含章」，中正也。「有隕自天」，志不舍命也。

杞，材之美者也。包瓜，不食之物也。九五剛遇中正，有美材矣。遇小人道長之時，無應于內，不食者也。蘭生深林，不以無人而不芳，故有美而含之，以俟命也。抑材之不良，德之不臧，身之憂也。材既良矣，德既臧矣，雖不遇其時，以至于隕越而不振，天實爲之，謂之何哉？故修己以俟命者，君子之志也。

上九，姤其角，吝，无咎。

《象》曰：「姤其角」，上窮吝也。

姤其角者，行無所之之謂也。

卷四

宋 司馬光 撰

下經

萃 升 困 井 革 鼎 震 艮 漸 歸妹
豐 旅 巽 兑 涣 節 中孚 小過 既濟 未濟

䷬ 坤下兑上

萃，亨。王假有廟，利見大人，亨，利貞。用大牲吉，利有攸往。

《彖》曰：「萃」，聚也。順以説，剛中而應，故聚也。「王假有廟」，致孝亨也。「利見大人，亨」，聚以正也。「用大牲吉，利有攸往」，順天命也。觀其所聚，而天地萬物之情可見矣。

物順以説，萃之象也。上剛中而下應之，亦聚之象也。大人者，以正聚物者也。聚得大人，然後通也。

《象》曰：澤上于地，萃。君子以除戎器，戒不虞。

初六，有孚不終，乃亂乃萃，若號，一握爲笑，勿恤，往无咎。

《象》曰：「乃亂乃萃」，其志亂也。

六二，引吉，无咎，孚乃利用禴。

《象》曰：「引吉，无咎」，中未變也。

六三，萃如，嗟如，无攸利，往无咎，小吝。

《象》曰：「往无咎」，上巽也。

九四，大吉，无咎。

《象》曰：「大吉，无咎」，位不當也。

九五，萃有位，无咎。匪孚，元永貞，悔亡。

《象》曰：「萃有位」，志未光也。

以剛中之德，僅能保位无咎，而德信不洽于民，未足光也，故必以元永貞之道聚民，然後悔亡也。

上六，齎咨涕洟，无咎。

《象》曰：「齎咨涕洟」，未安上也。

䷭ 巽下坤上

升，元亨，用見大人，勿恤。南征吉。

《彖》曰：柔以時升，巽而順，剛中而應，是以大亨。「用見大人，勿恤」，有慶也。「南征吉」，志行也。

《象》曰：地中生木，升。君子以順德，積小以高大。

初六，允升，大吉。

《象》曰：「允升，大吉」，上合志也。

九二，孚乃利用禴，无咎。

《象》曰：九二之「孚」，有喜也。

九三，升虚邑。

《象》曰：「升虚邑」，无所疑也。

六四，王用亨于岐山，吉无咎。

《象》曰：「王用亨于岐山」，順事也。

太王避狄，順也；肇基王迹，升也。

六五，貞吉，升階。

《象》曰：「貞吉，升階」，大得志也。

上六，冥升，利于不息之貞。

《象》曰：「冥升」在上，消不富也。

䷮ 坎下兑上

困，亨。貞大人吉，无咎。有言不信。

《象》曰：「困」，剛揜也。險以説，困而不失其所「亨」，其唯君子乎！「貞大人吉」，以剛中也。「有言不信」，尚口乃窮也。

《象》曰：澤无水，困。君子以致命遂志。

初六，臀困于株木，入于幽谷，三歲不覿。

《象》曰：「入于幽谷」，幽不明也。

谷者，險而窮下之象也。

九二，困于酒食，朱紱方來，利用享祀，征凶，无咎。

《象》曰：「困于酒食」，中有慶也。

六三，困于石，據于蒺藜，入于其宫，不見其妻，凶。

《象》曰：「據于蒺藜」，乘剛也。「入于其宫，不見其妻」，不祥也。

九四，來徐徐，困于金車，吝，有終。

《象》曰：「來徐徐」，志在下也。雖不當位，有與也。

九五，劓刖，困于赤紱，乃徐有説，利用祭祀。

《象》曰：「劓刖」，志未得也。「乃徐有説」，以中直也。「利用祭祀」，受福也。

上六，困于葛藟，于臲卼，曰動悔有悔，征吉。

《象》曰：「困于葛藟」，未當也。「動悔有悔」，吉行也。

䷯ 巽下坎上

井，改邑不改井，无喪无得。往來井井，汔至亦未繘井，羸其瓶，凶。

《彖》曰：巽乎水而上水，井。井養而不窮也。「改邑不改井」，乃以剛中也。「汔至亦未繘井」，未有功也。「羸其瓶」，是以凶也。

《象》曰：木上有水，井。君子以勞民勸相。

初六，井泥不食，舊井无禽。

《象》曰：「井泥不食」，下也。「舊井无禽」，時舍也。

九二，井谷射鮒，甕敝漏。

《象》曰：「井谷射鮒」，无與也。

谷，窮也。窮于井中，所守隘也。射鮒于井，所獲微也。甕者，所以汲也。甕敝而漏，水不可得也。九二處下而在内，又不當位，上无其應，應斯象也。

九三，井渫不食，爲我心惻，可用汲，王明，並受其福。

《象》曰：「井渫不食」，行惻也。求「王明」，受福也。

六四，井甃，无咎。

《象》曰：「井甃，无咎」，修井也。

九五，井洌，寒泉食。

《象》曰：「寒泉」之食，中正也。「井洌，寒泉食」，居位用事，而澤及于民之謂也。

上六，井收勿幕，有孚元吉。

《象》曰：「元吉」在上，大成也。

䷰ 離下兌上

革，巳日乃孚，元亨利貞，悔亡。

《彖》曰：「革」，水火相息，二女同居，其志不相得，曰「革」。「巳日乃孚」，革而信之。文明以説，大亨以正，革而當，其悔乃亡。天地革而四時成，湯武革命，順乎天而應乎人，革之時大矣哉！革之爲道不可易也，故「元亨利貞」而後悔亡也。初則民心未孚，故「鞏用黄牛」，不可變也。二則得時之中，故「巳日革之，行有嘉也」。

《象》曰：澤中有火，革。君子以治曆明時。

初九，鞏用黄牛之革。

《象》曰：「鞏用黄牛」，不可以有爲也。

六二，巳日乃革之，征吉，无咎。

《象》曰：「巳日」革之，行有嘉也。

九三，征凶，貞厲，革言三就，有孚。

《象》曰：「革言三就」，又何之矣。

九四，悔亡，有孚改命，吉。

《象》曰：「改命」之吉，信志也。

九五，大人虎變，未占有孚。

《象》曰：「大人虎變」，其文炳也。

上六，君子豹變，小人革面，征凶，居貞吉。

《象》曰：「君子豹變」，其文蔚也。「小人革面」，順以從君也。

䷱ 巽下離上

鼎，元吉，亨。

《象》曰：鼎，象也。以木巽火，亨飪也。聖人亨以享上帝，而大亨以養聖賢。巽而耳目聰明，柔進而上行，❶得中而應乎剛，是以元亨。

---

❶「行得」，原作「得行」，據殿本、通行本乙。

《象》曰：木上有火，鼎。君子以正位凝命。

初六，鼎顛趾，利出否，得妾以其子，无咎。

《象》曰：「鼎顛趾」，未悖也。「利出否」，以從貴也。

九二，鼎有實，我仇有疾，不我能即，吉。

《象》曰：「鼎有實」，慎所之也。「我仇有疾」，終无尤也。

九三，鼎耳革，其行塞，雉膏不食，方雨虧悔，終吉。

《象》曰：「鼎耳革」，失其義也。

九四，鼎折足，覆公餗，其形渥，凶。

《象》曰：「覆公餗」，信如何也。

六五，鼎黄耳金鉉，利貞。

《象》曰：「鼎黄耳」，中以爲實也。

上九，鼎玉鉉，大吉，无不利。

《象》曰：「玉鉉」在上，剛柔節也。

六五「鼎黄耳金鉉，利貞」，上九「鼎玉鉉，大吉，無不利」。黄者，中也。耳者，所以聽也。君子虛其耳以聽于下，非則不受也。金者，剛而忍者也。玉者，堅而温者也。五，陰也，故尚乎剛。上，陽也，故尚乎温。夫柔不失剛，剛不失温，然後能舉其大器者也。

䷲震下震上

震，亨。震來虩虩，笑言啞啞。震驚百里，不喪匕鬯。

《彖》曰：「震，亨。震來虩虩」，恐致福也。「笑言啞啞」，後有則也。「震驚百里」，驚遠而懼邇也，出可以守宗廟社稷，以爲祭主也。

「震驚百里，不喪匕鬯」，夫主大器者不可以無威也，無威則民不服，民不服則所守喪矣，故曰「震驚百里，不喪匕鬯」。

《象》曰：洊雷，震。君子以恐懼修省。

初九，震來虩虩，後笑言啞啞，吉。

《象》曰：「震來虩虩」，恐致福也。「笑言啞啞」，後有則也。

六二，震來厲，億喪貝，躋于九陵，勿逐，七日得。

《象》曰：「震來厲」，乘剛也。

六三，震蘇蘇，震行无眚。

《象》曰：「震蘇蘇」，位不當也。

九四，震遂泥。

《象》曰：「震遂泥」，未光也。

泥者，以陽居陰，喪其威也。

六五，震往來厲，億无喪，有事。

《象》曰：「震往來厲」，危行也。其事在中，大无喪也。

上六，震索索，視矍矍，征凶。震不于其躬，于其鄰，无咎。婚媾有言。

《象》曰：「震索索」，中未得也。雖凶无咎，畏鄰戒也。

「震不于其躬，于其鄰」者，禍在彼而思在此也。楚人滅江，秦穆公爲之降服、出次、不舉、過數，曰「吾自懼也」。君子曰：《詩》云「惟彼二國，其政不獲。惟此四國，爰究爰度」，其秦穆公之謂矣。

䷳ 艮下艮上

艮，其背，不獲其身，行其庭，不見其人，无咎。

《象》曰：艮，止也。時止則止，時行則行，動静不失其時，其道光明。艮其止，止其所也。上下敵應，不相與也。是以「不獲其身，行其庭，不見其人，无咎」也。

《象》曰：兼山，艮。君子以思不出其位。

初六，艮其趾，无咎，利永貞。

《象》曰：「艮其趾」，未失正也。

其位則下也，其事則初也。止而不行，何咎之有！抑君子于其所止，不可不謹擇也。止于永貞，利莫大焉。

六二，艮其腓，不拯其隨，其心不快。

《象》曰：「不拯其隨」，未退聽也。

九三，艮其限，列其夤，厲熏心。

《象》曰：「艮其限」，危熏心也。

六四，艮其身，无咎。

《象》曰：「艮其身」，止諸躬也。

六五，艮其輔，言有序，悔亡。

《象》曰：「艮其輔」，以中正也。

凡剛柔當位，正之象也。孔子贊乾之九二「龍德而正中」，艮之六五曰「以中正」，何也？曰：艮六五，文之誤也，當云「以正中也」。正中者，正得其中，非既正又中也。然則二爻其爲不正乎？曰：非謂其然也。中正者，道之貫也，相須而成，相輔而行者也。

上九，敦艮，吉。

《象》曰：「敦艮」之吉，以厚終也。

䷴ 艮下巽上

漸，女歸吉，利貞。

《彖》曰：漸之進也，「女歸吉」也。進得位，往有功也。進以正，可以正邦也。其位剛，得中也。止而巽，動不窮也。

《象》曰：山上有木，漸。君子以居賢德善俗。

初六，鴻漸于干，小子厲。有言，无咎。

《象》曰：「小子」之厲，義无咎也。

六二，鴻漸于磐，飲食衎衎，吉。

《象》曰：「飲食衎衎」，不素飽也。

九三，鴻漸于陸，夫征不復，婦孕不育，凶。利禦寇。

《象》曰：「夫征不復」，離羣醜也。「婦孕不育」，失其道也。「利用禦寇」，順相保也。

六四，鴻漸于木，或得其桷，无咎。

《象》曰：「或得其桷」，順以巽也。

九五，鴻漸于陵，婦三歲不孕，終莫之勝，吉。

《象》曰：「終莫之勝，吉」，得所願也。

上九，鴻漸于陸，其羽可用爲儀，吉。

《象》曰：「其羽可用爲儀，吉」，不可亂也。案：漸卦説原本缺。

䷵ 兑下震上

歸妹，征凶，无攸利。

《彖》曰：歸妹，天地之大義也。天地不交而萬物不興。歸妹，人之終始也。説以動，所歸妹也。「征凶」，位不當也。「无攸利」，柔乘剛也。

《象》曰：澤上有雷，歸妹。君子以永終知敝。

初九，歸妹以娣，跛能履，征吉。

《象》曰：「歸妹以娣」，以恒也。「跛能履」，吉相承也。

不正而合，是以跛也。以娣而行，故能履也。所以吉者，説以承上也。

九二，眇能視，利幽人之貞。

《象》曰：「利幽人之貞」，未變常也。

六三，歸妹以須，反歸以娣。

《象》曰：「歸妹以須」，未當也。

九四，歸妹愆期，遲歸有時。

《象》曰：「愆期」之志，有待而行也。

六五，帝乙歸妹，其君之袂，不如其娣之袂良，月幾望，吉。

《象》曰：「帝乙歸妹」不如其娣之袂良也，其位在中，以貴行也。

上六，女承筐无實，士刲羊无血，无攸利。

《象》曰：上六「无實」，承虛筐也。

䷶ 離下震上

豐，亨，王假之，勿憂，宜日中。

《彖》曰：豐，大也。明以動，故豐。「王假之」，尚大也。「勿憂，宜日中」，宜照天下也。日中則昃，月盈則食，天地盈虛，與時消息，而況于人乎？況于鬼神乎？

《象》曰：雷電皆至，豐。君子以折獄致刑。

初九，遇其配主，雖旬无咎，往有尚。

《象》曰：「雖旬无咎」，過旬災也。

六二，豐其蔀，日中見斗，往得疑疾，有孚發若，吉。

《象》曰：「有孚發若」，信以發志也。

六二處下在內，以陰居陰，如蔀屋幽塞而不見，知于人者也，故曰「往得疑疾」。蘭生深林，不以無人而不芳。君子居中履正，久幽而不變，人將信之，然後可以發其蔀而行其志矣。

九三，豐其沛，日中見沫，折其右肱，无咎。

《象》曰：「豐其沛」，不可大事也。「折其右肱」，終不可用也。

九四，豐其蔀，日中見斗，遇其夷主，吉。

《象》曰：「豐其蔀」，位不當也。「日中見斗」，幽不明也。「遇其夷主」，吉行也。

豐、歸妹之《象》先陳其善，而後釋其凶。豐九四之《象》先叙其惡，而後著其吉。聖人之辭，至公以直善惡也。

六五，來章，有慶譽，吉。

《象》曰：六五之「吉」，有慶也。

上六，豐其屋，蔀其家，闚其户，闃其无人，三歲不覿，凶。

《象》曰：「豐其屋」，天際翔也。「闚其户，闃其无人」，自藏也。

䷷ 艮下離上

旅，小亨，旅貞吉。

《彖》曰：「旅，小亨」，柔得中乎外，而順乎剛，止而麗乎明，是以「小亨，旅貞吉」也。旅之時義大矣哉！

《象》曰：山上有火，旅。君子以明慎用刑而不留獄。

初六，旅瑣瑣，斯其所取災。

《象》曰：「旅瑣瑣」，志窮災也。

六二，旅即次，懷其資，得童僕貞。

《象》曰：「得童僕貞」，終无尤也。

九三，旅焚其次，喪其童僕貞，厲。

《象》曰：「旅焚其次」，亦以傷矣。以旅與下，其義喪也。

九四，旅于處，得其資斧，我心不快。

《象》曰：「旅于處」，未得位也。「得其資斧」，心未快也。

六五，射雉一矢亡，終以譽命。

《象》曰：「終以譽命」，上逮也。

上九，鳥焚其巢，旅人先笑後號咷。喪牛于易，凶。

《象》曰：以旅在上，其義焚也。「喪牛于易」，終莫之聞也。

《大壯》之六五「喪羊于易」，《旅》上九「喪牛于易」，易者，不憂險阻之謂也。

☴ 巽下巽上

巽，小亨，利有攸往，利見大人。

《彖》曰：重巽以申命，剛巽乎中正而志行，柔皆順乎剛，是以「小亨，利有攸往，利見大人」。

《象》曰：隨風，巽。君子以申命行事。

初六，進退，利武人之貞。

《象》曰：「進退」，志疑也。「利武人之貞」，志治也。

九二，巽在牀下，用史巫，紛若吉，无咎。

《象》曰：「紛若」之吉，得中也。

九三，頻巽，吝。

《象》曰：「頻巽」之吝，志窮也。

六四，悔亡，田獲三品。

《象》曰：「田獲三品」，有功也。

九五，貞吉，悔亡，无不利。无初有終，先庚三日，後庚三日，吉。

《象》曰：九五之「吉」，位正中也。

《巽》之《象》曰「重巽以申命」，重巽，隨風也。隨風者，申命之象也。風爲號令。九五之君爲號令之主，得位以行其令，不失其中正，故曰「貞吉，悔亡，无不利」。民可與樂成，難與慮始，故曰「无初有終」。庚屬西方金，金主斷。制號令不嚴則不行，故「先庚三日，後庚三日，吉」也。

上九，巽在牀下，喪其資斧，貞凶。

《象》曰：「巽在牀下」，上窮也。「喪其資斧」，正乎凶也。

䷹ 兑下兑上

兑，亨，利貞。

《彖》曰：「兑」，説也。剛中而柔外，説以「利貞」，是以順乎天而應乎人。説以先民，民忘其勞。説以犯難，民忘其死。説之大，民勸矣哉！

《象》曰：麗澤，兑。君子以朋友講習。

初九，和兑，吉。

《象》曰：「和兑」之吉，行未疑也。

九二，孚兑，吉，悔亡。

《象》曰：「孚兑」之吉，信志也。

六三，來兑，凶。

《象》曰：「來兑」之凶，位不當也。

九四，商兑，未寧，介疾有喜。

《象》曰：九四之「喜」，有慶也。

九五，孚于剥，有厲。

《象》曰：「孚于剥」，位正當也。

上六，引兑。

《象》曰：上六「引兑」，未光也。案：兑卦説原本缺。

☵☴ 坎下巽上

涣，亨。王假有廟，利涉大川，利貞。

《彖》曰：「涣，亨」，剛來而不窮，柔得位乎外而上同。「王假有廟」，王乃在中也。「利涉大川」，乘木有功也。

《象》曰：風行水上，涣。先王以享于帝立廟。

初六，用拯馬壯，吉。

《象》曰：初六之「吉」，順也。

九二，涣奔其机，悔亡。

《象》曰：「涣奔其机」，得願也。

六三，涣其躬，无悔。

《象》曰：「涣其躬」，志在外也。

六四，涣其羣，元吉。涣有丘，匪夷所思。

《象》曰：「涣其羣，元吉」，光大也。

九五，渙汗其大號，渙王居，无咎。

《象》曰：「王居，无咎」，正位也。

《渙》「利涉大川」，坎下巽上，乘木有功也。九五「渙汗其大號，渙王居，无咎」，王者，號令之從出也。庶人稟于士，士稟于大夫，大夫稟于君，君稟于天子。天子至尊，出令而非受令者也，其餘則有所稟而不敢專也，故「王居，无咎」。

上九，渙其血，去逖出，无咎。

《象》曰：「渙其血」，遠害也。

䷻ 兑下坎上

節，亨。苦節，不可貞。

《彖》曰：「節，亨」，剛柔分而剛得中。「苦節，不可貞」，其道窮也。說以行險，當位以節，中正以通。天地節而四時成，節以制度，不傷財，不害民。

《象》曰：澤上有水，節。君子以制數度，議德行。

初九，不出户庭，无咎。

《象》曰：「不出户庭」，知通塞也。

九二，不出門庭，凶。

《象》曰：「不出門庭，凶」，失時極也。

六三，不節若，則嗟若，无咎。

《象》曰：「不節」之嗟，又誰咎也？

六四，安節，亨。

《象》曰：「安節」之亨，承上道也。

九五，甘節，吉。往有尚。

《象》曰：「甘節」之吉，居位中也。

上六，苦節，貞凶，悔亡。

《象》曰：「苦節，貞凶」，其道窮也。

節者，貴于適事之宜者也，故初无咎而二有凶也。「君子以制數度，議德行」，德行者，議之而後動，動而中節，然後爲善也。兑，説也。和，易也。坎，險也。嚴，峻也。知説而不知險則民不肅，知險而不知説則民不親。不肅則慢，不親則乖。慢與乖，亂亡之道也。是以説以行險，得節之宜也。三極説而過乎中，故曰「不節若，則嗟若」。上極險而過乎中，故曰「苦節，不可貞」。節物者，無位則不能也，故曰「當位以節」。子臧曰：「聖達節，次守節，下失節。」九五正不違中，中不離正，達節者也。六四以下承上，以柔成剛而不失其正，守節者也。九二以陽居陰，六三以陰居陽，失夫節者也。九五居夫尊位，以中節物，故曰「居位中也」。

䷼ 兑下巽上

中孚，豚魚吉，利涉大川，利貞。

《彖》曰：「中孚」，柔在内，而剛得中，説而巽，孚，乃化邦也。「豚魚吉」，信及豚魚也。「利涉大川」，乘木舟虚也。中孚以「利貞」，乃應乎天也。

中孚者，發于中而孚于人也。豚魚，幽賤無知之物，苟飼以時，則應聲而集，而況于人乎？至誠以涉險，如乘虚舟，物莫之害，故曰「利涉大川，乘木舟虚」也。

《象》曰：澤上有風，中孚。君子以議獄緩死。

初九，虞吉，有他不燕。

《象》曰：初九「虞吉」，志未變也。

九二，鳴鶴在陰，其子和之。我有好爵，吾與爾靡之。

《象》曰：「其子和之」，中心願也。

「鳴鶴在陰，其子和之」，言至誠以待，物無遠不應。

六三，得敵，或鼓或罷，或泣或歌。

《象》曰：「或鼓或罷」，位不當也。

六四，月幾望，馬匹亡，无咎。

《象》曰：「馬匹亡」，絶類上也。

九五，有孚攣如，无咎。

《象》曰：「有孚攣如」，位正當也。

上九，翰音登于天，貞凶。

《象》曰：「翰音登于天」，何可長也！

䷽ 艮下震上

小過，亨，利貞，可小事，不可大事。飛鳥遺之音，不宜上，宜下，大吉。

《象》曰：「小過」，小者過而亨也。過以利貞，與時行也。柔得中，是以「小事」吉也。剛失位而不中，是以「不可大事」也。有飛鳥之象焉。「飛鳥遺之音，不宜上，宜下，大吉」，上逆而下順也。

小過何？小者，陰也，陰之過差者也。「不宜上，宜下」，與其過而僭上，不若過而逼下也。

《象》曰：山上有雷，小過。君子以行過乎恭，喪過乎哀，用過乎儉。

初六，飛鳥以凶。

《象》曰：「飛鳥以凶」，不可如何也。

《小過》初六「飛鳥以凶」者，止過宜在初也，與坤、豫之初同。困、豫皆戒于初，❶而慮于終也。

六二，過其祖，遇其妣，不及其君，遇其臣，无咎。

《象》曰：「不及其君」，臣不可過也。

九三，弗過防之，從或戕之，凶。

《象》曰：「從或戕之」，凶如何也。

九四，无咎，弗過遇之。往厲必戒，勿用永貞。

《象》曰：「弗過遇之」，位不當也。「往厲必戒」，終不可長也。

六五，密雲不雨，自我西郊，公弋，取彼在穴。

《象》曰：「密雲不雨」，已上也。

上六，弗遇過之，飛鳥離之，凶，是謂災眚。

《象》曰：「弗遇過之」，已亢也。

《小過》六二：「過其祖，遇其妣，不及其君，遇其臣，无咎。」夫過者，上也，不及者，下也，遇者，得其中也。陽，君象也。陰，臣象也。九三居下體之上，而用小過之道，上之所忌，下之所疾，故「弗過防之」，則或就戕之矣。九四以陽居陰，過恭者也，故无咎。行過乎恭，非過也，故曰「弗遇過之」。若守以爲常，則消陽

❶ 「困」，據上下文義，疑當作「坤」。

之道，故「往厲必戒，勿用永貞」也。上六弗遇過之，初與上皆過而失中之甚也。

䷾ 離下坎上

既濟，亨，小利貞，初吉終亂。

《彖》曰：「既濟，亨」，小者亨也。「利貞」，剛柔正而位當也。「初吉」，柔得中也。終止則亂，其道窮也。

《象》曰：水在火上，既濟。君子以思患而豫防之。

初九，曳其輪，濡其尾，无咎。

《象》曰：「曳其輪」，義无咎也。

曳輪，不速進也。濡尾，後其難也。險已濟，故雖艱无咎。

六二，婦喪其茀，勿逐，七日得。

《象》曰：「七日得」，以中道也。

九三，高宗伐鬼方，三年克之，小人勿用。

《象》曰：「三年克之」，憊也。

六四，繻有衣袽，終日戒。

《象》曰：「終日戒」，有所疑也。

九五，東鄰殺牛，不如西鄰之禴祭，實受其福。

《象》曰：「東鄰殺牛」，不如西鄰之時也。「實受其福」，吉大來也。

上六，濡其首，厲。

《象》曰：「濡其首，厲」，何可久也！

䷿ 坎下離上

未濟，亨，小狐汔濟，濡其尾，无攸利。

《象》曰：「未濟，亨」，柔得中也。「小狐汔濟」，未出中也。「濡其尾，无攸利」，不續終也。雖不當位，剛柔應也。

狐者，審于濟水者也。汔，幾也。幾濟而陷，猶未濟也。「濡其尾，无攸利」，未出險中，而力盡不繼也。

《象》曰：火在水上，未濟。君子以慎辨物居方。

既濟、未濟，反復相承也。險難未濟，功業未成，故君子以矜慎之心，辨物之宜，處之以道，如是則險無不濟，功無不成，無所復爲，則又思未萌之患而豫防之，是以君子能康乂民物，而永保安榮也。

初六，濡其尾，吝。

《象》曰：「濡其尾」，亦不知極也。

九二，曳其輪，貞吉。

《象》曰：九二「貞吉」，中以行正也。

六三，未濟，征凶，利涉大川。

《象》曰：「未濟，征凶」，位不當也。

九四，貞吉，悔亡，震用伐鬼方，三年有賞于大國。

《象》曰：❶「貞吉，悔亡」，志行也。

四者，卦體變革之際，故否、睽、未濟之《象》皆云「志行也」。

六五，貞吉，无悔，君子之光，有孚，吉。

《象》曰：「君子之光」，其暉吉也。

五雖未濟，以柔居中，又有文明之德，能任賢以濟難，故曰「君子之光」。光輝著明，爲物所信，則吉從之矣。上，首也。下，尾也。初不知極，上不知節，皆入于險，其揆一也。

上九，有孚于飲酒，无咎，濡其首，有孚失是。

《象》曰：「飲酒」濡首，亦不知節也。

❶「《象》曰」以下九字，原闕，殿本亦闕，據通行本補。

卷五

宋 司馬光 撰

繫辭上

《繫辭》雜記前聖及孔子解《易》之語。上下以簡帙重大，故分之。

天尊地卑，乾坤定矣。

言天地設位，則《易》已著。

卑高以陳，貴賤位矣。動静有常，剛柔斷矣。

天地萬物皆有卑高，故《易》之六位亦有貴賤。

方以類聚，物以羣分，吉凶生矣。

方，道也。道同則類聚，志異則羣分。同則相愛，異則相惡。愛惡相攻而吉凶生，易皆則之。

在天成象，在地成形，變化見矣。

象有隱見，形有死生，猝變漸化，互相推移，易皆效之。

是故剛柔相摩，

日月寒暑，一往一來。

八卦相盪。

出震成艮，迭相推盪。

鼓之以雷霆，潤之以風雨。日月運行，一寒一暑。

日舒月疾，一南一北，而寒暑生焉，此皆變化之道。

乾道成男，坤道成女。

乾坤變化，萬物自成。

乾知大始，坤作成物。

知，猶主也。萬物始生者，乾之所主，終成者，坤之所爲也。

乾以易知，坤以簡能。

一以貫之，故曰易簡。乾言易，坤言簡。

易則易知，簡則易從。

情無幽險故易知，事不煩苛故易從。

易知則有親，易從則有功。

難知則人不親，難從則功不成。

有親則可久，有功則可大。

輔之者衆故可久，日滋月益故可大。

可久則賢人之德，可大則賢人之業。

凡勝人者皆謂之賢。

匃簡而天下之理得矣。

天下之理不能出乾坤之外。

天下之理得，而成位乎其中矣。

此言聖人上觀于天，下觀于地，中觀萬物而作《易》也。易道始于天地，終于人事。

右第一章

聖人設卦觀象，

聖人窮理盡性以至于命，欲立有于無，統衆于寡，故設卦以觀萬物之象。

繫辭焉而明吉凶，

八卦成列，以盡天下之象，因而重之，變化備矣。猶未得與衆共之，故聖人復繫以爻象之辭，明言吉凶以告。

剛柔相推而生變化。

爻象所言者，有形之常道，猶未足以窮無形之神理，故復以剛柔相推，極變化之數，而占事知來。

是故，吉凶者，失得之象也；悔吝者，憂虞之象也；

得之爲吉，失之爲凶。失而知悔，凶中之吉也；得而可恥，吉中之凶也。事雖小而皆可憂虞。

變化者，進退之象也；

天地萬物皆有消息盈虚。

剛柔者，晝夜之象也。

一往一來，迭爲賓主。

六爻之動，三極之道也。

天地人，至極之道。

是故，君子所居而安者，易之序也；所樂而玩者，爻之辭也。是故，君子居則觀其象而玩其辭，動則觀其變而玩其占。

序上下終始之序。動謂有所興爲。

是以自天祐之，吉无不利。

右第二章

象者，言乎象者也。

物之本體。

爻者，言乎變者也。
變化云爲。
吉凶者，言乎其失得也。
得道則吉，失道則凶。
悔吝者，言乎其小疵也。
事之可憂虞者也。
无咎者，善補過也。是故，列貴賤者存乎位，齊小大者存乎卦，
陰幽禍惡爲小，陽明福善爲大。
辯吉凶者存乎辭，憂悔吝者存乎介，震无咎者存乎悔。是故，卦有小大，辭有險易。辭也者，各指其所之。

右第三章❶

示人吉凶大，趣使人引而伸之。

易與天地準，故能彌綸天地之道。
與天地準，與天地相似。孔穎達曰：彌綸，彌縫補合，經綸牽引也。

❶「右第三章」，殿本在下文「人有生必有死」之後，當是。

仰以觀于天文，俯以察于地理，是故知幽明之故。

天文地理皆不能離陰陽五行，以其所見揆所不見，則知幽明之理一也。

原始反終，故知死生之説。

物有始必有終，人有生必有死。

精氣爲物，游魂爲變，是故知鬼神之情狀。與天地相似，故不違。知周乎萬物而道濟天下，故不過。

知周萬物，無所不知，道濟天下，無所不利，如此則何有過差！

旁行而不流，

旁行謂觸類而長之，不流謂既有典常。

樂天知命，故不憂。

知易則吉凶有命，惟天所授而樂之，夫復何憂！

安土敦乎仁，故能愛。

介甫曰：安土謂不擇地而安之。光謂仁者求諸己，不求諸人。安土敦仁則内重而外物輕，乃能自愛。

範圍天地之化而不過，

範謂則效，圍謂周徧。

曲成萬物而不遺，通乎晝夜之道而知，

知陰陽通變，反復無窮，則無所不知。

故神无方而易无體。

韓曰：神則陰陽不測，易則惟變所適。光謂神者言其化，《易》者言其書。

右第四章

一陰一陽之謂道，

反復變化，無所不通。

繼之者善也，

易指吉凶以示人，人當從善以去惡，就吉而避凶，乃能繼成其道。

成之者性也。

人之性分不同，因易而各有成功。

仁者見之謂之仁，知者見之謂之知。

仁者守其常分，知者應變不窮，易道兼而有之。

百姓日用而不知，故君子之道鮮矣！

物之于易，猶魚之于水，朝夕起居不離于其中，而莫之能知，故夫知易之君子爲少。韓曰：君子體道以爲用也，仁知則滯于所見，百姓則日用而不知。體斯道者，不亦鮮矣乎！

顯諸仁，

曲成萬物。

藏諸用，

韓曰：日用不知。

鼓萬物而不與聖人同憂，

振動之而无爲。

盛德大業至矣哉！富有之謂大業，

廣大悉備。

日新之謂盛德。

其益无方。

生生之謂易，

形性相續，變化无窮。

成象之謂乾，

見乃謂象。乾知大始。

效法之謂坤，

制而用之謂之法。坤作成物。

極數知來之謂占，

錯綜其數，遂知來物。

通變之謂事，

物各居其所則无事。

陰陽不測之謂神。

可測則不爲神。

夫易，廣矣，大矣！以言乎遠則不禦，

莫之止。

以言乎邇則静而正，

静謂寂然不動。正謂貞夫一。

以言乎天地之間則備矣！

百物不廢。

夫乾，其静也專，其動也直，

陽能制陰，陰不能制陽，故陽之動静得以專直。

是以大生焉。

大可以兼廣。

夫坤，其静也翕，其動也闢，

收斂發生，和而不唱。

是以廣生焉。

廣不可以兼大。

廣大配天地，變通配四時，陰陽之義配日月，易簡之善配至德。

子曰：「易其至矣乎！」夫易，聖人所以崇德而廣業也。

法易簡以成久大。

知崇禮卑，崇效天，卑法地，天地設位，而易行乎其中矣。

易所以通成知禮之功。

成性存存，道義之門。

人各有性，易能成之，存其可存，去其可去，道義之門，皆由此塗出。

右第五章

聖人有以見天下之賾，而擬諸其形容，

賾者，精微之極致，人莫之見，聖人必有以見之，立形于無形而爲卦。

象其物宜，是故謂之象。

物之質性各有宜。

聖人有以見天下之動，而觀其會通，以行其典禮，

動雖萬變，必有可會之地，可通之道。典禮猶法度。

繫辭焉，以斷其吉凶，是故謂之爻。

合其法度則吉，違之則凶。賾者，至理幽微無形者也，故聖人立象所以謂之形容也。會通，交衢也。典禮，法則也。聖人以一類萬，以要知繁，故謂之爻。爻者，羣動之交也。

言天下之至賾，而不可惡也。言天下之至動，而不可亂也。

有條而不紊。

擬之而後言，

擬之于《易》。

議之而後動，

議之于《易》。

擬議以成其變化。

成其龍德。

「鶴鳴在陰，❶其子和之，我有好爵，吾與爾靡之。」子曰：「君子居其室，出其言善，則千里之外應之，況其邇

❶ 「鶴鳴」，通行本此二字互乙。

者乎？ 居其室，出其言不善，則千里之外違之，况其邇者乎？ 言出乎身，加乎民。行發乎邇，見乎遠。言行，君子之樞機。樞機之發，榮辱之主也。言行，君子之所以動天地也，可不慎乎？」

鶴鳴子和，誠信發于中，無幽而不應。樞機謂得失至要。言行動天地，而况于人？

「同人，先號咷而後笑。」

中直求合，同之者寡，故先憂。聖賢相值，天下大同，故後喜。

子曰：「君子之道，或出或處，或默或語，

迹不必同。

「二人同心，其利斷金。

二人心同，至堅可斷，况于衆多？

「同心之言，其臭如蘭。」

志同言合，芬芳條暢。

右第六章

「初六，藉用白茅，无咎。」子曰：「苟錯諸地而可矣。藉之用茅，何咎之有？ 慎之至也。夫茅之爲物薄，而用可重也。慎斯術也以往，其无所失矣。」

必言「初六」者，見其以柔處下。「薄」言易有，「用可重」，可以供神明。

「勞謙，君子有終，吉。」子曰：「勞而不伐，有功而不德，厚之至也，語以其功下人者也。德言盛，禮言恭，謙也者，致恭以存其位者也。」

「勞謙，君子有終，吉。」雖有功勤，不謙則不能保其終。「德言盛，禮言恭。」德愈盛，禮愈恭，致恭以存其位，保其富貴。

「亢龍有悔。」子曰：「貴而无位，

仁不能守，是爲无位。

「高而无民，

衆心不附，是爲无民。

「賢人在下位而无輔，

雖無道而有賢人爲輔，猶可以不亡。今在下位，是无輔也。

「是以動而有悔也。」

守静猶愈。

「不出户庭，无咎。」子曰：「亂之所生也，則言語以爲階。君不密則失臣，

忠臣不親。

「臣不密則失身，

陷于罪戮。

「幾事不密，則害成，是以君子慎密而不出也。」

事未動而先露，則無功。

子曰：「作《易》者其知盜乎！

知盜之情。

「《易》曰：『負且乘，致寇至。』負也者，小人之事也。乘也者，君子之器也。小人而乘君子之器，盜思奪之矣。

德薄位尊，必不能守。

「上慢下暴，盜思伐之矣。

「上慢下暴」者，慢其上而暴其下也。慢上暴下，皆所以致伐禍也。

「慢藏誨盜，

守國不謹則敵人取之，立身不謹則禍辱乘之。

「冶容誨淫，

先自敗然後人敗之。

「《易》曰：『負且乘，致寇至。』盜之招也。」

右第七章

大衍之數五十，其用四十有九。

關子明曰：數兆于一，生于二，極于三，此天地人所以立也。地二天三合而爲五。其一不用者，六來則一去也，既成則無生也。有生于無，終必有始，既有則無去矣，既終則始去矣。五位皆十衍之極也，故曰大衍。光謂易有太極，一之謂也。分而爲陰陽，陰陽之間必有中和，故夫一衍之則三而小成，十而大備。小衍之則爲六，大衍之則爲五。一者，數之母也。數者，一之子也。母爲之主，子爲之用，是故小衍去一而爲五行，大衍去一而爲揲蓍之數。

分而爲二以象兩，掛一以象三，揲之以四以象四時，歸奇于扐以象閏，

奇者，四揲之餘。扐者，不用之數。

五歲再閏，故再扐而後掛。

左右手之扐皆合于所掛之一。

天數五，

韓曰：五奇也。

地數五，

韓曰：五耦也。

五位相得而各有合。

生成相合爲水火木金土。

天數二十有五，地數三十，凡天地之數五十有五，

皆積數。

此所以成變化而行鬼神也。

乾之策二百一十有六，

老陽一爻九揲，三十六策。少陽七揲，二十八策。獨舉老，取其變。

坤之策百四十有四，

老陰六揲，二十四策。少陰八揲，三十二策。

凡三百有六十，當期之日。

二篇之策，萬有一千五百二十，當萬物之數也。

是故，四營而成易，

自「分而爲二」至「歸奇于扐」，

十有八變而成卦，

三變而成一爻。

八卦而小成。引而伸之，觸類而長之，天下之能事畢矣。

萬物所能之事皆畢。

顯道神德行，是故可與酬酢，可與祐神矣。

右第八章

子曰：「知變化之道者，其知神之所爲乎！」
神之所爲，變化不測，惟易能知之。
易有聖人之道四焉：以言者尚其辭，
繫辭以盡言。
以動者尚其變，
君子動静效易變化。
以制器者尚其象，
若舟楫杵臼之類。
以卜筮者尚其占。
是以君子將有爲也，將有行也，
爲行所以異。
問焉而以言，其受命也如嚮，无有遠近幽深，遂知來物。
非天下之至精，其孰能與于此？
參伍以變，錯綜其數，通其變，遂成天地之文。
天有三辰五星，地有三正五行。
極其數，遂定天下之象。非天下之至變，其孰能與于此？

易无思也，无爲也，寂然不動，感而遂通天下之故。非天下之至神，其孰能與于此？

夫易，聖人之所以極深而研幾也。惟深也，故能通天下之志。

達物情。

惟幾也，故能成天下之務。

幾者動之微。慮之于微，則事無不濟。

惟神也，故不疾而速，不行而至。

感而遂通天下之故。

子曰「易有聖人之道四焉」者，此之謂也。

右第九章

天一地二，天三地四，天五地六，天七地八，天九地十。

此天地自然之數，所以成變化而行鬼神。

子曰：「夫易何爲者也？夫易開物成務，冒天下之道，如斯而已者也。是故聖人以通天下之志，以定天下之業，以斷天下之疑。」

「開物」專示吉凶。「成務」成天下之務。「冒天下之道」，包而有之。

是故蓍之德圓而神，卦之德方以知，

韓曰：圓者運而不窮，方者止而有分。光謂蓍未形而不測，故曰神；卦已形而變通，故曰知。

六爻之義易以貢。

發揮變化，以進于人。

聖人以此洗心，退藏于密，

洗心，滌諸邪惡，存養精明。藏密，返于無形。

吉凶與民同患。

豫以告之。

神以知來，知以藏往，

藏往謂不知其始，所以言往。

其孰能與于此哉！古之聰明叡知神武而不殺者夫？

韓曰：服萬物而不以威刑。

是以明于天之道，而察于民之故，是興神物，以前民用。

神物謂蓍龜。凡卜中然後用之，故曰「以前民用」。

聖人以此齋戒，以神明其德夫！

韓曰：洗心曰齋，防患曰戒。光謂德盛則合于神明。

是故闔户謂之坤，

坤主收斂。

闢户謂之乾，

陽發生也。

一闔一闢謂之變，往來不窮謂之通。

見乃謂之象，

防象可見而未有形。

形乃謂之器，

形質已定，各有常分。

制而用之謂之法，

各守其分，不相爲用，故聖人制而用之。

利用出入，民咸用之，謂之神。

出外入内，無所不用，而百姓不知，故謂之神。

右第十章

是故易有太極，是生兩儀，兩儀生四象，四象生八卦，八卦定吉凶，吉凶生大業。

「易有太極」，極者，中也，至也，一也。凡物之未分，混而爲一者皆爲太極。「兩儀」，儀，匹也，分而爲二，相爲匹敵。「四象」，陰陽復分老少而爲二，相爲匹敵。「大業」，富有萬象。太極者何？陰陽混一，化之本原也。兩儀者何？陰陽判也。四象者何？老少分也。七九八六，卦之端也。八卦既形，吉凶全也。萬物皆備，大業成也。極，中也。儀，匹也。太極，天也。乾坤，日月也。四象，五宮也。八卦，十二辰也。六十四卦，列宿也。衆爻，三百六十有六度也。太極，地也。乾坤，山澤也。四象，四方也。八卦，九州也。六十四卦，萬國也。衆爻，都邑也。太極，歲也。乾坤，寒暑也。四象，四時也。八卦，八節也。六十四卦，十二月也。衆爻，三百六旬有六日也。太極，王也。乾坤，方伯也。四象，四岳也。八卦，州牧也。六十四卦，諸侯也。衆爻，卿大夫士也。或問太極有形無形。曰：合之則有，離之則無。何謂也？曰：請以宮喻。夫宮者，土木之爲也。舉土木則無宮矣。土木者，堂墉棟宇也。舉堂墉棟宇則無土木矣。雖然，合而言之，則宮巍然在矣。太極者，一也，物之合也，數之元也。引而伸之，觸類而長之，則算不能勝也，書不能盡也，口不能宣也，心不能窮也。掊而聚之，歸諸一，析而散之，萬有一千五百二十，未始有極也。陰陽相違，非太極則不成；剛柔相戾，非中正則不行。故天下之德誠衆矣，而萃于剛柔；天下之道誠多矣，而會于中正。剛柔者，德之府。中正者，道之津。是故有剛而無中正則暴以亡，有柔而無中正則邪以消。嗚呼！中正之于人也，其厚矣哉！剛者抑之，柔者掖之，不慮而成，不思而得，不卜而中，不筮而吉。「天下同歸而殊塗，一致而百慮」，非中正而何？《書》曰「沈潛剛克，高明柔克」，以中正也。孔子曰：「中庸之爲德也，其至矣乎！」又曰：「《詩》三百，一言以蔽之，曰思無邪。」《易》之卦六十有四，其爻三百八十有四，得之則吉，失之則凶者，其惟中正乎！剛，夏也。柔，冬也。中，春也。正，秋也。何謂才？曰：聰明強勇。何謂行？曰：

孝友忠信。何謂德？曰：中和正直。何謂道？曰：遠大高深。行以濟才，德以濟行，道以濟德，是故才而不以行則凶，行而不以德則偏，德而不以道則隘。四者兼足，謂之聖人。

陰陽不相讓，五行不相容，正也。陰陽醇而五行不雜，中也。陽盛則陰微，陰盛則陽微。火進則木退，土興則水衰。陰陽之治，無少無多；五行之守，無偏無頗。尸之者其太極乎？故太極之德一而已。

是故法象莫大乎天地；變通莫大乎四時；縣象著明莫大乎日月；崇高莫大乎富貴；備物致用，立成器以爲天下利，莫大乎聖人；探賾索隱，鉤深致遠，以定天下之吉凶，成天下之亹亹者，莫大乎蓍龜。

「富貴」，富有四海，貴爲天子。「備物致用」，蓄育萬物以爲人用。「立成器以爲天下利」，謂法度也。「亹亹」，勉勉也，使人去凶就吉。

是故天生神物，聖人則之。天地變化，聖人效之。天垂象，見吉凶，聖人象之。河出圖，洛出書，聖人則之。易有四象，所以示也。繫辭焉，所以告也。定之以吉凶，所以斷也。

《易》曰：「自天祐之，吉无不利。」子曰：「祐者助也。天之所助者，順也。人之所助者，信也。履信思乎順，又以尚賢也。是以自天祐之，吉无不利也。」

右第十一章

子曰：「書不盡言，

言有不可書者。

「言不盡意。然則聖人之意，其不可見乎？」

意有不可言者。

子曰：「聖人立象以盡意，

象能盡言外之意。

「設卦以盡情僞，

盡萬物之情僞。

「繫辭焉以盡其言，

盡羣言之要。

「變而通之以盡利，

若「冥豫，成有渝，无咎」。

「鼓之舞之以盡神。」

乾坤，其易之緼邪？

緼，聚也。陰陽者，易之本體，萬物之所聚。

乾坤成列，而易立乎其中矣。

變而通之。

乾坤毁，則无以見易。易不可見，則乾坤或幾乎息矣。

言更相爲用。

是故形而上者謂之道，

無形之中自然有此至理，在天爲陰陽，在人爲仁義。

形而下者謂之器，

有形可考，在天爲品物，在地爲禮法。

化而裁之謂之變，推而行之謂之通，

物久居其所則窮，故必變而通之。在天爲氣節，在人爲明哲。

舉而錯之天下之民謂之事業。

易道既成，施之天下則爲聖人之事業。

是故，夫象，聖人有以見天下之賾，而擬諸其形容，象其物宜，是故謂之象。聖人有以見天下之動，而觀其會通，以行其典禮，繫辭焉，以斷其吉凶，是故謂之爻。極天下之賾者存乎卦，鼓天下之動者存乎辭，化而裁之存乎變，推而行之存乎通，神而明之存乎其人，

苟非其人，道不虚行。

默而成之，不言而信，存乎德行。

知之非艱，行之惟艱。

右第十二章

卷　六

宋　司馬光　撰

繫辭下

八卦成列，象在其中矣。

萬物之象以備。

因而重之，爻在其中矣。

羣爻大備，曲盡無遺。

剛柔相推，變在其中矣。

極其變也。

繫辭焉而命之，動在其中矣。

效天下之動，因辭而後明。

吉凶悔吝者，生乎動者也。

不動則無得失。

剛柔者，立本者也。

材性有分。

變通者，趣時者也。

時異事變。

吉凶者，貞勝者也。

正則吉凶不能動矣，故易道貴之。

天地之道，貞觀者也。

以正道示之。

日月之道，貞明者也。天下之動，貞夫一者也。

于文，一止則爲正。

夫乾，確然示人易矣。夫坤，隤然示人簡矣。

守夫至正故也。

爻也者，效此者也。象也者，像此者也。

此效像天地之正道。

爻象動乎内，吉凶見乎外，

以不見爲内。

功業見乎變，聖人之情見乎辭。

天地之大德曰生，

日新。

聖人之大寶曰位，

非位不能濟物。

何以守位曰仁，

人心歸之，乃能保富貴。

何以聚人曰財，

韓曰：財所以資物生。

理財正辭，禁民爲非曰義。

三者皆當斷之以義。

右第一章

古者包犧氏之王天下也，仰則觀象于天，

成象之謂乾。

俯則觀法于地，

效法之謂坤。

觀鳥獸之文，與地之宜，

鳥獸之文若的顙黚喙之類，地之宜若剛鹵之類。

近取諸身，遠取諸物，于是始作八卦，以通神明之德，以類萬物之情。

情雖萬端，而聚之不過健、順、動、入、麗、陷、止、説。

作結繩而爲罔罟，以佃以漁，蓋取諸離。

包犧氏没，神農氏作，斲木爲耜，揉木爲耒，耒耨之利，以教天下，蓋取諸益。

日中爲市，致天下之民，聚天下之貨，交易而退，各得其所，蓋取諸噬嗑。

神農氏没，黄帝、堯、舜氏作，通其變，使民不倦，

法久必弊，爲民厭倦。

神而化之，使民宜之。

變而民莫之知。

易窮則變，變則通，通則久，是以「自天祐之，吉无不利」。

聖人守道不守法，故能通變。

黄帝、堯、舜垂衣裳而天下治，蓋取諸乾坤。

取諸乾坤，取其上下有分。上曰衣，下曰裳。聖人垂衣裳而天下治，乾尊坤卑之象也。

刳木爲舟，剡木爲楫，舟楫之利，以濟不通，致遠以利天下，蓋取諸渙。
取諸渙，取其木在水上。

服牛乘馬，引重致遠，以利天下，蓋取諸隨。

重門擊柝，以待暴客，蓋取諸豫。
取諸豫，豫，怠也，柝以警怠。

斷木爲杵，掘地爲臼，臼杵之利，萬民以濟，蓋取諸小過。
取諸小過，虞仲翔曰：取其上動而下止。

弦木爲弧，剡木爲矢，弧矢之利，以威天下，蓋取諸睽。
取諸睽，取其先違而後利。

上古穴居而野處，後世聖人易之以宫室，上棟下宇，以待風雨，蓋取諸大壯。
風雨，動物也。風雨動于上，棟宇健于下，大壯之象也。

古之葬者厚衣之以薪，葬之中野，不封不樹，喪期无數，後世聖人易之以棺槨，蓋取諸大過。
巽，木也，入也。兑，説也。棺槨衛死者入于土，而生者之情得以夷懌，大過之象也。

上古結繩而治，後世聖人易之以書契，百官以治，萬民以察，蓋取諸夬。
契者，要約也。古之要約未有文字，相與結繩爲識而已。其後浸相欺背，亂不可知，故聖人作爲書契。書契既明，則是非立決，夬之象也。

右第二章

是故，易者，象也。

立象以盡義。

象也者，像也。

擬諸其形容。

彖者，材也。

各言其本質。

爻也者，效天下之動者也。

舉措隨時。何謂材？材者，天賦之分也。何謂動？動者，感物之情也。

是故吉凶生而悔吝著也。

吉凶悔吝生乎動。

陽卦多陰，陰卦多陽，其故何也？陽卦奇，陰卦耦。

陽卦奇，一奇二耦，凡五。陰卦耦，一耦二奇，凡四。

其德行何也？陽一君而二民，君子之道也。陰二君而一民，小人之道也。

陽一君而二民，以寡御衆；陰二君而一民，無常心。

《易》曰：「憧憧往來，朋從爾思。」子曰：「天下何思何慮？天下同歸而殊塗，一致而百慮，天下何思何慮？

憧憧，心動貌。朋，類也。夫得喪往來，物理之常也。苟能居正以待物，則往來不足爲之累。儻以往來動其心，則夫物之感人無窮，將惟爾所思，各以其類而至，所謂物至而人化物也。天下何思何慮，皆正夫一。

「日往則月來，月往則日來，日月相推而明生焉。寒往則暑來，暑往則寒來，寒暑相推而歲成焉。往者屈也，來者信也，屈信相感而利生焉。尺蠖之屈，以求信也。龍蛇之蟄，以存身也。

皆因屈以致信。

「精義入神，以致用也。

聖人虛一以靜，存誠素至，故能精義入神，以致其治世之用。

「利用安身，以崇德也。

先治其本。

「過此以往，未之或知也。

言此聖人之極致。

「窮神知化，德之盛也。」

知化謂修己以安百姓。

右第三章

《易》曰：「困于石，據于蒺藜，入于其宮，不見其妻，凶。」子曰：「非所困而困焉，名必辱。非所據而據焉，身必危。既辱且危，死期將至，妻其可得見耶？」

「困于石」，不量力而犯强敵。「據于蒺藜」，不度德而居人上。「入于其宫」，己所有也。「不見其妻」，失其配輔。

《易》曰：「公用射隼于高墉之上，獲之，无不利。」子曰：「隼者，禽也。弓矢者，器也。射之者，人也。君子藏器于身，待時而動，何不利之有？動而不括，是以出而有獲。語成器而動者也。」

子曰：「小人不恥不仁，不畏不義，不見利不勸，不威不懲。小懲而大誡，此小人之福也。《易》曰『屨校滅趾，无咎』，此之謂也。」

小人之情盡如是，小懲而大誡。懲其小惡，使人戒懼，不至于大。「屨校滅趾」，止之于下。

「善不積不足以成名，惡不積不足以滅身。小人以小善爲无益而弗爲也，以小惡爲无傷而弗去也，故惡積而不可掩，罪大而不可解。《易》曰：『何校滅耳，凶。』」

積惡貫盈，不得不誅。或先告以禍敗，終不能聽，故曰「滅耳凶」。

子曰：「危者，安其位者也；亡者，保其存者也；亂者，有其治者也。是故君子安而不忘危，存而不忘亡，治而不忘亂，是以身安而國家可保也。《易》曰：『其亡其亡，繫于苞桑。』」

桑之爲物，深根而難拔。叢生曰苞。

子曰：「德薄而位尊，知小而謀大，力小而任重，鮮不及矣。《易》曰：『鼎折足，覆公餗，其形渥，凶。』言不勝其任也。」

承輔非才，覆敗美實，其形沾濆，喪國亡家。

子曰：「知幾其神乎！

除惡于未萌，銷禍于未形，身安而後國治，百姓莫知其所以然。

「君子上交不諂，下交不瀆，其知幾乎？

諂上瀆下，亂之所由生也。

「幾者，動之微，吉之先見者也。

吉下脱凶字。

「君子見幾而作，不俟終日。《易》曰：『介于石，不終日，貞吉。』介如石焉，寧用終日？斷可識矣。君子知微知彰，知柔知剛，萬夫之望。」

見幾而作，戒在不正，故曰正吉。「萬夫之望」，衆人望之以爲表。

子曰：「顔氏之子，其殆庶幾乎？有不善未嘗不知，知之未嘗復行也。《易》曰：『不遠復，无祇悔，元吉。』」

「庶幾」，庶幾近于道。「无祇悔」，韓曰：祇，大也。

天地絪緼，萬物化醇。男女構精，萬物化生。《易》曰：「三人行則損一人，一人行則得其友。」言致一也。

天地男女，皆一陰一陽相匹敵也。三人并進，或哲或愚，莫知適從，無以致治，雖志在于益而不免于損，故聖賢相遇，一人足矣。

子曰：「君子安其身而後動，

衆附身安，乃能兼人。

「易其心而後語，

彼不我疑，言則見信。

「定其交而後求，

先施恩德，無求不獲。

「君子修此三者，故全也。

無失。

「危以動，則民不與也；

身不能自安，他人其誰附之？

「懼以語，則民不應也；无交而求，則民不與也。

審其所以適人，知人之所以求我。交者，恩相往來之謂也。己無施于人，而欲望人之施，人誰與之哉！

「莫之與，則傷之者至矣。

忿其貪妄。

「《易》曰：『莫益之，或擊之，立心勿恒，凶。』」

戒其立心勿以貪得爲常。

右第四章

子曰：「乾坤，其易之門邪？」乾，陽物也；坤，陰物也。陰陽合德，而剛柔有體，以體天地之撰，以通神明之德。

「易之門」，易由此出。「乾坤合德而剛柔有體」，交錯而成衆卦，然其剛柔各自爲體撰故也。乾陽物，坤陰物，凡萬物之陽者皆爲乾，陰者皆爲坤。乾坤相雜而成六子。六子者，非他也，乾坤之雜也。乾坤者，陰陽之祖也。陰陽之精騰爲日月，散爲水火，鼓爲雷風，流爲山澤。乾，健也。坤，順也。動、險、止者，健之枝也。入、麗、説者，順之體也。夫乾不專于天也，坤不專于地也。凡事物之健者皆乾也，順者皆坤也，動者皆震也，入者皆巽也，陷者皆坎也，麗者皆離也，止者皆艮也，説者皆兑也。夫八卦者，事之津，物之衢也，所以貫三極而體萬物也。

其稱名也，雜而不越。于稽其類，其衰世之意耶？

「雜而不越」，雜舉事物以名其卦，而皆有倫理，不相逾越。「衰世之意」，世衰則憂患多。

夫易，彰往而察來，而微顯闡幽，

既兆爲往，未至爲來。顯者微之，幽者闡之。「微顯闡幽」者，微其顯，闡其幽也。

開而當名，辨物正言，斷辭則備矣。

斷辭謂象也。開釋義類，當其卦名，辨其爻物，正言其吉凶。

其稱名也小，其取類也大。其旨遠，其辭文，其言曲而中，其事肆而隱。因貳以濟民行，以明失得之報。

肆謂不可爲典要。

右第五章

易之興也，其于中古乎？

易更三聖，然後能極深。

作《易》者，其有憂患乎？

有憂患則慮事深。

是故，履，德之基也；謙，德之柄也；復，德之本也；恒，德之固也；損，德之修也；益，德之裕也；困，德之辨也；井，德之地也；巽，德之制也。

「履，德之基」，履，禮也，進德必由禮。「謙，德之柄」，執而用之。「復，德之本」，反求諸身。「損，德之修」，克己。「益，德之裕」，日新。「困，德之辨」，韓曰：困而益明。「井，德之地」，韓曰：所處不移，象居得其所也。「巽，德之制」，發號施令，以爲制度也。

履和而至，謙尊而光，復小而辨于物，恒雜而不厭，損先難而後易，益長裕而不設，困窮而通，井居其所而遷，巽稱而隱。

「履和而至」，禮之用，和爲貴。至者，言事倫之極致。「復小而辨于物」，韓曰：微而辨之，不遠復也。「損先難而後易」，韓曰：刻損以修身，故先難，無患，故後易。「困窮而通」，困而不失其所，亨。「井居其所而遷」，韓曰：井居不移，而能遷其施。

履以和行，謙以制禮，復以自知，恒以一德，損以遠害，益以興利，困以寡怨，井以辨義，巽以行權。

「損以遠害」，損己則人莫之害。「益以興利」，興利以益人。「困以寡怨」，牛悔叔曰：「困而不失其所，亨」，寡怨者不怨天，不尤人。「井以辨義」，識義所在，處之不移。

右第六章

《易》之爲書也不可遠，

道不可須臾離。

爲道也屢遷，變動不居，周流六虚，上下无常，剛柔相易，

凡《易》之六位，剛柔迭居，二有君上用謙德之象，五有臣子居盛位之象，五不必專于爲君，故有「箕子之明夷」。二不必專于爲臣，故有「王用享于帝」。

不可爲典要，唯變所適。其出入以度，外内使知懼，

典，常；要，約。自内適外爲出，自外適内爲入。《易》出入六爻，以爲人内外之法度。

又明于憂患與故，无有師保，如臨父母。

「故」謂事之所以然。「无有師保」，自得楷法。「如臨父母」，言可嚴畏。

初率其辭而揆其方，既有典常。苟非其人，道不虚行。《易》之爲書也，原始要終以爲質也。

《易》以窮物之終始爲本質。

六爻相雜，惟其時物也。

時異事殊，吉凶不同。

其初難知，其上易知，本末也。初辭擬之，卒成之終。若夫雜物撰德，辨是與非，則非其中爻不備。

「雜物撰德」，錯綜時物，數其德行。中爻謂二至五。

噫！亦要存亡吉凶，則居可知矣。知者觀其彖辭，則思過半矣。

彖統卦德。

右第七章

二與四同功而異位，其善不同，二多譽，四多懼，近也。

「同功」，韓曰：同陰功也。「多懼」，韓曰：逼近君，故多懼。

柔之爲道，不利遠者，其要无咎，其用柔中也。

柔之爲道，或以近而多懼，或以遠而不利，其要在于隨時適宜，不犯于咎，以中爲用而已。

三與五同功而異位，三多凶，五多功，貴賤之等也。其柔危，其剛勝邪？

《易》之爲書也，廣大悉備，有天道焉，有人道焉，有地道焉。兼三才而兩之，故六。六者非它也，三才之道也。

三才各有陰陽。

道有變動，故曰爻；

爻以效三才之變動。

爻有等，故曰物；

上下剛柔，各有貴賤，等級不同，以象萬物。

物相雜，故曰文；

剛柔相雜，然後成文。

文不當，故吉凶生焉。

或承或乘，有愛有惡。

易之興也，其當殷之末世，周之盛德邪？ 當文王與紂之事邪？ 是故其辭危。危者使平，易者使傾。其道甚大，百物不廢。懼以終始，其要无咎，此之謂易之道也。

「其辭危」，惡直醜正，實繁有徒。「易者使傾」，韓曰：易，慢易也。「其要无咎」，福莫長于無禍。

右第八章

夫乾，天下之至健也，德行恒易以知險。夫坤，天下之至順也，德行恒簡以知阻。

乾健坤順，各守一德，以生萬物，故曰易簡。然探賾索隱，鉤深致遠，萬物之情僞不能逃，故知險阻也。

能説諸心，能研諸侯之慮，定天下之吉凶，成天下之亹亹者。

王輔嗣《略例》曰「能研諸慮」，則「侯之」衍字也。人以易能言吉凶之所在，故悦之，知得失之有報，故審而行之。

是故變化云爲，吉事有祥。象事知器，占事知來。

「象事知器」，以制器者尚其象。「占事知來」，以卜筮者尚其占。韓曰：夫變化云爲者，行其吉事則獲嘉祥之應，觀其象事則知制器之方，玩其占事則覩方來之驗也。

天地設位，聖人成能。

天地能示人法象而不能教也，能生成萬物而不能治也。聖人教而治之，以成天地之能。

人謀鬼謀，百姓與能。

韓曰：鬼謀，寄卜筮以考吉凶也。光謂聖人謀之於人，謀之于鬼，以考失得，故舉無不當。能如是者則百姓與之。

八卦以象告，

示以吉凶之象。

爻象以情言，

言其失得之情。

剛柔雜居，而吉凶可見矣。

各居其所而不相交，則無吉凶。

變動以利言，

韓曰：變而通之以盡利。

吉凶以情遷。

恃吉而驕怠則凶，畏凶而戒慎則吉，故曰以情遷。

是故愛惡相攻而吉凶生，❶遠近相取而悔吝生，情僞相感而利害生。凡易之情，近而不相得則凶，或害之，悔且吝。

攻猶取也。

將叛者其辭慙，中心疑者其辭枝，吉人之辭寡，躁人之辭多，誣善之人其辭游，失其守者其辭屈。

辭慙者不能隱其實，辭枝者一左一右，辭寡者敏于行，辭多者急求人知，辭游者必苟巧飾，辭屈者内無主。

右第九章

説卦

昔者聖人之作《易》也，幽贊于神明而生蓍，參天兩地而倚數，觀變于陰陽而立卦，發揮于剛柔而生爻，和順于道德而理于義，窮理盡性以至于命。

昔者聖人之作《易》也，將以順性命之理，是以立天之道曰陰與陽，立地之道曰柔與剛，立人之道曰仁與義。兼三才而兩之，故易六畫而成卦。分陰分陽，迭用柔剛，故易六位而成章。

❶「攻」，原誤作「攷」，據殿本、通行本改。

三才者，天，陽也，地，陰也，人者，陰陽之中也。以物言之，則陽也，陰也，太極也。以事言之，則始也，壯也，究也。以位言之，則下也，中也，上也。三才之中復有陰陽焉，故因而重之，以爲六爻，而天下之能事畢矣。

天地定位，山澤通氣，雷風相薄，水火不相射，八卦相錯。數往者順，知來者逆，是故易逆數也。

雷以動之，風以散之，雨以潤之，日以晅之，艮以止之，兑以説之，乾以君之，坤以藏之。

帝出乎震，齊乎巽，相見乎離，致役乎坤，説言乎兑，戰乎乾，勞乎坎，成言乎艮。

萬物出乎震，震東方也。齊乎巽，巽東南也。齊也者，言萬物之潔齊也。離也者，明也，萬物皆相見，南方之卦也。聖人南面而聽天下，嚮明而治，蓋取諸此也。坤也者，地也，萬物皆致養焉，故曰「致役乎坤」。兑，正秋也，萬物之所説也，故曰「説言乎兑」。「戰乎乾」，乾，西北之卦也，言陰陽相薄也。坎者水也，正北方之卦也，勞卦也，萬物之所歸也，故曰「勞乎坎」。艮，東北之卦也。萬物之所成終而所成始也，故曰「成言乎艮」。

神也者，妙萬物而爲言者也。動萬物者莫疾乎雷，撓萬物者莫疾乎風，燥萬物者莫熯乎火，説萬物者莫説乎澤，潤萬物者莫潤乎水，終萬物始萬物者莫盛乎艮。故水火相逮，雷風不相悖，山澤通氣，然後能變化，既成萬物也。

乾，健也。坤，順也。震，動也。巽，入也。坎，陷也。離，麗也。艮，止也。兑，説也。

乾爲馬，坤爲牛，震爲龍，巽爲雞，坎爲豕，離爲雉，艮爲狗，兑爲羊。

乾爲首，坤爲腹，震爲足，巽爲股，坎爲耳，離爲目，艮爲手，兑爲口。

乾，天也，故稱乎父。坤，地也，故稱乎母。震一索而得男，故謂之長男。巽一索而得女，故謂之長女。坎再索而得男，故謂之中男。離再索而得女，故謂之中女。艮三索而得男，故謂之少男。兑三索而得女，故謂之少女。

乾爲天，爲圜，爲君，爲父，爲玉，爲金，爲寒，爲冰，爲大赤，爲良馬，爲老馬，爲瘠馬，爲駁馬，爲木果。

坤爲地，爲母，爲布，爲釜，爲吝嗇，爲均，爲子母牛，爲大輿，爲文，爲衆，爲柄。其于地也爲黑。

震爲雷，爲龍，爲玄黄，爲旉，爲大塗，爲長子，爲決躁，爲蒼筤竹，爲萑葦。其于馬也，爲善鳴，爲馵足，爲作足，爲的顙。其于稼也，爲反生。其究爲健，爲蕃鮮。

巽爲木，爲風，爲長女，爲繩直，爲工，爲白，爲長，爲高，爲進退，爲不果，爲臭。其于人也，爲寡髮，爲廣顙，爲多白眼，爲近利市三倍。其究爲躁卦。

坎爲水，爲溝瀆，爲隱伏，爲矯輮，爲弓輪。其于人也，爲加憂，爲心病，爲耳痛，爲血卦，爲赤。其于馬也，爲美脊，爲亟心，爲下首，爲薄蹄，爲曳。其于輿也，爲多眚，爲通，爲月，爲盜。其于木也，爲堅多心。

離爲火，爲日，爲電，爲中女，爲甲胄，爲戈兵。其于人也，爲大腹。爲乾卦，爲鼈，爲蟹，爲蠃，爲蚌，爲龜。其于木也，爲科上槁。

坎陽也而爲月，離陰也而爲日，何也？日者，至陽之精也。月者，至陰之精也。坎，北方也，陰之極也。陰極則陽生其中矣。離，南方也，陽之極也。陽極則陰生其中矣。故坎離者，陰陽之交際，變化之本原也。

艮爲山，爲徑路，爲小石，爲門闕，爲果蓏，爲閽寺，爲指，爲狗，爲鼠，爲黔喙之屬。其于木也，爲堅多節。

兑爲澤，爲少女，爲巫，爲口舌，爲毁折，爲附決。其于地也，爲剛鹵。爲妾，爲羊。

序卦

有天地，然後萬物生焉。盈天地之間者唯萬物，故受之以屯。屯者，盈也。屯者，物之始生也。物生必蒙，故受之以蒙。蒙者，蒙也，物之穉也。物穉不可不養也，故受之以需。需者，飲食之道也。飲食必有訟，故受之以訟。訟必有衆起，故受之以師。師者，衆也。衆必有所比，故受之以比。比者，比也。比必有所畜，故受之以小畜。物畜然後有禮，故受之以履。履而泰然後安，故受之以泰。泰者，通也。物不可以終通，故受之以否。物不可以終否，故受之以同人。與人同者，物必歸焉，故受之以大有。有大者，不可以盈，故受之以謙。有大而能謙必豫，故受之以豫。豫必有隨，故受之以隨。以喜隨人者必有事，故受之以蠱。蠱者，事也。有事而後可大，故受之以臨。臨者，大也。物大然後可觀，故受之以觀。可觀而後有所合，故受之以噬嗑。嗑者，合也。物不可以苟合而已，故受之以賁。賁者，飾也。致飾然後亨則盡矣，故受之以剥。剥者，剥也。物不可以終盡剥，窮上反下，故受之以復。復則不妄矣，故受之以无妄。有无妄，然後可畜，故受之以大畜。物畜然後可養，故受之以頤。頤者，養也。不養則不可動，故受之以大過。物不可以終過，故受之以坎。坎者，陷也。陷必有所麗，故受之以離。離者，麗也。

有天地然後有萬物，有萬物然後有男女，有男女然後有夫婦，有夫婦然後有父子，有父子然後有君臣，有君臣然後有上下，有上下然後禮義有所錯。夫婦之道不可以不久也，故受之以恒。恒者，久也。物不可以久居其所，故受之以遯。遯者，退也。物不可以終遯，故受之以大壯。物不可以終壯，故受之以晉。晉者，進也。進必有所傷，故受之以明夷。夷者，傷也。傷于外者必反其家，故受之以家人。家道窮必乖，故受之以睽。睽者，乖也。乖必有難，故受之以蹇。蹇者，難也。物不可以終難，故受之以解。解者，緩也。緩必有所失，故受之以損。損而不已必益，故受之以益。益而不已必決，故受之以夬。夬者，決也。決必有所遇，故受之以姤。姤者，遇也。物相遇而後聚，故受之以萃。萃者，聚也。聚而上者謂之升，故受之以升。升而不已必困，故受之以困。困乎上者必反下，故受之以井。井道不可不革，故受之以革。革物者莫若鼎，故受之以鼎。主器者莫若長子，故受之以震。震者，動也。物不可以終動，止之，故受之以艮。艮者，止也。物不可以終止，故受之以漸。漸者，進也。進必有所歸，故受之以歸妹。得其所歸者必大，故受之以豐。豐者，大也。窮大者必失其居，故受之以旅。旅而無所容，故受之以巽。巽者，入也。入而後説之，故受之以兑。兑者，説也。説而後散之，故受之以涣。涣者，離也。物不可以終離，故受之以節。節而信之，故受之以中孚。有其信者必行之，故受之以小過。有過物者必濟，故受之以既濟。物不可窮也，故受之以未濟，終焉。

雜卦傳

乾剛坤柔，比樂師憂。臨觀之義，或與或求。屯見而不失其居。蒙雜而著。震，起也。艮，止也。損益，盛衰之始也。大畜，時也。无妄災也。萃聚而升不來也。謙輕而豫怠也。噬嗑，食也。賁，无色也。兑見而巽伏也。隨，無故也。蠱則飭也。剥，爛也。復，反也。晉，晝也。明夷，誅也。井通而困相遇也。咸，速也。恒，久也。涣，離也。節，止也。解，緩也。蹇，難也。睽，外也。家人，内也。否、泰，反其類也。大壯則止，遯則退也。大有，衆也。同人親也。革，去故也。鼎，取新也。小過，過也。中孚，信也。豐，多故也。親寡，旅也。離上而坎下也。小畜，寡也。履，不處也。需，不進也。訟，不親也。大過，顛也。姤，遇也。柔遇剛也。漸，女歸待男行也。頤，養正也。既濟，定也。歸妹，女之終也。未濟，男之窮也。夬，決也，剛決柔也。君子道長，小人道憂也。案：序卦説、雜卦説並原本缺。

附

温公易説佚文

《隨》六三：係丈夫，失小子，隨有求得，利居貞。《象》曰：「係丈夫」，志舍下也。

三无中正之德而不凶者，所隨得其人也。昔孔子見羅雀者所得皆黄口小雀，問之曰：「大雀獨不得，何也？」羅雀者曰：「大雀善驚而難得，黄口貪食而易得。黄口從大雀則不得，大雀從黄口亦得。」顧謂弟子曰：「善驚以遠害，利食而忘患，自其心矣，而獨以所從爲禍福，故君子謹其所從。以長者之慮則有全身之階，小者之戇則有危亡之則，《易》曰：『係丈夫，失小子。』」（王宗傳《童溪易傳》卷九，又略見胡震《周易衍義》卷五、沈起元《周易孔義集説》卷五）

《大過》上六：過涉滅頂，凶，无咎。

滅木之澤，淫滔甚矣，而本爻不剛，无利涉之材，至於滅頂，宜其凶。大過之世，棟已橈矣，宜拯之於蚤也。迨其傾摧而欲救之，何嗟及矣！故藉之於初則无咎，救之於三則已橈而凶。下卦如此，上卦可知。澤之滅木，猶棟之橈也。木猶滅之，人烏可過涉以求濟哉！過涉凶者，无舟楫而馮河者也。澤溢於上，至於滅頂，自取其凶，何所咎也？孔子謂不可咎，言不救之於早，至此无及也。上之畫耦，兑之澤也。澤，陰水也。中四畫奇，人之身也。初畫耦，足也。全卦有人居澤中滅頂之象，故於上一爻發之。（馮椅《厚齋易學》卷十六《易輯傳》十二）

《損》九二：利貞，征凶。弗損，益之。《象》曰：九二「利貞」，中以爲志也。天下財利有數，不在上則在下，未有不損民而有益于國也，故弗損益之。爻辭衹作「弗損于上」，言恐謀利之巧宧藉口耳。（魏荔彤《大易通解》卷八）

《繫辭下》：服牛乘馬，引重致遠，以利天下，蓋取諸《隨》。服牛乘馬，附物而行，隨之象也。（董真卿《周易會通》卷十三，又略見沈起元《周易孔義集説》卷十九）

司馬氏書儀

〔北宋〕司馬光　撰
張煥君　校點

校點説明

《司馬氏書儀》十卷，宋司馬光（一〇一九—一〇八六）撰。《四庫提要》云：「書儀者，古私家儀注之通名。」温公沿用舊稱，内容以日常禮儀爲主。第一卷爲表奏、公文、私書、家書。第二卷爲冠儀，並對相關的深衣制度加以考證。第三、四兩卷爲婚儀，另附居家雜儀於其後。五至十卷皆爲喪儀，從初喪、五服制度到葬後祭祀，諸多儀式皆囊括其中，内容相當豐富。

六朝以降，士大夫多重門第。門第高下，既在婚宦，更在家學、家法。所謂家法，乃以儒家之道德禮法爲核心，而其表現形式就是歷代編撰的書儀，《隋書·經籍志》專門有儀注一類，著録歷代書儀，當時知名學者，如謝元、蔡超、王儉、王弘、鮑泉、唐謹，莫不用心於此，并出現了不少像《趙李家儀》這種旨在彰顯門户的家用書儀。就其門類，有吉凶之别；就其細目，則有婚慶、弔喪、書信、言語之異。男子之外，復有《婦人書儀》；緇衣之中，更見《僧家書儀》。内容之豐富，可見一斑。

温公作此書，歷代評價甚高，宋刻本序文稱之爲「經世之防範，禮法之大端」。約略而言，其價值有二：其一，依據經典，考訂精審；其二，參酌古今，易於施行。如卷二《冠儀》「深衣制度」節，温公於「交領方」句下，旁徵博引，探明源流，極爲精辟，《四庫提要》譽爲「考禮最精之一證」。又如卷四《婚儀下》「婦見舅姑」節云：「贊者見婦於舅姑，婦北向拜舅於堂下。」注云：「古者拜於堂上。今恭也，可從衆。」新婦拜見舅姑，由堂上改爲堂下，形式雖不合於古，但禮意未失，易於施行，便無需改正。同樣，鑒於古今差别，温公對堂室、衣服亦但取其不失禮意，並不一味泥古。此類事例，書中甚多，皆可見温公用心所在。

正因如此，《書儀》撰成不久，就深受歡迎，宋刻本序云：「元豐中，薦紳家争相傳寫，往往皆珍祕之。」靖康之後，世事擾攘，書籍散佚，《書儀》僅而得免。朱熹於温公編撰旨趣深爲認同，以致朱子治禮與温公多有暗合。《朱子語類》卷八四胡叔器問四先生禮，朱子將二程、張載與温公相比，而以温公能古今結合，有經有權，是「七八分好」，其「婚禮」較之諸家，尤爲突出。在寫給蔡元定的書信中又云：「《祭儀》只是於温公《書儀》内少增損之。」朱子所修《祭儀》雖因遭竊而未能流傳，但依據此語約略可知修撰之時最重要的參照是《書儀》，而不是伊川之禮。不僅如此，就連署名朱子所作的《家禮》也基本如此，以致清代汪亮采序文中將《書儀》與《家禮》合稱爲「雙環」、「兩劍」。考慮到《家禮》在元明時期的長盛不衰，《書儀》的影響亦可見一斑。

《書儀》現存版本均爲十卷本。最早的是宋刻元修本，書前有無名氏所作的刻書序，依據序中提到的「淳熙」、「歲壬子」，以及書中「敦」字皆缺末筆等情況，可知作序之時在南宋光宗紹熙三年（一一九二）。序末有木記二枚，一作「傳梫書堂」，一作「稚川世家」，其人當爲葛姓。書中雖然訛脱衍倒之處頗多，但據《天禄琳瑯書目後編》、《鄭堂讀書記》及《善本書目》記載，其或爲後來諸本的祖本，且似是海内孤本，版本價值不言而喻。此書現藏於中國國家圖書館。

據《增訂四庫簡明目録標注》、《邵亭知見傳本書目》著録，《書儀》有明刊本，但《善本書目》未加著録，不知是否已佚。清代刻本中，首推雍正二年（一七二四）汪亮采刻本，書前先列汪亮采序，繼之以宋刻本序，目録之後有汪郊跋，書後又有汪郟、汪祁兩篇跋。每卷末有「後學汪郊校訂」，對宋本錯訛之處多有校訂，頗爲精審。這個刻本流傳最廣，各地圖書館多有收藏。其後出現的《書儀》各版本，影響較著者，如《四庫全書》本、嘉慶十年（一八〇五）張海鵬氏照曠閣所刻《學津討原》本、同治七年（一八六八）江蘇書局本等，莫不以雍正本爲底本而加改動。

中國國家圖書館收藏的一種雍正本與通行本又有不同，主要區别在於，自卷五「在斂殯」起至卷九「居喪雜儀」止，皆有朱筆校過。據傅增湘《藏園群書經眼録》所云，知其乃孫星衍校本。考察校語，大致可分爲兩類：其一，在雍正本於宋本錯訛已經修改之字旁邊，或者頁腳處，補寫宋刻本原有之字。但或補或否，並不徹底。其二，對雍正本錯訛之處，或圈删，或塗改，或乙正，並於其旁及頁腳補寫。這部分補寫内容，或出自殘宋本《三家冠婚喪祭禮》，或經核對《儀禮》、《禮記》原文，或根據上下文例推斷，均非臆測，足可徵信，對理解《書儀》頗有幫助。

本書校點，即以帶有孫星衍校語的雍正本爲底本，以宋刻本通校，而以影印文淵閣《四庫全書》本、《學津討原》本爲參校本。爲簡便起見，所據版本分别簡稱爲宋本、四庫本、學津本。底本中的孫星衍校語，則簡稱爲孫校。孫校中關於版本對校的内容，一概省去；凡針對雍正本所作的校勘，有助於理解文意者，則在校勘記中存録。

此外，原書十卷，皆不分段，爲便於閲讀，隨宜分段。卷一以及卷九、卷十之表奏、公文、私書、家書，則一律保留原有格式。凡書中序跋題目，如「汪亮采序」、「宋刻本序」、「汪郊跋」、「汪郯跋」、「汪祁跋」諸標題，皆爲原書所無，今爲合於出版體例，特爲標出。汪郊跋文原在目録之後，今移於目録之前，亦爲此故。卷六「五服年月略」、卷九「居喪雜儀」、卷十「影堂雜儀」在底本目録中皆按二級標題處理，統攝於「喪儀某」之下，其所統諸小標題皆不見於目録。而在卷内，「五服年月略」作一級標題處理，「居喪雜儀」、「影堂雜儀」均按二級標題處理，三級下諸小標題在卷内均按二級標題處理，從屬關係混亂。今按出版體例做了調整。因變改舊式，故統此説明。書中避諱改字，如「弘」作「宏」，「玄」作「元」，一律回改，首見處出校，餘皆逕改，不再一一出校。俗體字，如「禮」或作「礼」，「體」或作「体」，「無」或作「无」，並無義例，一律改作「禮」、「體」、「無」；異體字，如「婚」、「㛰」並見，「賛」、「贊」錯舉，皆改作「婚」、「贊」。最後需要説明的是，商務印書館排印的《叢書集成初編》本原有句讀，頗爲不苟，本書標點時，有所參照。特致謝忱。

校點者　張焕君

汪亮采序

古言禮之書，自漢石渠論議迄唐以上，撰述多佚而不傳。其散見於史册及《開元禮》、《政和禮》、杜佑、馬端臨、鄭樵輩卷中者，亦止資考禮，非以便行習。馬氏列《儀注》一門，今士大夫所守，惟文公《家禮》一編。噫！斯禮之行亦僅矣！迺《家禮》爲朱子究觀古今之籍，因大體而少加損益，其實本司馬氏《書儀》爲之。蓋朱子以《儀禮》爲經，司馬氏則本諸《儀禮》，參以當時可行者。朱子答胡叔器問四先生禮，獨謂「温公較穩，其中與古不甚遠，是七分好」。至温公之於婚禮，以婦入門已拜先靈，三月可不廟見；其於喪禮之祔，不以殷練而以周卒哭，特其誠篤之至，體聖道於人情物理。朱子亦嘗深探力索，識其確有精意，非所謂「作者不易，知者良難」也歟！

夫《儀禮》久稱難讀，至宋而取士，且罷於王氏，何範身獨切於涑水？使文公、勉齋、信齋之前不有好學深思似此，筆之於簡，著之爲式，將十七篇之可行者不盡亡不止。故《家禮》所以宗《書儀》，《書儀》所以啓《家禮》，温公與文公皆有功《儀禮》，衷於古，不戾於今，惟恐驅一世於冥行也。

亮采少而椎魯，昧於恭儉莊敬之爲教，顧知宋儒所稱四家禮、三家禮者，首數司馬氏，特以未覩《書儀》卷帙爲恨。旋購鈔本，藏之家塾。覺度數精詳，理道貫通，與《家禮》並置几案，如雙環，如兩劍。溯其同而異，若分道揚鑣；會其異而同，亦猶先河後海。因命兒郊，校正開雕，俾廣其傳，庶後之學禮者有以知司馬氏之於朱子之禮，并以知司馬氏之於程、張、吕諸家之禮，則不無小補云。

雍正元年冬十月朔日，後學汪亮采謹序。

宋刻本序

《書儀》，温國文正公先生撰次也。元豐中，薦紳家争相傳寫，往往皆珍祕之。自中原俶擾，有能保存渡江者，百無一二。士大夫雖時有其髣髴，❶恨無全編。淳熙間崇川范君少潛得是書，❷雖嘗鋟梓，然亦以闕裂不全爲欠。余先伯父仕於閩，與先生族孫同僚寀，獲見全書，躍然喜，如得至寶，亟求録之，家藏久矣。遺訓有謂：「是書經世之防範，禮法之大端，士大夫家若能採摭而行之，於名教豈曰小補之哉？」以故再加訂證訛舛，編排繕寫，命工刊刻，❸以大其傳，或可以廣先生著書之意，亦不負先世收書之志云。

時歲壬子菊月圓日，序於傳桂堂。❹

❶「有」，原作空格，今據宋本補。
❷「間」，原作空格，今據宋本補。
❸「刻」，原作重文號，今據宋本改。
❹「壬」、「堂」，原缺，今據宋本補。

汪郊跋

司馬文正公誠篤之學，具在《書儀》、《家範》二書。近乃《家範》流傳，《書儀》特著於朱子《家禮》。朱子因温公本諸《儀禮》，參以可行於後者，故用之最多。且遺命治喪必參《儀禮》、《書儀》而行，其意蓋可見也。

或疑朱子跋《南軒三家禮範》，謂司馬氏「節文度數之詳，恐未見習行」，已有退怯。又或「自堂室以及儀物，恐行之力有不足，顧欲參考裁訂，使覽者不憚難行。以病衰無及，望之後之君子」，則於此書未嘗一日敢忘，況跋在紹熙甲寅，既成《家禮》之年，不以爲《家禮》所取者已提其要也，其必應專爲流播，又何疑哉？

郊隨家嚴購自藏書家，愛其繕寫特工。旋慮非槧本，難公宇内，亟謀校梓以傳，庶學者於《家禮》之外，獲覩司馬氏全本，其猶祭川者之必先河也夫。

雍正元年季冬中澣，後學汪郊謹跋。

司馬氏書儀卷第一

表奏　公文　私書　家書

表奏

元豐四年十一月十二日，中書劄子，據詳定官制所修到公式令節文。

表式

臣某言。云云。臣某誠惶誠懼，賀，則云「誠懽誠忭」，後辭末准此。頓首頓首辭。云云。謹奉表稱謝以聞。稱賀，同。其辭免恩命及陳乞，不用狀者，亦准此。臣某誠惶誠懼，頓首頓首，謹言。

年月　日。具位臣姓　名　上表。

右臣下奏陳，皆用此式。上東宮牋，亦倣此，但易「頓首」爲「叩頭」，不稱「臣」。命婦上皇太后、皇后，准東宮牋，稱「妾」。

奏狀式

某司。自奏事，則具官。貼黄，節狀内事。

某事。云云。若無事因者，於此便云「右臣」。

右云云。列數事，則云「右謹件如前」。謹録奏聞。謹奏。取旨者，則云「伏候　勑旨」。

年月　日。具位臣姓名有連書官，即依此列位。狀奏。

乞降付去處。貼黄，在年月前。

右臣下及内外官司陳叙上聞者，並用此式。在京臣寮及近臣自外奏事，兼用劄子，前不具官，事末云「取進止」。用牓子者，惟不用年，不全幅，不封，餘同狀式。皆先具檢本司官晝日親書，付曹司爲案。本官自陳事者，則自留其案。

公　文

申狀式

某司。自申狀，則具官封、姓名。

某事。云云。有事因，則前具其事；無所因，則便云「右某」。

右云云。謹具狀申。如前列數事，則云「右件狀如前」云云。某司謹狀。取處分，則云「伏候指揮」。❶

年月　日。具官封姓名有連書官，則以次列銜。狀。

右内外官司向所統屬並用此式。尚書省司上門下、中書省、樞密院，及臺省寺監上三省、樞密院，省内諸司并諸路、諸州上省臺寺監，並准此。

牒　式

某司牒　某司。或某官。

某事。云云。

牒。云云。若前列數事，則云「牒件如前」云云。謹牒。

年月　日。牒。

列位。三司，首判之官一人押；樞密院，則都承旨押。

右門下、中書、尚書省以本省、樞密院以本院事相移，並謂非被受者。及内外官司非相管

❶「指」，四庫本、學津本同，宋本作「旨」。

隸者相移，並用此式。諸司補牒亦同，惟於「年月日」下書書令史名，辭末云「故牒」。

官雖統攝而無狀例，及縣於比州之類，皆曰「牒上」。寺、監於御史臺、祕書、殿中省，准此。

於所轄而無符帖例者，則曰「牒某司」，不闕字。尚書省於御史臺、祕書、殿中省，及諸司於臺、省，臺省寺監於諸路、諸州，亦准此。其門下、中書省、樞密院於省内諸司、臺省寺監官司，辭末云「故牒」。尚書省於省内諸司，准此。

私　書

上尊官問候賀謝大狀

具位姓　某。

右某。述事云云。謹具狀　上問　尊候。申賀、上謝，隨事。謹狀。舊云「謹録狀上牒件狀如前，謹牒」，狀末「姓名」下，亦云「牒」。此蓋唐末屬寮上官長公牒，非私書之體。及元豐改式，士大夫亦相與改之。

年月　日。具位姓　某　狀。

封皮狀上　某位。　具位姓某謹封。重封，上顯云「狀上某所某位」，❶下云「謹重封」。

---

❶「顯」，宋本、學津本同，四庫本作「題」。

與平交平狀

具位姓　某。

右某啓。述事云云。謹奉狀　起居，陳賀、陳謝，隨事。伏惟照督。謹狀。

月　日。具位姓　某　狀。

封皮用面簽。某位。具位姓某謹封。重封，題與大狀同。後封皮、重封，皆准此。

上　書

月日。具位某頓首再拜，上書某位執事。此上尊官之儀也。稍尊，則云「閣下」，平交，則云「謹致書某位足下」。凡「閣下」，謂守黄閣者，非宰相不當也，而末俗競以虚名相尊。今有謂宰相爲「閣下」，則必怒以爲輕，而今人非平交不可施矣。此無如之何，且須從俗。此下述事云云。不宣。某頓首再拜

某位執事。

啓　事

具位姓　某。

右某啓。述事云云。謹奉啓事陳聞，陳賀、陳謝，隨事。伏惟尊慈俯賜　鑒念。不宣。謹啓。

月　日。具位姓　某　啓上。

封皮用面簽。某位。　具位姓某啓上。　謹封。前「上書」封皮，改「啓」爲「書」字。

上尊官時候啓狀❶裴《書儀》「僚屬典吏起居官長啓狀」止如此，無如公狀之式者。裴文有《四海吉書》，分五等，以父之執友、疏屬尊親、受業師爲極尊；年紀高於己，或職掌稍高，及姊夫、妻兄之屬爲稍尊；齒、爵相敵者爲平懷；年小於己，官卑於己，及妻弟、妹夫爲稍卑；先曾服事，及弟子之類爲極卑。今以裴之《啓狀》爲大書，《四海吉書》爲書，小簡及平日往來手簡而微爲增損，以叶時宜。以齒、爵極遠者爲尊官與極卑，不甚相遠者爲稍卑，改「平懷」爲「平交」。又今人與尊官書多爲三幅，其辭意重複，殊無義理。凡與人書所以爲尊敬者，在於禮數、辭語，豈以多紙爲恭耶？徒爲煩冗而不誠，不足法也。

某啓。晷度推移，日南長至。此冬至之儀也。正旦，則云「元正啓祚，萬物惟新」；月朔及非時起居，則各用其月時候，如「孟春猶寒」之類。伏惟　某位膺時納祐，與　國同休。正旦同。月朔及非時起居，

❶「啓」，宋本無。

則云「尊體起居萬福」。某即日蒙　恩，事役所縻，有官，則云「職業有守」。未獲趨拜　門庭。伏乞　上爲　廟朝，善保　崇重。下誠不任詹　依懇禱之至。謹奉狀陳賀。月朔及非時起居，則改「陳賀」爲「參候」。不宣。謹狀。

月　日。具位姓　某　狀上

某位。座前，或云「執事」。執政則云「台座」，執政雖有世契，亦不敢叙。他人父執，則云「從表姪上某位幾丈」；師，則云「門生上某位先生」。非平交，不可稱其字。後手啓准此。謹空。

封皮謹謹上　某位。座前，或台座，皆如狀中。具位姓　某　狀封。

上稍尊時候啓狀平交，改「卑情不任勤禱之至」爲「用慰勤懷」，「閣下」爲「足下」，無「謹空」，自餘同。

某啓。時候如前。伏惟　某位膺時納祐，罄無弗宜。月朔及非時起居，則云「尊體萬福」。某即日蒙　免，未由　覲展。伏冀　順時善加　保養，卑情不任勤禱之至。謹奉狀陳　賀。非時起居，改「陳賀」爲「參候」。不宣。謹狀。

月　日。粗銜姓　某　狀上

某位。閣下，或云「侍史」，或云「左右」，或云「足下」。若有契素，則云「從表弟上某位幾兄」。後稍尊手啓准此。謹空。

封皮狀上　某位。閣下。　粗銜姓　某　謹封。

與稍卑時候啓狀極卑，止有手簡及委曲，無啓狀。

某啓。時候如前。恭惟　某位膺時納佑，罄無弗宜。月朔及非時起居，則云「動止萬福」。某即日
幸如宜，未由　展奉。惟冀　順時善加　保愛，用慰遠懷。謹奉狀。不宣。謹狀。
月　日。若有事素，則云「從表」。　粗銜姓　某　狀上
某位。若有事素，則云「幾弟」。
封皮狀上　某位。　粗銜姓　某　謹封。

上尊官手啓書中小簡亦同，但紙尾有日無月，去「謹奉啓」及「謹空」字。

某惶恐頓首再拜。述事云云。謹奉啓，不備。備、具、宣、悉，據理亦同，但世俗有此分別，今須從衆。
某惶恐頓首再拜
某位。座前。執政，則云「台座」。月日。謹空。
封皮謹謹上　某位。座前。台座，如啓中。　某啓封。

別　簡

某啓。或云「再啓」，或云「又啓」。述事云云。某頓首再拜。

上稍尊手啓書中小簡及別簡，如大官。

某再拜。述事云云。謹奉啓。不宣。　某再拜

某位。閣下，或云「侍史」，或云「左右」。若其人知州、府，則云「鈐下」。月日。

封皮啓上　某位。閣下等，如啓中。　某　謹封。

與平交手簡書中小簡同別簡，直述事，末云「頓首」。

某啓。述事云云。不宣。　某頓首

某位。足下，或云「左右」。日。

封皮手啓上或止云「啓上」。　某位。　某　謹封。

與稍卑手簡書中小簡同。凡書啓，若不能一一如儀，寧於平交用稱尊，不可用稍卑。

某啓。述事云云。不宣。　某咨白

某位。日。

封皮簡呈　某位。　某　謹封。

謁大官大狀

具位姓　某。

右某謹詣　門屏，祇候　起居參、謝、賀、辭、違，隨事。己欲他適，往辭人，曰「辭」；人欲他適，己往別之，曰「攀違」。某位。伏聽處分。謹狀。舊亦云「牒件狀如前，謹牒狀」，末姓名下又云「牒」。元豐改式，士大夫亦改之。

年月　日。具位姓　某　狀。

謁諸官平狀

具位姓　某。

右某祇候世俗皆云「謹祇候」。按：謹，即祇也，語涉複重，今不取。起居謝、賀、辭、違，隨事。按：「祇候某人起居」乃語，自唐末以來，皆以云「祇候起居其人」。❶今從衆。某位。謹狀。

月　日。具位姓　某　狀。

平交手刺大約如此，時改臨時。

某爵無爵者，言官。某里姓某無官者，止稱鄉里，此平生未曾往還者也。若已相識，則去爵里；往還熟，則去姓。專謁　見謝、賀、辭、別，隨事。

某位。　月日。　謹刺。

❶「其」，宋本、學津本同；四庫本作「某」，當是。

名紙

取紙半幅，左卷令緊實，以綫近上横繫之，題其陽面，凡名紙，吉儀左卷，題於左掩之端，爲陽面；凶儀右卷，題於右掩之端，爲陰面。云「鄉貢」、「進士」、「姓名」。

家書

上祖父母父母上外祖父母，改「孫」爲「外孫」，著姓，餘同。

某啓。孟春猶寒，時候隨月。伏惟　某親尊體起居萬福。述先時往來書云云。某在此與新婦以下各循常，若有尊長在此，則於「與新婦」字上添「侍奉某親康寧，外」字。乞不賜遠念。凡此皆平安之儀。若有不安者，即不用此語。後准此。下述事云云。未由　省侍，伏乞倍加　調護。下誠不任瞻戀之至。謹奉狀。不備。孫子男則稱男，女則稱女。　某再拜上

某親。几前。

封皮謹謹上　某親。几前。　孫男、女同。某　狀封。

重封。平安家書附上某州某縣姓某官。凡人得家書，喜懼相半，故「平安」字不可闕，使見之則喜。後家書

重封准此。孫男、女同。　粗銜某謹重封。

上内外尊屬謂伯叔祖父母、伯叔父母、姑、舅、妗母、姨夫、姨母、妻之父母。

改「起居」爲「動止」，「省侍」爲「覲省」，「調護」爲「保重」，「瞻戀」爲「瞻仰」，「几前」爲「座前」。姪、甥、壻，隨所當稱。惟與妻之父母書，不稱新婦，稱封邑；無封邑，則改「新婦以下」爲「家中骨肉」。古人謂父爲「阿郎」，謂母爲「孃子」，故劉岳《書儀》「上父母書」稱阿郎、孃子，其後奴婢尊其主如父母，故亦謂之阿郎、孃子，以其主之宗族多，故更以行第加之。今人與妻之父母書，稱其妻爲「幾娘子」，殊亂尊卑。名不正則言不順，士君子宜有以易之。　餘皆如上父母書。

上内外長屬謂兄姊、表兄姊及姊夫，妹與嫂亦同。

改「尊體起居萬福」爲「動止康和」，「乞不賜遠念」爲「幸不念及」，「省侍」爲「參省」，「伏乞倍加調護」爲「爲　國保燮」，「下誠不任瞻戀之至」爲「卑情不勝依戀」。弟妹、内外弟妹，隨所當稱。劉岳《書儀》云「舅之子，稱内弟，不書姓；姑之子，稱外弟，書姓」，今人亦通稱表弟也。「几前」爲「左右」，「狀」爲「啓」，餘如上父母書。

封皮啓上　某親。　弟　某　謹封。

與妻書

某咨。春寒，春暄，夏熱，秋熱，秋凉，冬寒，隨時。動履清勝。或云「常勝」。某此粗遣免。述事云云。不悉。裴《儀》作「不具」。今從弟妹法。某書達某邑封。裴《儀》云「某狀通幾娘子足下」，於理亦似未安。若無封邑，宜稱其字。月日。

封皮書達　某邑封。　某謹封。重封云「平安家書，附至本宅」。

與内外卑屬謂弟妹、表弟妹。

幾弟。妹則云「幾妹」。春寒，寒暄隨時。想與諸尊幼或云「長幼」，隨事。休宜。兄此粗常。述事云云。不悉。兄報某親。

月　　日

封皮書寄幾弟。親弟妹不空，表弟妹空。兄手書。表弟妹云「表兄姓某謹封」，以下書皮重封皆同。重親弟妹，云「平安家書附至某州某縣幾某官處」，無官封，則云「幾弟處」；表，則云「書附至某州某縣幾某官處」。粗銜姓押重封。表弟云「謹重封」。

與幼屬書謂兄弟之子孫。

告幾某官。春寒，寒暄隨時。想汝與諸尊幼或云「長幼」，隨事。吉健。翁或伯，或叔。此與骨肉並如常。述事云云。不具。翁餘親准此。裴《儀》與兒及孫、姪等書，其末皆云「及此不多」。今以與詔語相涉，更改從俗。告幾某官。省。月日。

封皮書付幾某官。翁餘親准此。封重封如卑屬。

與子孫書

告名。子孫名也。春寒，寒暄隨時。想汝與諸幼卑幼隨事。吉健。述先時往來書。吾此與骨肉並如常。述事云云。不具。翁父同。告名。省。

封皮委曲付名。翁父同。封。

重封「平安家書附至某州某縣付孫名」。兒子同。粗銜姓 押 重封。

與外甥女壻書封皮、重封，與表弟妹同。

某咨。春寒，寒暄隨時。想與尊幼如宜。與女壻者，云「與幾姐及外孫如宜」。某此粗常。述事云云。不悉。某咨。　姓甥某官。壻云「某郎」。

月　　日。

婦人與夫書婦人與諸親書，皆與男子同。於子孫之婦，稱「吾」；於夫家尊長稱「新婦某氏」，於卑幼稱「婆」，稱「伯母」、「叔母」，或稱「老婦」；於己家尊長稱「兒」，於卑幼，稱「姑」，稱「姊」。於外人不當通書，若不得已通書，亦當稱「新婦」。今人皆稱「兒」，非也。上舅姑書，如父母，但改「新婦以下」，稱其夫官而已。與妯娌書，如長屬，其末自稱「姒某氏」、「娣某氏」。與子孫書，云「告幾新婦」，餘如與子孫書。其與尊長者，雖有封邑，不敢稱之。古者婦人謂夫曰「君」，自稱曰「妾」。今夫與妻書稱名，妻與夫書稱「妾」，乃冀缺、梁鴻相推敬之道也。

妾啓。春寒，寒暄隨時。動止康和。或云「康勝」。妾即此蒙　免，諸幼無恙。此平安之儀也。若己不安，則不云「蒙免」。子孫有不安者，則不云「諸幼無恙」。此下述事云云。不宣。妾上　某官。侍者無官，則稱「良人」。月日。

封皮狀上　某官。　邑封某　氏。妾　謹封。

與僕隸委曲僕隸上郎主，當依公狀式。

姓名。僕隸姓名也。述事云云。不具。委曲付姓名。

封皮委曲付姓名。押　封。

司馬氏書儀卷第二

冠　儀

冠❶

男子年十二至二十，皆可冠。《冠義》曰：「冠者，禮之始也。是故古之道也，成人之道者，將責成人之禮焉也。責成人之禮焉者，將責爲人子、爲人弟、爲人臣、爲人少者之行也。❷將責四者之行於人，其禮可不重與？」冠禮之廢久矣。吾少時聞村野之人尚有行之者，謂之「上頭」，城郭則莫之行矣，此謂「禮失求諸野」者也。近世以來，人情尤爲輕薄，生子猶飲乳已加巾帽，有官者或爲之製公服而弄之，過十歲猶總角者蓋鮮矣。彼責以四者之行，豈知之哉！往往自幼至長，愚騃如一，由不知成人之道故也。吉禮雖稱二十而冠，然魯襄公年十二，晉悼公曰：「君可以冠矣。」今以世俗之弊不可猝變，故且狗俗，自十二至二十皆

❶「冠儀」，原誤作三級標題；「冠」，原無，今據目録調整並補加。

❷「少」，宋本作「父」。

許其冠。若敦厚好古之君子，俟其子年十五已上，能通《孝經》、《論語》，粗知禮義之方，然後冠之，斯具美矣。必父母無期已上喪，始可行之。冠、婚，皆嘉禮也。《曾子問》：「冠者至，聞齊而不醴。如冠者未至，則廢。」《雜記》曰：「大功之末，可以冠子，可以嫁子。」然則大功之初亦不可冠也。《曾子問》有「因喪服而冠」者，恐於今難行。其禮，主人盛服，主人謂冠者之祖父、父及諸父、諸兄。凡男子之爲家長者，皆可也。凡盛服，有官者具公服靴笏，無官者具幞頭、鞾襴或衫帶，各取其平日所服最盛者。後婚、祭儀盛服皆准此。親臨，筮日於影堂門外，西向。古者，大事必決於卜筮。灼龜曰卜，揲蓍曰筮。夫卜筮在誠敬，不在蓍龜。或不能曉卜筮之術者，止用环珓亦可也。❶其制，取大竹根判之；或止用兩錢，擲於盤，以一仰一俯爲吉，皆仰爲平，皆俯爲凶。後婚、喪、祭儀卜筮准此。《開元禮》自親王以下皆筮，曰「筮賓」，不用卜。此云「西向」，據影堂門南向者言之。私家堂室，不能一一如此，但以前爲南，後爲北，左爲東，右爲西。後婚、喪、祭儀中，凡言東西南北者，皆准此。若不吉，則更筮他日。凡將筮日，先謀得暇可行禮者數日，然後筮取其吉者用之。

前期三日，筮賓，如求日之儀。凡賓，當擇朋友賢而有禮者爲之，亦擇數賓，取吉者。或不及筮日、筮賓，則曰擇其可者而已。乃遣人戒賓。《士冠禮》主人自戒賓、宿賓，今欲從簡，但遣子弟若童僕致命。或使者不能記其辭，則爲如儀中之辭，後云「某上」，一辭爲一紙。使者以次達之，賓答亦然。後致辭皆

❶「环」，宋本作「坏」；四庫本、學津本皆作「杯」，當是。

倣此。曰：「某主人名也。使者不欲斥主人名，即稱官位，或云「某親」。有子某，子名。將加冠於其首，❶願吾子之教之也。」賓對曰：「某賓名。不敏，恐不能供事，以病吾子。敢辭。」病猶辱也。禮辭，一辭而許，曰「敢辭」；再辭而許，曰「固辭」；三辭曰「終辭」，不許也。主人曰：「某願吾子之終教之也。」賓對曰：「吾子重有命，某敢不從。」凡賓主之辭，或不以書傳。慮有誤忘，則宜書於笏記；無笏者爲掌記。後婚、喪、祭儀皆准此，惟納采必用書。

前一日，又遣人宿賓，曰：「某將加冠於某之首，吾子將莅之。敢宿賓。」對曰：「某敢不夙興？」古文，宿贊冠者一人，今從簡，但令賓自擇子弟親戚習禮者一人爲之。前夕又有請期、告期，今皆省之。

其日，夙興，賓、主人、執事者皆盛服。執事者，謂家之子弟、親戚或僕妾，凡預於行禮者皆是也。後稱執事者准此。執事者設盥盆於廳事阼階下東南，有臺；帨巾在盆北，有架。古禮，謹嚴之事皆行之於廟，故冠亦在廟。今人既少家廟，其影堂亦褊隘，難以行禮，但冠於外廳，笄在中堂可也。《士冠禮》：「設洗，直於東榮，南北以堂深，水在洗東。」今私家無罍洗，故但用盥盆、帨巾而已。盥，濯手也。帨，手巾也。廳事無兩階，則分其中央以東者爲阼階，西者爲賓階。無室無房，則暫以帟幕截其北爲室，其東北爲房。此皆據廳堂南向者言之。陳服於房中西牖下，東領北上，公服鞾笏，無官，則襴衫、鞾。次旋

❶「其」下空格，宋本同，四庫本作「子」字，無空格。學津本既無空格，亦無「子」字。

襴衫，次四褛衫，若無四褛，止用一衫。腰帶、櫛、篦、總、幞頭、總，頭帤。幞頭，掠頭也。席二，在南。公服衫設於椸，椸音移，衣架也。靴置椸下，笏、腰帶、篦、櫛、總、幞頭置卓子上。酒壺在服北次，盞注亦置卓子上。幞頭、帽、巾各承以盤，蒙以帕，主人執事者三人執之，立於堂下西階之西，南向，東上，賓升則東向。主人立於阼階下少東，西向。子弟親戚立於盥盆東，西向，北上。親戚預於冠禮者，皆謂男子也，尊卑共爲一列。若有僮僕預於執事，則立於親戚之後。拜立行列皆倣此。擯者立於門外，以俟賓。主人於子弟親戚中擇習禮者一人爲擯。❶將冠者雙紒，童子紒似刀鐶，今俗所謂「吴雙紒」也。袍，今俗所謂「襖子」是也，夏單冬複。勒帛素屐，幼時多躡采屐，將冠可以素屐。在房中南向。

賓至，贊者從之，立於門外，東向。贊者少退，擯者以告主人。主人迎賓，出門左，西向再拜，賓答拜。主人與贊者相揖不拜，又揖賓，乃先入門。賓並行，少退。贊從賓後入門。賓主分庭而行，揖讓而至階，又揖讓而升。主人由阼階先升，立於階上少東，西向；賓由賓階繼升，立於階上少西，東向。贊者盥手，由賓階升，立於房中，西向。擯者取席於房，布之於主人之北，西向。此適長子之禮也，衆子則布席於房户之西，南向。

❶「一」，似擠入，宋本無，諸本皆有。

將冠者出房，立於席北，南向。衆子立於席西，東向。賓之贊者取櫛、總、篦、幧頭，置於席南端。衆子置於席東端。興，席北少東，西向立。衆子則席東少北，南向立。賓揖將冠者，將冠者即席，西向坐，衆子南向坐。爲之櫛、合紒、施總、加幧頭。賓降，主人亦降，立於阼階下，賓禮辭。賓盥手畢，主人一揖一讓，升自阼階，賓升自西階，皆復位。賓降西階一等，執巾者升一等授賓。古者階必三等，於中等相授。今則無數，但三分其階，升降每分一等可也。賓執巾，正容，徐詣將冠者席前，東向，衆子北向。祝曰：「令月吉日，始加元服。弃爾幼志，順爾成德。壽考維祺，介爾景福。」乃跪，爲之著巾。興，復位。贊者爲之取篦掠髮。冠者興，賓揖之，適房，服四褛衫、無四褛衫，止用衫勒帛。腰帶，出房，南向良久。《士冠禮》注曰：「復出房南面者，一加禮成，觀衆以容禮。」

賓揖之，即席跪。賓盥如初，降二等，受帽進，祝曰：「吉月令辰，乃申爾服。謹爾威儀，淑慎爾德。眉壽萬年，永受胡福。」加之，復位如初。興，賓揖之，適房，服旋襴衫、腰帶。正容出房，南向良久。

賓揖之，即席坐。賓盥如初，降三等，受幞頭進，祝曰：「以歲之正，以月之令，咸加爾服。兄弟具在，以成厥德。黄耇無疆，受天之慶。」贊者徹帽，❶賓加幞頭，復位如初。冠者興，賓揖之，適房，改服公服若鞾襴。正容，出房立，南向。

主人執事者受帽，徹櫛、篦、席，入於房。擯者取席，布於堂中間少西，南向。衆子仍故席。贊者取盞，斟酒於房中，出房立於冠者之南，西向。賓揖冠者就席，冠者立於席西，南向。賓受盞於贊者，詣席前，北向，祝曰：「旨酒既清，嘉薦令芳。拜受祭之，以定爾祥。承天之休，壽考不忘。」古者冠用醴，或用酒，醴則一獻，酒則三醮。今私家無醴，以酒代之，但改醴辭「甘醴惟厚」爲「旨酒既清」耳，所以從簡。冠者再拜於席西，升席，南向受盞。賓復位，東向答拜。冠者即席，南向跪，祭酒。興，就席末坐，啐酒。啐，子對切，少飲酒也。興，降席，授贊者盞，南向，再拜。賓東向，答拜。冠者入家，拜見於母。母受之。《冠義》曰：「見於母，母拜之；見於兄弟，兄弟拜之：成人而與爲禮也。」今則難行，但於拜時母爲之起立可也。下見諸父及兄倣此。

賓降階，東向。主人降階，西向。冠者降自西階，立於西階東，南向。賓字之，曰：「禮儀既備，令月吉日，昭告爾字。爰字孔嘉，髦士攸宜。宜之於嘏，嘏，古雅切。永受保之。曰伯某甫。」仲、叔、季，惟所當。冠者對曰：「某雖不敏，敢不夙夜祗奉？」

---

❶「贊者」，四庫本同。宋本無「贊」，「者」爲大字。學津本二字皆爲大字。

賓請退，主人請禮賓，賓禮辭，許，乃入設酒饌，延賓及擯、贊如常儀。酒罷，賓退，主人酬賓及贊者以幣，端、匹、丈、尺，臨時隨意。凡君子使人必報之，至於婚、喪相禮者，當有以酬之。若主人実貧，相禮者亦不當受也。仍拜謝之。《士冠禮》「乃禮賓，以一獻之禮」，注：「一獻者，主人獻賓而已，即燕無亞獻者。獻酢酬賓，主人各兩爵而禮成。」又曰：「主人酬賓，束帛、儷皮。」注：「飲賓客而從之以財貨曰酬，所以申暢厚意也。束帛，十端也。儷皮，兩鹿皮也。」又曰：「贊者皆與，贊冠者爲介。」注：「贊者，衆賓也。介，賓之輔，以贊爲之，尊之飲酒之禮。賢者爲賓，其次爲介。」又曰：「賓出，主人送於外門外，再拜。歸賓俎。」注：「使人歸諸賓家也。」今慮貧家不能辦，故務從簡易。

於賓之請退也，冠者東向，拜見諸父、諸兄；諸父爲一列，諸兄爲一列，每列再拜而已。下見諸母、姑、姊，倣此。西向拜贊者。贊者答拜。入見諸母、姑、姊，諸母、姑、姊皆爲之起。

遂出，見於鄉先生鄉里耆德。及父之執友，冠者拜，先生、執友皆答拜。若有誨之者，則對如對賓之辭，且拜之。先生、執友不答拜。

若孤子冠，《士冠禮》「主人紒而迎賓，拜揖遜，立於序端，皆如冠主」，《開元禮》亦然。恐於今難行，故須以諸父、諸兄主之。則明日量具香、酒，饌於影堂。冠者北向，焚香，跪酒，俛伏興，再拜而出。《曾子問》：「父没而冠，則已冠掃地而祭於禰，已祭而見伯父、叔父，而後享冠者。」此謂自爲冠主者也。《開元禮》：「孤子冠之明日，見於廟，冠者朝服。無廟者，見祖禰於寢。質明，贊禮者引入廟南門中庭道西北，賓贊，再拜，訖，引出。」今參用之。

笄

女子許嫁，笄。年十五，雖未許嫁亦笄。主婦、女賓執其禮，主婦，謂笄者之祖母、母及諸母、嫂。凡婦女之爲家長者，皆可也。女賓，亦擇親戚之賢而有禮者；贊，亦賓自擇婦女爲之。行之於中堂，執事者亦用家之婦女、婢妾。戒賓、宿賓之辭，改「吾子」爲「某親」，或「邑封」。婦人於婦黨之尊長當稱「兒」，卑幼當稱「姑」、「姊」之類；於夫黨之尊長當稱「新婦」，卑幼當稱「老婦」。陳服止用背子，無篦、幧頭，有諸首飾。謂釵、梳之類。席一，背設於椸。櫛、總、首飾，置卓子上。冠笄盛以盤，蒙以帕，笄如今朵子之類，所以綴冠者。執事者一人執之。陪位者及擯，亦止於婦女內擇之。擯立於中門內。將笄者雙紒襦，襦，今之襖子。主婦迎賓於中門內，布席於房外，南面。如庶子之冠席。賓祝而加冠及笄，贊者爲之施首飾。賓揖，笄者適房，改服背子。既笄，所拜見者，惟父及諸母、諸姑、兄、姊而已。笄祝，用冠者始加巾祝。字辭去「髦士攸宜」一句。餘皆如男子冠禮。

堂室房户圖人家堂室房户不能一一如此，當以帷幕夾截爲之。

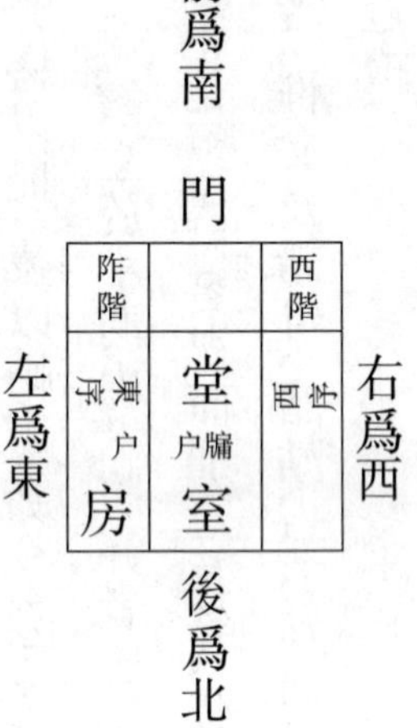

深衣制度名曰深衣者，古之男子衣裳上下各異，惟深衣相連。

深衣之制，用細布，古者深衣用十五升布，鍛濯灰治。八十縷爲升，十五升者以一千二百縷爲經也。鍛濯，謂打洗；灰治，以灰治之，使和熟也。今人織布不復知有升數，衣布者亦不復練，但用布之細密耎熟者可也。短無見膚，長無被土，續衽鉤邊。鄭曰：「續猶屬也。衽，在裳旁者也，屬連之，不殊裳前後也。鉤讀如『烏喙必鉤』之『鉤』，鉤邊若今曲裾也。」孔曰：「衽，謂深衣之裳，以下闊上狹，謂之爲衽。接此衽而鉤其旁邊，即今之朝服有曲裾而在旁者，此是也。衽當旁者，凡深衣之裳十二幅，皆寬頭在下，狹頭在上，似小要之衽，是前後左右皆有衽也。今云『衽當旁』者，謂所續之衽當身之一旁，非所謂餘衽悉當旁也。云『屬連之，不殊裳前後也』，若其喪服裳，前三幅，後四幅，各自爲之，不相連也。今深衣裳，一旁則連之相着，一旁則有曲裾掩之，與相連無異，故云『屬連之，不殊裳前後也』。云『鉤讀如鳥喙必鉤』者，案《援神契》云『象鼻必卷，長鳥喙必鉤』，鄭據此讀之也。云『若今曲裾也』者，鄭以後漢之時，裳有曲裾，故以續衽鉤邊似漢時曲裾。今時朱衣朝服，後漢明帝所爲，則鄭云『今曲裾』者，是今朝服之曲裾也。其深衣之衽，已於《玉藻》釋之，故今不復言也。」案：《漢書》江充衣「紗縠襌衣，曲裾後垂交輸」，如淳曰：「交輸，割正幅，使一頭狹若燕尾，垂之兩旁，見於後。是《禮·深衣》『續衽鉤邊』，賈逵謂之『衣圭』。」蘇林曰：「交輸，如今新婦袍上袿全幅繒角割，名曰交輸裁也。」《釋名》曰：「婦人上曰袿，其下垂者，上廣下狹，如刀圭也。」然則別有鉤邊，不在裳十二幅之數，亦斜割使一端闊，一端狹，以闊者在上，狹者在下，交映垂之，如燕尾。有鉤曲裁其旁邊，綴於裳之右旁，以掩不相連之處。襌音丹。袿音圭。袪尺二寸，袪，袖口也。凡尺寸皆當用周尺度之，周尺一尺，當今省尺五寸五分弱。衣要三袪，謂衣衿下垂，與裳接者，袪尺二寸，圍之爲二尺四寸，三之爲七尺二寸。假取布一幅，二尺二寸，則每幅除裁縫各二寸外，有尺八寸，四幅合七尺二寸。此尺寸皆據中人言之，人有長短肥瘦，臨時取稱，故縫紩於袪，袷純之外皆不言尺寸，但以膚上要齊肘爲准也。袷音劫。純，之允反。齊音咨。縫齊倍要。鄭曰：「縫，紩也。紩下齊倍要，中齊丈四尺四寸。」孔曰：「齊謂裳之下畔，要謂裳之上畔。言縫下畔之廣倍於要中之廣也。」案：縫者以箴紩衣，今俗所謂「綃祜」是也。綃，七遥反。祜，奴叶反。袼之高下，可以運肘，鄭以肘不能出入，袼，衣袂當掖之縫也。孔曰：「袼謂當臂之處。袂中高下宜稍寬大，可以運動其肘，袂二尺二寸，是云運肘也。」❶案：鄭云「袼當掖縫」，而孔云「當臂之處」，失其義也。蓋爲掖下稍寬，容肘出入耳。袼音各。袂之長短，反詘之，及肘。鄭曰：「袂屬幅於衣，屈而至肘，當臂中爲節，臂上下各尺二寸，則袂肘以前尺二寸。」孔曰：「袂長二尺二寸，并緣寸半，爲二尺三寸半，除去其縫之所殺各一寸，餘有二尺一寸半在。從肩至手二尺四寸，今二尺二寸半之袂得反屈及肘者，以袂屬於衣幅，衣幅闊二尺二寸，身脊至肩但尺一寸也，從肩覆臂又尺一寸，是衣幅之畔覆臂將盡，今屬於衿又二尺一寸半，故反屈其袂，得及於肘也。」按：袂即今之所謂袖也，鄭云「屬幅於衣」，謂裨於身旁，未必皆盡一幅二尺二寸也。云「臂上下各尺二寸」者，亦據中人爲率爾，如孔所言，拘泥太甚。況從肩至袂口三尺二寸半，則反屈之過肘矣。經以臂短長、布幅闊狹皆無常准，故但云「屈之及肘」，謂袖之短長適與手齊，則反屈及肩，自然及肘矣。裳有十二幅，交解裁縫。《深衣》曰：「制十有二幅，以應十二月。」鄭曰：「裳六幅，分之爲上下之殺。」孔曰：「每幅交解爲二，是十二幅也。」此謂二分其幅，狹處占狹處，闊處占闊處，占二交解邪裁，顛倒縫之，使狹處皆在上，闊處皆在下。假使布幅二尺二寸，除裁縫外有一尺八寸，則狹處六寸，闊處一尺二寸是也。其人肥大，則幅隨而闊，瘦細則幅隨而狹，要須十二幅下倍於上，不必拘以尺寸。交領袂微圓，鄭曰：「謂胡下也。」案：牛領下垂者謂之胡，胡下，謂從袖口至掖下，裁令其勢圓如牛胡也。方。《深衣》曰：「曲袷如矩，以應方。」鄭曰：「袷，交領也。古者方領，如今小兒衣領。」孔曰：「鄭以漢時領

❶「云」，宋本作「容」。按：《深衣》孔疏原文正作「容」。

皆向下交垂，故云『古者方領』，似今擁咽，故云『如今小兒衣領』，但方折之也。」如孔所言，似三代以前人，反如今時服上領衣，但方裁之耳。案：上領衣出出朝服，須用結紐乃可服，不知古人果如此不也？鄭注《周禮》：「枚，狀如箸，横銜之，繣繫於項。」顔師古注《漢書》：「繣者，結礙也。潔，繞也。蓋爲結紐而繞項也。」然則古亦有結紐也。繣音獲，潔音頡。漢時小兒衣領既不可見，而《後漢・馬援傳》朱勃「衣方領，能矩步」，注引《前書音義》曰：「頸下施衿，領正方，學者之服也。」如此，似於頸下别施一衿，映所交領，使之方正。今朝服有方心曲領，以白羅爲之，方二寸許，綴於圓領之上，以帶於項後結之，或者袷之遺像歟？又今小兒疊方幅繫於頷下，謂之涎衣，亦與鄭説頗相符，然事當闕疑，未敢決從也。《後漢・儒林傳》曰：「服方領、習矩步者，委它乎其中。」❶注：「方領，直領也。」《春秋傳》叔向曰：「衣有襘。」杜曰：「襘，領會也，二外反。」《曲禮》曰：「視不上於袷。」鄭曰：「袷，交領也。」然則領之交會處自方，即謂袷，疑更無他物。今且從之，以就簡易，故以如此論之。

《深衣》又曰：「負繩及踝以應直。」鄭曰：「繩，謂裻與後幅相當之縫也。踝，跟也。」孔曰：「衣之背縫及裳之背縫，上下相當，如繩之正，故曰負繩，非謂實負繩也。」案：衣之背縫謂之裻，裻音篤。踝，胡瓦反。跟音根。又曰：「齊如權衡以應平。」鄭曰：「齊，緝也。」緣用黑繒，古者具父母、大父母，衣純以繢；具父母，衣純以青；三十以下無父者，純以素。繢，繣文也。今用黑繒，以從簡易。緣廣寸半。謂緣

❶「它」，宋本作「地」，《後漢書》作「它」。

袖口及衣裳之邊，裳之下，表裏共用三寸。袷廣二寸。謂緣領表裏共用四寸。玄冠。❶玄冠亦名委貌，如今道士冠，而漆之。道士所著，本中國之士服不變改者。其冠與《三禮圖》玄冠頗相髣髴，故取之。幅巾用黑繒，方幅，裂緝其邊。後漢名士多以幅巾爲雅。大帶用白繒，古者天子素帶朱裏，諸侯及大夫素帶，士練帶，居士錦帶，弟子縞帶。案：《説文》：「素，白緻繒也。縞，繒也。」今不能辨此二者之異，於今的爲何物，故但用白繒，乃從簡易。廣四寸，裌縫之，黑繒飾其紳。紳謂帶之垂者。古者，天子、諸侯帶終裨，大夫裨垂，士下裨，裨謂以繒采飾其側。人君終竟帶身，在要及垂，皆裨以朱緑；大夫裨其紐及末以玄黄；士裨其末以緇而已。今既無以分大夫士，與其僭上，寧爲偪下，故但以黑繒飾其紳之側。紐約用組，廣三寸，長與紳齊。紐，謂帶交結之處，但今之五采絛也，以組約結其紐，所期以爲固也。垂其餘組，齊於紳。黑履白緣，複下曰舃，禪下曰履。《周禮》舃履用五色，近世惟有赤、黑二舃，赤貴而黑賤。今用黑履白緣，亦從其下者。夏用繒，冬用皮。古者夏葛屨，冬皮屨。今無以葛爲屨者，故從衆。

❶「玄」，原作「元」，乃避清聖祖之諱。宋本缺末筆，則是避趙氏先祖趙玄朗之諱。以下逕改，不另出校。

司馬氏書儀卷第三

婚儀上

男子年十六至三十，女子十四至二十，古禮男三十而娶，女二十而嫁，按《家語》孔子十九娶於宋之亓官氏，一歲而生伯魚，伯魚年五十，先孔子卒。然則古人之娶，未必皆三十也。禮蓋言其極至者，謂男不過三十，女不過二十耳，過此則爲失時矣。今令文凡男年十五，女年十三以上，並聽婚嫁，蓋以世俗早婚之弊不可猝革，又或孤弱無人可依，故順人情立此制，使不罹於刑耳。若欲參古今之道，酌禮令之中，順天地之理，合人情之宜，則若此之説，當矣。身及主婚者無期以上喪，皆可成婚。《士昏禮》請期之辭「惟是三族之不虞」，❶三族謂父、已、子之昆弟，是期服皆不可以婚也。《雜記》曰「大功之末可以嫁子」，然則大功未葬，亦不可以主婚也。今依律文，以從簡易。必先使媒氏往來通言，俟女氏許之，然後遣使者

❶「士昏禮」，宋本作「婚禮」。

納采。❶使者，擇家之子弟爲之。凡議婚姻，當先察其壻與婦之性行及家法何如，勿苟慕其富貴。壻苟賢矣，今雖貧賤，安知異時不富貴乎？苟爲不肖，今雖富盛，安知異時不貧賤乎？孔子謂南容「邦有道，不廢；邦無道，免於刑戮」，「以其兄之子妻之」，彼行能必有過人者，故邦有道不廢也；寡言而慎事，故邦無道免於刑戮也。擇壻之道，莫善於是矣。婦者，家之所由盛衰也。苟慕一時之富貴而娶之，彼挾其富貴，鮮有不輕其夫而傲其舅姑，養成驕妬之性，異日爲患，庸有極乎？借使因婦財以致富，依婦勢以取貴，苟有丈夫之志氣者能無愧乎？又世俗好於襁褓童幼之時，輕許爲婚，亦有指腹爲婚者。及其既長，或不肖無賴，或身有惡疾，或家貧凍餒，或喪服相仍，或從宦遠方，遂至弃信負約、速獄致訟者多矣。是以先祖太尉嘗曰：「吾之男女，必俟既長，然後議婚，婚既通書，不數月必成婚。」故終身無此悔，乃子孫所當法也。

納　采納其采擇之禮。

前一日，主人謂壻之祖父若父也。如無，則以即日男家長爲之。女家主人准此。以香、酒、脯、醢無脯、醢者，止用食一二味可也。先告於影堂。主人北向立，焚香酹酒，俛伏興立。祝懷辭，祝，以家之子弟爲之，後准此。辭，爲寫祝文於紙。由主人之左進，東向，搢笏出辭，跪讀之，曰：「某壻

❶「采」，原作「綵」，宋本同，據諸本改。按：此與宋本或作「綵」，或作「采」，歧出互見，不相統一。今行逕改，後倣此，不另出校。

父名。之子某壻名。敢告。」祝興，主人再拜出，撤，闔影堂門，乃命使者如女氏。《士昏禮》無先告廟之文，而六禮皆行之於禰廟。《春秋傳》鄭忽先配而後祖，陳鍼子曰：「是不爲夫婦，誣其祖矣。」楚公子圍娶於鄭，曰：「圍布几筵，告於莊、共之廟而來。」然則古之婚姻皆先告於祖禰也。夫婚姻，家之大事，其義不可不告。女家主人亦告於祖禰曰：「某之女某，將嫁於某氏。」如壻父之儀。

其日，日出，婚禮自請期以上，皆用昕，日出時也。使者盛服執生鴈，左首，飾以繢，用鴈爲贄者，取其順陰陽往來之義。若無生鴈，則刻木爲之。飾以繢，謂以生色繒交絡縛之。止於女氏之門外。門者入告，女家主人盛服出迎，揖讓入門，揖讓升堂。主人立阼階上，西向。賓立西階上稍北，東向。《士昏禮》「賓升西階，當阿，東面」，注云：「阿，棟也。入堂深，示親親。」今之室堂必不合禮，故稍北而已。賓曰：「吾子有惠，貺室某壻名。也。某壻父名。有先人之禮，使某使者名。請納采。」主人對曰：「某女父名。之子妹、姪、孫，惟其所當。惷愚，又弗能教，吾子命之，某不敢辭。」《儀禮》先使擯往來傳命，別有致命之辭。今從簡。北向再拜，此敬壻父之命，非拜賓也。賓避席立，不答拜。奉使，不敢與尊長抗禮。主人、賓皆進，就兩楹間並立，南向。賓授鴈，主人受之，以授執事者。乃交授書，書者，別書納采、問名之辭於紙後，繫年月日、婚主官位、姓名止，賓主各懷之。既授鴈，因交相授書。壻家書藏女家，女家書藏壻家，以代今之世俗行書。納於懷，退各以授執事者。賓降出門，東向立。

問名

主人降階立，俟於門内之東，西向，使擯者出請事。擯者，主人擇子弟爲之。賓曰：「請問名。」擯者入告，主人出延賓。賓執鴈，復入門，與主人揖讓升堂，復前位。賓曰：「某使者名。既受命，將加諸卜。敢問女爲誰氏？」對曰：「吾子有命，且以備數而擇之。某不敢辭。女子第幾。」賓授鴈，交授書，降出。主人立於門内，如初。擯者出延賓，曰：「請醴從者。」對曰：「某既得將事矣，敢辭。」主人曰：「敢固以請。」賓曰：「某辭不得命，敢不從？」遂入，與主人揖讓拜起，使者舊拜主人，於此方叙私禮。飲酒三行，或設食而退，如常儀。

納

吉歸卜得吉兆。復使使者往告，婚姻之事於是定。計納采之前已卜矣，於此告女家，以成六禮也。

納吉，用鴈。賓曰：「吾子有貺，命某壻父名。加諸卜。占曰『吉』，使某使者名。也敢告。」主人對曰：「某女父名。之子不教，惟恐弗堪。子有吉，我與在，某女父名。不敢辭。」餘如納采禮。

納幣

《士昏禮》「納徵玄纁、束帛、儷皮，❶如納吉禮」，注：「徵，成也。使者納幣以成婚禮。用玄纁者，象陰陽備也。束帛，十端。儷，兩也。執束帛以致命，兩皮爲庭實。皮，鹿皮。」

納幣，用雜色繒，五匹爲束，纁既染爲玄纁，則不堪他用。且恐貧家不能辦，故但雜色繒五匹，卷其兩端，合爲一束而已。兩鹿皮。使者執束帛，執事者二人執皮，反之，令文在內，左手執前兩足，右手執後兩足，隨賓入門，及庭三分之一而止，北向，西上。賓與主人揖讓升堂。賓曰：「吾子有嘉命，貺室某使者名。也，請納幣。」主人對曰：「吾子順先典，貺某女父名。重禮，某不敢辭，敢不承命？」於賓之致命也，執皮者釋外足，復之，令文在外。於主人之受幣也，主人之執事者二人自東來，出於執皮者之後，受皮於執皮者之左，逆從東出，餘如納吉禮。

❶「士昏禮」，原作「士婚禮」，二者往往歧出互見。據《儀禮》，統作《士昏禮》。「徵」，缺末筆，乃避仁宗趙禎之諱。今皆逕改，下倣此，不另出校。

請期

夫家卜得吉日，使使者往告之。

請期，用鴈。賓曰：「吾子有賜命，某壻父名。❶既申受命矣，使某使者名。也請吉日。」主人曰：「某既前受命矣，惟命是聽。」賓曰：「某壻父名。命某使者名。聽命於吾子。」主人曰：「某固惟命是聽。」賓曰：「某使某受命，吾子不許，某敢不告期？」曰「某日」，主人曰：「某敢不謹須？」餘如納幣禮。

親迎

前期一日，女氏使人張陳其壻之室。俗謂之「鋪房」。古雖無之，然今世俗所用，不可廢也。牀榻、薦席、椅卓之類，壻家當具之；氊褥、帳幔、衾綯之類，女家當具之。所張陳者，但氊褥、帳幔、帷幕之類應用之物，其衣服襪履等不用者，皆鎖之篋笥。世俗盡陳之，欲矜誇富多，此乃婢妾小人之態，不足爲也。《文中子》曰：「昏娶而論財，❷夷虜之道也。」夫婚姻者，所以合二姓之好，上以事宗廟，下以繼後世也。今世俗之貪鄙者，將娶婦，先問資裝之厚薄；將嫁女，先問聘財之多少。至於立契約，云某物若干，某物若干，以

---

❶「父」，原誤作「夫」，今依文意及下文改。

❷「娶」，宋本無。

求售某女者，亦有既嫁而復欺紿負約者，是乃駔儈鬻奴賣婢之法，豈得謂之士大夫婚姻哉？其舅姑既被欺紿，則殘虐其婦，以攄其忿，由是愛其女者，務厚資裝，以悦其舅姑，殊不知彼貪鄙之人不可盈厭，資裝既竭，則安用汝力哉？於是質其女以責貨於女氏，貨有盡而責無窮，故婚姻之家往往終爲仇讎矣。是以世俗生男則喜，生女則戚，至有不舉其女者，因此故也。然則議婚姻有及於財者，皆勿與爲婚姻可也。綯音陶。駔，祖朗切。儈，工外切。

及期，壻具盛饌，古者用牢而食，必殺牲。《開元禮》一品以下用少牢，六品以下用特牲，恐非貧家所便，故止具盛饌而已。設盥盆二於阼階東南，皆有二盥盆，中央有勺。設倚卓各二於室中，東西相向，各置盃、匕、箸、蔬菓於卓子上，罩之。《士昏禮》「媵布席於奥，❶夫入於室，❷即席。婦尊西南面」，既設饌，「御布對席」。今室堂之制異於古，故但東西向而已。古者命士以上父子皆異宫，故各有堂、室、奥、阼。今則不然，子舍隘狹，或東西北向皆不可知。今假設南向之室而言之，左爲東，右爲西，前爲南，後爲北。酒壺在東席之後，墉下置合巹一注於其南卓子上，巹，以匏剖而爲二，音謹。又設酒壺於室外，亦一注有盃，此所以飲從者也。室外隘，則於側近别室置之。其盃數，爲時量人之多少也。又設酒壺、盃注於堂上。

初婚，壻盛服。世俗新壻盛戴花勝，擁蔽其首，殊失丈夫之容體。必不得已，且隨俗戴花一兩枝、勝

---

❶「媵」，宋本作「成」。

❷「夫」下，原有空格，宋本有「人」字，四庫本有「婦」字，學津本逕接下文。按：《士昏禮》作「夫入於室」。

一兩枚，可也。主人亦盛服，坐於堂之東序，西向。設壻席於其西北，南向。壻升自西階，立於席西，南向。贊者兩家各擇親戚婦人習於禮者爲之。凡壻及婦行禮，皆贊者相導之。取盃斟酒，執之，詣壻席前，北向立。壻再拜，升席，南向受盃，跪祭酒。興，就席末坐，啐酒。興，降，西授贊者盃，又再拜。此所謂醮也。進詣父座前，東向跪。父命之曰：「往迎爾相，承我宗事。勉率以謹，若則有常。」祖父在，則祖父命之也。子曰：「諾！惟恐弗堪，不敢忘命。」俛伏，興，再拜出。

乘馬至於女氏之門外，下馬俟於次。女家必先設壻次於外。女家亦設酒壺、盃注於堂上。於壻之將至，女盛飾，姆相其禮，姆音茂，以乳母或老女僕爲之。奉女立於室户外，南向。姆在其右，從者在後。父坐於東序，西向；母坐於西序，東向。祖父母在，則祖父母醮而命之。設婦席於母之東北，南向。贊者醮以酒，如壻父醮子之儀。姆導女出於母左，父少進，命之曰：「戒之謹之，夙夜無違爾舅姑之命。」母送女至於西階上，爲之整冠斂帔，命之曰：「勉之謹之，夙夜無違爾閨門之禮。」諸母、姑嫂、姊送於中門之内，爲之整裙衫，申以父母之命，曰：「謹聽爾父母之言，夙夜無愆。」

父既醮女，即先出，迎壻於門外，揖讓以入。壻執鴈以從，至於廳事，主人升自阼階，立，西向。壻升自西階，北向跪，置鴈於地，主人侍者受之，壻俛伏，興，再拜，主人不答拜。

姆奉女出於中門，壻揖之，降自西階以出，婦從後，主人不降送。

壻至婦氈車後之右，舉簾以俟。姆辭曰：「未教，不足與爲禮也。」《士昏禮》「壻御婦車，授綏，姆辭不受」，注：「壻御者，親而下之。綏，所以引升車者。僕人之禮，必授人綏。」今車無綏，故舉簾以代之。壻乃自車右，由車前過，立於左轅側。姆奉婦登車，下簾。壻右執策，左撫轅，行，驅車輪三周，止車以俟。今婦人幸有氈車可乘，而世俗重檐子，輕氈車，借使親迎時暫乘氈車，庸何傷哉？然人亦有性不能乘車，乘之即嘔吐者，如此，則自乘檐子。其御輪三周之禮，更無所施，姆亦無所用矣。

壻乘馬在前，婦車在後，亦以二燭前導。男率女，女從男，夫婦剛柔之義，自此始也。壻先至廳事，婦下車揖之，遂導以入，婦從之。執事先設香、酒、脯、醢於影堂，無脯、醢，量具殽羞一兩味。舅姑盛服立於影堂之上，舅在東，姑在西，相向。贊者導壻與婦，至於階下，北向，東上。無階，則立於影堂前。主人進，北向立，焚香，跪酹酒，俛伏，興，立。祝懷辭，由主人之左進，東面，搢笏，出辭，跪讀之，曰：「某壻名。以令月吉日，迎婦某婦姓。婚，事見祖禰。」祝懷辭，出笏，興，主人再拜，退復位。壻與婦拜，如常儀，出，撤，闔影堂門。古無此禮，今謂之拜先靈，亦不可廢也。

贊者導，壻揖婦而先，婦從之，適其室。壻立於南盥之西，婦立於北盥之西，皆東向。婦從者沃壻盥於南，壻從者沃婦盥於北。從者，各以其家之女僕爲之。前准此。帨巾畢，揖而行，升自西階。《士昏禮》「及寢門，揖入，升自西階，媵御沃盥交」，注：「媵，送也，謂女從者也。御音訝，御迎也，謂壻從者也。媵沃壻盥於南洗，御沃婦盥於北洗。夫婦始接，情有廉恥，媵御交導其志。」按洗在阼階東南，既升階，不云降階，何由復至洗所？故今先盥而升階。婦從者布席於閫，向東方，壻從者布席於西方。壻、婦踰閾，壻立於東席，婦立於西席，婦拜，壻答拜。古者婦人與丈夫爲禮則俠拜，鄉里舊俗，男女相拜，女子先一拜，男子拜，女一拜，女子又一拜，蓋由男子以再拜爲禮，女子以四拜爲禮故也。古無壻、婦交拜之儀，今世俗始相見交拜，拜致恭，亦事理之宜，不可廢也。俠音夾。壻揖婦就坐，壻東，婦西。古者同牢之禮，壻在西，東面；婦在東，西面。蓋古人尚右，故壻在西，尊之也。今人既尚左，且須從俗。壻從者徹冪置饌，壻、婦皆先祭後食。食畢，壻從者啓壺，入酒於注，斟酒。壻揖婦，祭酒舉飲，置酒舉殽。殽者，乃今之下酒也。又斟酒，舉飲不祭，無殽。又取卺，分置壻婦之前，斟酒，舉飲不祭，無殽。壻出就他室，姆與婦留室中。

乃徹饌，置室外，設席，壻從者餕婦之餘，婦從者餕壻之餘。

壻復入室，脱服，婦從者受之；婦脱服，壻從者受之。燭出。古詩云「結髮爲夫婦」，言自稺齒始結髮以來即爲夫婦，猶李廣云「廣結髮與匈奴戰也」。今世俗有結髮之儀，此尤可笑。

於壻、婦之適其室也，主人以酒饌禮男賓於外廳，主婦以酒饌禮女賓於中堂，如常儀。古禮，明日舅姑乃享送者，今從俗。不用樂。《曾子問》曰：「取婦之家三日不舉樂，思嗣親也。」今俗婚禮用樂，殊爲非禮。

司馬氏書儀卷第四

婚儀　下

婦見舅姑

婦明日夙興，盛服飾，俟見舅姑。執事者設盥盆於堂阼階下，帨架在北。兄弟姊妹立於盆東，如冠禮。男女異列，男在西，女在南，皆北上。

平明，舅姑坐於堂上，東西相向，各置卓子於前。贊者見婦於舅姑，婦北向拜舅於堂下，古者拜於堂上。今恭也，可從衆。執笲，古笲制度，漢世已不能知。今但取小箱，以帛衣之，皂表緋裏，以代笲，可也。實以棗栗，升自西階，進至舅前，北向奠於卓子上。舅撫之，侍者徹去。婦降，又拜舅，畢。乃拜姑，别受笲，實以腶脩，腶脩，今之暴脯是也。升，進至姑前，北向，奠於卓子上。姑舉之以授侍者，婦降，又拜。執事者設席於姑之北，南向。設酒壺及注、盃、卓子於堂上，婦升，立於席西，南面。贊者醴婦，如父母醮女之儀。婦降西階，就兄弟姊妹之前，其長屬應受拜者，少進，立，婦乃拜之，無贄。拜畢，長屬退，長屬雖多，共爲一列受拜，以從簡易。幼屬應相拜者，今世俗小郎、小姑皆相拜。少進，相拜畢，退，無贄。若有尊屬，則婦往拜於其室；有卑屬，則來拜於婦室。

婦退，休於其室。至食時，行盥饋之禮，婦家具盛饌、酒壺。《士昏禮》「婦盥，饋特豚，合升，側載」，注：「側載者，右胖載之舅俎，左胖載之姑俎。」今恐貧者不便殺特，故但具盛饌而已。婦從者設蔬果、卓子於堂上舅姑之前，設盥盆於阼階東南，帨架在東。婦盥於阼階下，執饌自西階升，凡子婦升降，皆應自西階，惟冢婦受享畢，降自阼階。薦於舅姑，侍立於姑之後。饌有繼至者，侍者傳致於西階，不盡一級，婦往受之，薦於舅姑。侍者徹餘饌，置於旁側別室。舅姑、侍者各置一卓子上，食畢，婦降拜舅，升，洗盃斟酒，置舅卓子上。降，俟舅舉酒飲畢，又拜。遂獻姑，姑受而飲之，餘如獻舅之儀。婦升，徹飯，侍者徹其餘，皆置別室。婦就餕姑之饌畢，婦從者餕舅之餘，壻從者餕婦之餘。舅姑共饗婦於堂上，設席，如朝來禮婦之位。婦升，立於席西，南向。贊者取盃斟酒，授婦，皆如朝來禮婦之儀。舅姑先降自西階，婦降自阼階。此謂冢婦也。餘婦則舅姑不降，婦降自西階。古者庶婦不饋，然饋主供養，雖庶婦不可闕也。若舅姑已没，則古有三月廟見之禮。今已拜先靈，更不行。若舅姑止一人，則舅坐於東序，姑坐於西序，席婦於姑坐之北。

壻見婦之父母

明日，壻往見婦之父母，皆有幣。婦父迎送揖讓，皆如客禮。拜，即跪而扶之。入見婦母，婦母闔門左扉，立於門内，壻拜於門外。次見妻黨諸親，拜起皆如俗儀，而無幣。見諸婦女，如見婦母之禮。婦家設酒饌壻，如常儀。親迎之夕，不當見婦母及諸親，亦不當行私禮、設酒饌，以婦未見舅姑故也。

居家雜儀

凡爲家長，必謹守禮法，以御群子弟及家衆。分之以職，謂使之掌倉廩、廄庫、庖廚之類。授之以事，謂朝夕所幹及非常之事。而責其成功。制財用之節，量入以爲出，稱家之有無，以給上下之衣食，及吉凶之費，皆有品節，而莫不均壹。裁省冗費，禁止奢華，常須稍存贏餘，以備不虞。

凡諸卑幼，事毋大小，❶毋得專行，必咨稟於家長。《易》曰：「家人有嚴君焉，❷父母之謂也。」

---

❶ 「毋」，四庫本作「無」。

❷ 「人」，宋本無。按：《周易·家人》作「家人有嚴君」。

安有嚴君在上，而其下敢直行自恣，不顧者乎？雖非父母，當時爲家長者，亦當咨禀而行之，則號令出於一人，家政始可得而治矣。

凡爲子婦者，毋得畜私財。俸禄及田宅所入，盡歸之父母、舅姑，當用則請而用之，不敢私假，不敢私與。《内則》曰：「子婦無私貨，無私畜，無私器。不敢私假，不敢私與。婦，或賜之飲食、衣服、布帛、佩帨、茝蘭，則受而獻諸舅姑。舅姑受之，則喜，如新受賜。若反賜之，則辭。不得命，如更受賜，藏之以待乏。」鄭康成曰：「待舅姑之乏也。不得命者，不見許也。」又曰：「婦若有私親兄弟，將與之，則必復請其故賜，而後與之。」夫人子之身，父母之身也。身且不敢自有，況敢有私財乎？若父子異財，互相假借，則是有子富而父母貧者，父母飢而子飽者，賈誼所謂「借父耰鉏，慮有德色；母取箕箒，立而誶語」，不孝不義，孰大於此？茝，昌改切。耰音憂。誶音碎。

凡父母有過，下氣怡色，柔聲以諫。諫若不入，起敬起孝。説則復諫，不説，與其得罪於鄉黨、州閭，寧熟諫？父母怒不説，而撻之流血，不敢疾怨，起敬起孝。

凡爲人子弟者，不敢以貴富加於父兄宗族。加，謂恃其貴富，不率卑幼之禮。

凡爲人子者，出必告，反必面。有賓客，不敢坐於正廳，無書院，則坐於廳之旁側。升降不敢由東階，上下馬不敢當廳。凡事不敢自擬於其父。

凡父母、舅姑有疾，子婦無故不離側，親調嘗藥餌而供之。父母有疾，子色不滿容，不戲笑，不宴遊。捨置餘事，專以迎醫、《顔氏家訓》曰：「父母有疾，子拜醫以求藥。」蓋以醫者親之存亡所繫，豈可傲忽也？檢方、合藥爲務。疾已復初。

凡子事父母，父母所愛，亦當愛之；所敬，亦當敬之。至於犬馬盡然，而況於人乎？

凡子事父母，樂其心，不違其志，樂其耳目，安其寢處，以其飲食奉養之。幼事長，賤事貴，皆倣此也。

凡子婦未敬未孝，不可遽有憎疾。姑教之，若不可教，然後怒之。若不可怒，然後笞之。屢笞而終不改，子放婦出，然亦不明言其犯禮也。子甚宜其妻，父母不悦，出。子不宜其妻，父母曰「是善事我」，❶子行夫婦之禮焉，没身不衰。

凡爲宫室，必辨内外。深宫固門，内外不共。井不共浴，堂不共厠。男治外事，女治内事。男子晝無故不處私室，婦人無故不窺中門。有故出中門，必擁蔽其面。如蓋頭、面帽之類。男子夜行以燭。男僕非有繕修，及有大故，大故，謂水火盜賊之類。亦必以袖遮其面。女僕無故不出中門，蓋小婢亦然。有故出中門，亦必擁蔽其面。鈴下蒼頭，但主通内外之言，傳致内外之物，毋得輒升堂室、入庖廚。

凡卑幼坐而尊長過之，則起。出遇尊長於塗，則下馬。不見尊長，經再宿以上，則再

---

❶ 「曰」，宋本作「悦」。

拜；五宿以上，則四拜。賀冬至、正旦，六拜；朔、望，四拜。凡拜數，或尊長臨時減而止之，則從尊長之命。吾家同居宗族衆多，冬、正、朔、望，宗族聚於堂上，此假設南面之堂，若宅舍異制，臨時從宜。丈夫處左，西上；婦人處右，東上，左右，謂家長之左右。皆北向，共爲一列，各以長幼爲序，婦以夫之長幼爲序，不以身之長幼。共拜家長，畢，長兄立於門之左，長姊立於門之右，皆南向。諸弟妹以次拜訖，各就列。丈夫西上，婦人東上，共受卑幼拜，以宗族多，若人人致拜，則不勝煩勞，故同列共受之。受拜訖，先退。後輩立受拜於門東西，如前輩之儀。若卑幼自遠方至，見尊長，遇尊長三人以上同處者，先共再拜，叙寒暄、問起居訖，又三再拜而止。晨夜唱喏、萬福、安置。若尊長三人以上同處，亦三而止，皆所以避煩也。

凡受女壻及外甥拜，立而扶；扶謂搊策。外孫，則立而受之可也。

凡節序及非時家宴，上壽於家長，卑幼盛服序立，如朔望之儀。先再拜，子弟之最長者一人進，立於家長之前，幼者一人搢笏，執酒盞，立於其左，一人搢笏，執酒注，立於其右。長者搢笏，跪斟酒，祝曰：「伏願某官備膺五福，保族宜家。」授幼者盞、注，返其故處。長者出笏，俛伏，興，退，與卑幼皆再拜。家長命諸卑幼坐，皆再拜而坐。家長命侍者偏酢諸卑幼，諸卑幼皆起，叙立如前，俱再拜，就坐。飲訖，家長命易服，皆退，易便服，還復就坐。

凡子始生，若爲之求乳母，必擇良家婦人稍温謹者。乳母不良，非惟敗亂家法，兼令所飼之子性行亦類之。子能食，飼之，教以右手；子能言，教之自名，及唱喏、萬福、安置。稍有知，則教之以恭敬尊長。有不識尊卑長幼者，則嚴訶禁之。古有胎教，況於已生？子始生未有知，固舉以禮，況於已有知？孔子曰：「幼成若天性，習慣如自然。」《顏氏家訓》曰：「教婦初來，教子嬰孩。」故慎在其始，此其理也。若夫子之幼也，使之不知尊卑長幼之禮，每致侮詈父母，毆擊兄姊，父母不加訶禁，反笑而獎之。彼既未辨好惡，謂禮當然，及其既長，習已成性，乃怒而禁之，不可復制。於是，父疾其子，子怨其父，殘忍悖逆，無所不至。此蓋父母無深識遠慮，不能防微杜漸，溺於小慈，養成其惡故也。

六歲，教之數謂一、十、百、千、萬。與方名，謂東西南北。男子始習書字，女子始習女工之小者。七歲，男女不同席，不共食，始誦《孝經》、《論語》，雖女子亦宜誦之。自七歲以下，謂之孺子，早寢晏起，食無時。八歲，出入門户，及即席飲食，必後長者，始教之以謙讓，男子誦《尚書》，女子不出中門。九歲，男子讀《春秋》及諸史，始爲之講解，使曉義理，女子亦爲之講解《論語》、《孝經》及《列女傳》、《女戒》之類，略曉大意。古之賢女，無不觀圖史以自鑒，如曹大家之徒，皆精通經術，論議明正。今人或教女子以作歌詩，執俗樂，殊非所宜也。十歲，男子出就外傅，居宿於外，讀《詩》、《禮》、《傳》，爲之講解，使知仁、義、禮、智、信。自是以往，可以讀《孟》、《荀》、《揚子》，博觀群書。凡所讀書，必擇其精要者而誦之。如《禮記·學記》《大學》《中庸》《樂記》之類。他書倣此。其異端非聖賢之書傳，宜禁之，勿使妄觀，以惑亂其志。觀書皆通，始可學文辭。女子則教以婉娩聽從，婉娩，柔順貌。娩音晚。及女工之大者。女工謂蠶桑、織績、裁縫及爲飲膳，不惟正是婦人之職，兼欲使之知衣食所來之艱難，不敢恣爲奢麗。至於纂組華巧之物，亦不必習也。

未冠笄者，質明而起，總角靧音悔，洗面也。面，以見尊長。佐長者供養祭祀，則佐執酒食。若既冠、笄，則皆責以成人之禮，不得復言童幼矣。

凡内外僕妾，鷄初鳴，咸起，櫛總，盥漱，衣服。男僕灑掃廳事及庭，鈴下蒼頭灑掃中庭，女僕灑掃堂室，設倚卓，陳盥漱櫛靧之具。主父、主母既起，則拂牀襞衾，襞音壁，疊衣也。侍立左右，以備使令。退而具飲食，得間則浣濯紉縫，先公後私。及夜，則復拂牀展衾。當晝，内外僕妾惟主人之命各從其事，以供百役。凡女僕，同輩謂兄弟所使。謂長者爲姊，後輩謂諸子舍所使。謂前輩爲姨，《内則》「雖婢妾，衣服、飲食必後長者」，鄭康成曰：「人貴賤不可以無禮，故使之序長幼。」務相雍睦。其有鬬争者，主父、主母聞之，即訶禁之。訶禁之不止，即杖之。理曲者杖多；一止、一不止，獨杖不止者。凡男僕，有忠信可任者，重其禄；能幹家事，次之；其專務欺詐、背公徇私、屢爲盗竊、弄權犯上者，逐之。凡女僕，年滿不願留者，縱之；勤舊少過者，資而嫁之；其兩面二舌、構虚造讒、離間骨肉者，逐之；屢爲盗竊者，逐之；放蕩不謹者，逐之；有離叛之志者，逐之。

司馬氏書儀卷第五

喪儀一

初終病甚附。

疾病，謂疾甚時也。遷居正寢。內外安静，以俟氣絶。諠譁奔走，固病者所惡也。悲哀哭泣，傷病者心；叫呼憾悴，尤爲不可。使病者驚怛摇頓而死，皆未免爲不終天年。故不若安恬静默，以待其氣息自盡爲最善也。男子不絶於婦人之手，婦人不絶於男子之手。《春秋》書「公薨於路寢，禮之正也」，《士喪禮》「死於適室」，注：「正寢之室也。」曾子且死，猶易簀，曰：「吾得正而斃焉，斯可矣。」近世孫宣公臨薨，遷於外寢。蓋君子慎終，不得不爾也。凡男子疾病，婦人侍疾者，雖至親，當處數步之外。婦人疾病，男子亦然。此所謂能以禮自終也。既絶，諸子啼，兄弟、親戚侍者皆哭，各盡哀，止哭。《開元禮》於此下即言「男女易服布素」及坐哭之位。按：《喪大記》：「惟哭先復，復然後行死事。」復者，返也，孝子之心猶冀其復生也。又布素之服，非始死所有，今並繫之「復」後。

復立喪主、護喪等附。

侍者一人，以死者之上服，按《雜記》、《喪大記》復衣，諸侯以衮，夫人以揄狄，内子以鞠衣。今從《開元禮》，上服者，有官則公服，無官則襴衫或衫，婦人以大袖或背子，皆常經衣者。左執領，右執腰，就寢庭之南，北面，招以衣，呼曰：「某人復！」《喪大記》曰：「凡復者，男子稱名，婦人稱字。」今但稱官封，或依常時所稱，可也。凡三呼，畢，卷衣入，覆於尸上。復者，招魂復魄也。《檀弓》曰：「復，盡愛之道，有禱祠之心焉。望反諸幽，求諸鬼神之道也。北面，求諸幽之義也。」《士喪禮》：「復者一人，以爵弁服簪裳於衣，左何之，扱領於帶，升自前東榮。中屋北面，招以衣，曰：『皋！某復！』三，降衣於前，受用篋，升自阼階，以衣尸。復者降自後西榮。」簪，連也。皋，長聲也。降衣，下之也。受者，受之於庭也。衣尸者，復之若得魂返之也。降，因徹西北扉。《開元禮》亦倣此。今升屋而號，慮其驚衆，故但就寢庭之南面而已。然後行死事，立喪主、凡主人，當以長子爲之，無長子，則長孫承重。《奔喪》曰：「凡喪，父在，父爲主。」注：「與賓客爲禮，宜使尊者。」又曰：「父没，兄弟同居，各主其喪。」注：「各爲妻子之喪爲主也。」又曰：「親同，長者主之。」鄭康成曰：「昆弟之喪，宗子主之。」又曰：「不同，親者主之。」注：「從父昆弟之喪也。」《雜記》曰：「姑姊妹，其夫死而夫黨無兄弟，使夫之族人主喪，妻之黨雖親弗主。夫若無族矣，則前後家，東西家。無有，則里尹主之。」伯高死於衛，赴於孔子。孔子曰：「夫由賜也見我，哭諸賜氏。」遂命子貢爲之主，曰：「爲爾哭也，來者拜之。」《喪大記》曰：「喪有無後，無無主。若子孫有喪，而祖父主之。子孫執喪，祖父拜賓。」主婦、孔穎達《檀弓》「啜主人主婦」，《正義》曰：「主人，亡者之子；主婦，亡者之妻。」若亡者無妻，及母之喪，則以主人之妻爲主婦。護喪、以家長或子孫能幹事知禮者一人爲之，凡喪事皆稟焉。若主人未成服，不出，則代主人受弔、拜賓，及受賻襚。古禮，初喪，主人常在尸側，惟君命出。出而遇賓，則拜。司書、以子弟或吏人能書札者爲之，掌糾書疏之事。司貨。以子弟或吏僕可委信者爲之，掌糾貨賄之事。置曆以謹其出入，親賓有賻襚，則書於別曆收之，以待喪用。其衣服不以襲斂。

易服

既復，妻、子婦、妾皆去冠及上服，上服謂衫帶、背子之類。被髮。男子扱上衽，謂插衣前襟之帶。徒跣，婦人不徒跣。男子爲人後者爲本生父母及女子已嫁者，皆不被髮、徒跣，但去冠及上服。凡齊衰以下内外有服親，及在喪側給事者，皆釋去華盛之服，謂錦繡緋紅、金玉珠翠之類。著素淡之衣。《問喪》「親始死，笄纚，徒跣，扱上衽」，注：「親始死，去冠。二日，先去笄纚，括髮也。上衽，深衣之裳前。」《開元禮》：「初終，男子易以白布衣，被髮，徒跣。婦人易以青縑衣，被髮，不徒跣。爲人後者爲本生父母，素冠，不徒跣。女子已嫁者，髽。齊衰以下，丈夫素冠，婦人去首飾，内外皆素服。」按：笄纚，今人平日所不服，被髮，尤哀毀無容，故從《開元禮》。然白布、青縑衣、素冠、素服，皆非始死所能辦，故但釋去華盛之服。本應三年喪者，則去冠及上服；期喪以下，士大夫帽子、皂衫，青黄勒帛；庶人不改常服。禮，男子括髮，婦人多髽，故於始死時，期喪以下，但去首飾，易華盛之服而已。世俗多忌諱，或爲父則被左髮，母則被右髮，舅則被後左，姑則被後右，皆非禮，宜全被之。

訃　告訃音赴。

護喪、司書，爲之發書，訃告於親戚及僚友。《檀弓》曰「父兄命赴者」，然則主人不自赴也。若無護喪及司書，則主人自赴親戚，不赴僚友。劉岳《書儀》「卒哭，然方發外人書疏」，❶蓋以哀痛方深，未暇與人通問故也。然問候、慶賀之書，居喪誠不當發。必若有事不獲已，須至有聞於人者，雖未卒哭，豈可以不發也？

沐浴　飯含　襲始死之奠、哭泣附。

將沐浴，則以帷障卧内。侍者設牀於尸所卧牀前，縱置之，施簀席、簟枕，不施氈褥。古者疾病廢牀，人生在地，去牀，庶其生氣反也。將沐浴，則復遷尸於牀矣。故《喪大記》曰：「始死，遷尸於牀，幠用斂衾。去死衣。」或遇暑月，則君設大槃，大夫設夷槃，實以冰。士無冰，則併瓦槃，實以水，置於牀下以寒尸。今人既死，乃卧尸於地，訛也。古者沐浴及飯含，皆在牖下，今室堂與古異制，故於所卧牀前置

❶ 「方」，宋本同，四庫本、學津本作「後」。

之，以從宜也。古者沐浴設牀，袒簀。袒簀者，去席，蓋水便也。❶今藉以簟，不設氈褥，亦於沐浴便去。❷

遷尸於牀上，南首，覆之以衾。《禮運》曰「死者北首」，謂葬時也。自沐浴至殯，古亦南首，惟朝廟北首。

侍者掘坎於屏處潔地，《士喪禮》「甸人掘坎於階間，少西」，今以孝子之心不忍朝夕見親爪髮及沐浴之具，故掘坎於屏處。

陳襲衣裳於堂前東北，藉以席，西領南上。幅巾一，古者死人不冠，但以帛裹其首，謂之掩。《士喪禮》「掩，練帛，廣終幅，長五尺，析其末」，注：「掩，裹首也。析其末，爲將結於頤下，又還結於項中。」蓋以襲斂主於保護肌體，貴於柔軟緊實，冠則磊塊難安，況今幞頭以鐵爲脚，長三尺，而帽用漆紗爲之，上有虛簷，置於棺中，何由安怗？莫若襲以常服，上加幅巾、深衣、大帶及屨，既合於古，又便於事。幅巾，所以代掩也，其制如今之煖帽。深衣、帶、屨自有制度，若無深衣、帶、屨，止用衫勒帛鞋亦得。其幞頭、公服、腰帶、靴、笏，俟葬時置於棺上，可也。充耳二，用白纊，以綿爲之，如棗核大，用塞耳中。幎目一，用帛，方尺二寸，所以覆面者也。握手用帛，長尺二寸，廣五寸。所以裹手者也。深衣，大帶，屨，若襚衣有餘，則繼陳而不用。謂親戚以衣服來襚者。繼陳於襲衣之下，而不用以襲也。多陳之爲榮，少納之爲貴。

又陳飯含、沐浴之具於堂前西壁下，南上。錢三，實於小箱，《檀弓》曰：古者「飯用米貝，弗忍虛也」，飯用貝，今用錢，猶古用貝也。古禮，諸侯飯七貝，大夫五，士三。大夫以上仍有

---

❶「蓋」，宋本、四庫本同，學津本作「盉」。

❷「去」，宋本同，四庫本無，學津本作「云」。

珠玉，錢多既不足貴，又口所不容，珠玉則更爲盜賊之招，故但用三錢而已。米二升，實於盌。古者，諸侯飯用粱，大夫用稷，士用稻。今但用鄉土所生、平日所食之米，可也。古升小，故用四升，今升大，故用二升。沐巾一，浴巾二，設於笄，浴巾二，上下體各異也。櫛置於卓子上。

侍者汲新水，淅米令精，復實於盌。侍者以沐浴湯入，主人以下皆出，立於帷外，北面。以其裸裎，子孫不可在側故也。侍者沐髮，櫛之，晞之以巾，撮爲髻，舉衾而浴，亦爲其裸裎，故舉衾以障之。拭之以二巾，翦爪如平時。其沐浴餘水及巾櫛，皆棄於坎，遂築而實之。侍者別設襲牀，施薦席、氈褥、枕如平時。先置大帶、深衣、袍、襖、汗衫、袴、襪、勒帛、裹肚之類於其上，遂舉以入，置浴牀之西。遷尸於其上，悉去病時衣及復衣，易以新衣，但未著幅巾、深衣、屨。移置堂中間，鄭注《喪大記》曰：「正尸，謂遷尸於牖下，南首也。」今室堂既異於古，故置堂中間，取其容男女夾牀哭位也。卑幼，則各於其室中間。自餘應在堂者，並倣此。執事者置脯、醢、酒於卓。曾子問：「始死之奠，其餘閣也歟？」注：「不容改新也。」古人常畜脯醢，故始死未暇别具饌，但用脯醢而已。今人或無脯醢，但中見有食物一兩種并酒可也。凡奠，除酒器之外，盡用素器，不用金銀稜裹之物，以生人有哀素之心故也。升自阼階，祝盥手洗盞，斟酒，奠於尸東，當腢，巾之。腢，肩頭也。《士喪禮》：「復者降，楔齒，綴足，即奠脯醢、醴酒於尸東。」鄭注：「鬼神無象，設奠以馮依之。」《開元禮》：「五品以上，如士喪禮，六品以下，含而後奠。」今不以官品高下。沐浴正尸，然後設奠，於事爲宜。奠，謂斟酒奉至卓上，而不酹也。主人虞祭，然後親奠酹。巾者，以辟塵、蠅。凡無兩階者，止以階之東偏爲阼階，西偏爲西階。祝，選親戚爲之。

主人坐於牀東奠北，衆男應服三年者，坐其下，皆西向，南上，藉以稾。同姓男子應服期者，坐其後。大功以下，又以次坐其後，皆西向，南上。尊行坐於北壁下，南向，西上，藉以席薦。各以服重輕、昭穆長幼爲叙。主婦及衆婦女坐於牀西，藉以稾。同姓女子應服期以下，坐於其後。尊行坐於牀東北壁下，❶南向，東上，藉以席薦。亦各以服重輕、昭穆長幼爲叙，如男子之儀。妾婢立於婦女之後。婦以夫之長幼爲叙，不以身之長幼。異姓之親，丈夫坐於帷外之東，北向，西上；此非沐浴之帷，謂設帷於堂裏，所以别内外者也。婦人坐於帷内之西，北向，東上，皆藉以席。有服者在前，無服者在後，各以尊卑長幼爲叙。若内喪，謂婦人之喪。則同姓丈夫尊卑坐於帷外之東，北向，西上；異姓丈夫坐於帷外之西，北向，東上。《士喪禮》：「主人入坐於牀東，衆主人在其後，西面；婦人俠牀，東面。」鄭注：「衆主人，庶昆弟也。婦人，謂妻妾子姓也。亦嫡妻在前。」又曰：「親者在室。」注：「謂大功以上父、兄、姑、姊、子、姪在此者。」又曰：「衆婦人户外北面，衆兄弟堂下北面。」注：「衆婦人、衆兄弟，小功以下。」《喪大記》曰：「既正尸，子坐於東方，卿大夫父兄子姓立於東方，有司庶士哭於堂下，北面。夫人坐於西方，内命婦姑姊妹子姓立於西方，外命婦率外宗

❶「東」，宋本、學津本同，四庫本作「西」。

哭於堂上，北面。」注：「世婦爲内命婦，卿大夫之妻爲外命婦。外宗，姑姊妹之女。」又曰：「大夫之喪，有命夫、命婦，則坐；無，則皆立。士之喪，皆坐。」《開元禮》：「主人坐於牀東，衆主人在其後，兄弟之子以下又在其後，俱西面，南上。妻坐於牀西，妾及女子在妻之後，兄弟之女以下又在其後，俱東面，南上，藉稾坐。内外之際，南北隔以行帷。祖父以下，於帷東北壁下，南面，西上；祖母以下，於帷西北壁下，南面，東上，皆舒席坐。外姻，丈夫於户外之東，北面，西上；婦人於主婦西，南面，東上，皆舒席坐。若内喪，則尊行丈夫、外親丈夫席，位於前堂，若户外之左右，皆南面。宗親，❶户東西上；外親，户西東上。凡喪位，皆以服精粗爲序。」今堂室異制，難一一如古，但倣《開元禮》爲哭位。古者，諸侯、卿大夫於其宗族有君臣之義，故其臣不敢坐於君側。今但依士禮，婢妾之外皆坐哭。寒月老病之人，有不堪稾及單席者，三年之喪聽坐稾薦，期喪以下聽加白氈於席上，可也。或堂宇狹隘，五服不能各爲一列，則輕服次重服之下，絶席以別之。自既復之後，男女哭擗無數，古者哭有擗、踊。擗，拊心也。踊，躍也。《問喪》曰：「惻怛之心，痛疾之意，悲哀志懣氣盛，故袒而踊之，所以動體安心下氣也。婦人不宜袒，故發胷，擊心，爵踊，殷殷田田，如壞墻然，悲哀痛疾之至也。」注：「爵踊，踊不絶地也。」曾申問於曾子曰：「哭父母有常聲乎？」曰：「中路嬰兒失其母焉，何常聲之有？」至是始就位而哭，盡哀止。三年之喪，夜則寢於户旁，藉稾枕塊，羸病者藉以草薦可也。期喪以下，寢於側近，男女異室，外親歸其家可也。

❶「宗」，宋本作「衆」。

主人出，左袒，自面前扱於腰之右，盥手洗盞，執箱以入。侍者一人插匙於米盌，執以從，置於尸西。又一人執巾以從，徹枕，以巾覆面。恐飯之遺落米也。主人就尸東，由足而西，牀上坐，東面，舉巾，以匙抄米，實於尸口之右，并實一錢。又於左、於中，亦如之。主人襲，謂襲所袒之衣也。復位。侍者加幅巾、充耳，設幎目，納屨，乃襲：深衣，結大帶，設握手，覆以衾。

銘旌

銘旌，以絳帛爲之，廣終幅。三品以上，長九尺，五品以上八尺，六品以下七尺。書曰「某官某公之柩」，官卑，曰「某君某」。妻曰「某封邑某氏」。皆無官封，即隨其生時所稱。以竹爲杠，長準銘旌，置屋西階上。《士喪禮》：「爲銘，各以其物。亡，則以緇，長半幅。䞓末，長終幅，廣三寸。書銘於末，曰『某氏某之柩』。」注：「無旗，不命之士也。末爲飾也。」又曰：「竹杠，長三尺，置於宇西階上。」注：「杠，銘橦也。」《檀弓》曰：「銘，明旌也。以死者爲不可別已，故以其旗識之。」《開元禮》：「杠之長準其絳。王公以下，杠爲龍首，仍韜杠。」《喪葬令》銘旌長各有尺數。

魂帛影、齋僧附

魂帛，結白絹爲之。設椸於尸南，覆以帕，置倚卓其前，置魂帛於倚上。設香爐、杯、注、酒、果於卓子上，是爲靈座。倚銘旌於倚左。侍者朝夕設櫛頮奉養之具，皆如平生。俟葬畢有祠板，則埋魂帛潔地。《士喪禮》：「重木，刊鑿之，甸人置重於中庭，三分庭一在南。」注：「木也，縣物焉曰重。刊，斲治。鑿之，爲縣簪孔也。」又曰：「夏祝鬻餘飯，用二鬲於西墻下。」注：「鬻餘飯，以飯尸餘米爲粥也。」又曰：「冪用疏布，久之，繫用軨，縣於重。冪用葦席，北面，左衽，帶用軨賀之，結於後。」注：「久謂蓋塞鬲口也。軨，竹簝也。以席覆重，辟屈而反兩端，交於後。左衽，西端在上。賀，加也。」又曰：「祝取銘旌，置於重。」《檀弓》曰：「重，主道也。」注：「始死，未作主，以重主其神也。」《士喪禮》：「將葬，甸人抗重出自道，道左倚之。」《雜記》：「重，既虞而埋之。」注：「就所倚處埋之。」《開元禮》「重木」倣此。今國家亦用之，《喪葬令》：諸重，一品柱鬲六，❶五品以上四，六品已下亦然。❷士民之家，未嘗識也，皆用魂帛。魂帛亦主道也。禮，大夫無主者，束帛依神。今且從俗，貴其簡易。然世俗或用冠帽衣屐裝飾如人狀，此尤鄙俚，不可從也。又世俗皆畫影置於魂帛之後，男子生時有畫像，用之猶無所謂。至於婦人，生時深居閨闥，出則乘輜軿，擁蔽其面。既死，豈可使畫士直入深室，❸揭掩面之帛，執筆望相，畫其容貌？此殊爲非禮，勿可用也。又世俗信浮屠誑誘，於始死及七七日、百日、期年、再期、除喪飯僧，設道場，或作水陸大會，寫經

❶「柱」，《喪葬令》作「挂」。

❷「亦然」，《喪葬令》作「二」。

❸「士」，宋本、學津本同，四庫本作「工」。

造像，修建塔廟。云爲此者，滅彌天罪惡，必生天堂，受種種快樂；不爲者，必入地獄，剉燒舂磨，受無邊波吒之苦。殊不知人生含氣血，知痛癢，或翦爪鬀髮，從而燒斫之，已不知苦，況於死者形神相離，形則入於黄壤，腐朽消滅，與木石等；神則飄若風火，不知何之。假使剉燒舂磨，豈復知之？且浮屠所謂天堂地獄者，計亦以勸善而懲惡也。苟不以至公行之，雖鬼，可得而治乎？是以唐盧州刺史李丹與妹書曰：「天堂無則已，有則君子登；地獄無則已，有則小人入。」世人親死而禱浮屠，是不以其親爲君子，而爲積惡有罪之小人也，何待其親之不厚哉！就使其親實積惡有罪，豈賂浮屠所能免乎？此則中智所共知，而舉世滔滔而信奉之，何其易惑難曉也？甚者，至有傾家破産然後已。與其如此，曷若早賣田營墓而葬之乎？彼天堂地獄若果有之，當與天地俱生。自佛法未入中國之前，人死而復生者亦有之矣，何故無一人誤入地獄見閻羅等十王者耶？不學者固不足與言，讀書知古者亦可以少悟矣。

弔 酹 賻 襚

凡弔人者，必易去華盛之服，《喪大記》小斂奠，「弔者襲裘，加武，帶絰，與主人拾踊」。孔子羔裘玄冠，不以弔。子游弔人，襲裘帶絰而入。古者弔服有絰，唐人猶著白衫。今人無弔服，故但易去華盛之服，亦不當著公服。若入酹，則須具公服靴笏也。作名紙，右卷之，繫以綫，題其陰面，凡名紙，吉者左卷之，題陽面；凶者反卷之，陽面在左，陰面在右。曰「某郡姓名」。慰同州之人，則但云同郡，皆不著官職。先使人通之，主人未成服，則護喪爲之出見。賓曰：「竊聞某人薨没，尊官，則云「薨没」，或云「捐館」；卑官，則云「傾逝」。少年則云「夭没」。後書倣此。如何不淑！」因再拜。護喪答拜，曰：「孤某遭此凶禍，蒙慰問，若有賻襚，則并言之。以未成服，不敢出見。不勝哀感，使某拜。」又再拜。此爲子孫被髮徒跣者不出，其餘皆出。《喪大記》曰：「未小斂，大夫爲君命、士爲大夫出。」主人升降未敢由阼階，禮也。賓答拜。自餘如常儀。其所賻襚者，則先遣人以書致之，書儀在後。然後往弔。既弔而致之，亦可也。《詩》云：「凡民有喪，匍匐救之。」故古有含、襚、賵、賻之禮。珠玉曰含，衣衾曰襚，車馬曰賵，貨財曰賻，皆所以矜恤喪家，助其斂葬也。今人皆送紙錢贈作，諸爲物焚爲灰燼，何益喪家？不若復賻襚之禮。既不珠玉，則含禮可廢。又今人亦無以車馬助喪者，則賵禮亦不必存也。凡金帛錢穀之類，皆可謂之貨財。其多少之數則無常準，繫其家之貧富，親之遠近，情之厚薄，自片衣尺帛、百錢斗粟以上，皆可行之，勝於無也。孔子遇舊館人之喪，入而哭之哀，出，使子貢説驂而賻之，❶曰：「予惡夫涕之無從也。」蓋君子行禮，情與物必相副。苟弔哭雖哀而無賻襚以將之，亦君子所恥也。前漢王丹友人喪親，河南太守陳遵爲護喪事，賻助甚豐。丹乃懷縑一疋，陳之於主人前，曰：「如丹此縑，出自機杼。」遵聞而有慚色。然則物豐而誠不副，亦君子所不爲也。古《記》曰：「不以靡没禮，不以菲廢禮。」此之謂也。昔子碩欲以賻布之餘具祭器，子柳不可，曰：「君子不家於喪，請班諸兄弟之貧者。」然則爲人之子孫者，豈可幸其親之喪以利其家耶？彼爲祭器且不可，況實囊橐、增産業乎？故當使司貨別置曆收之。

---

❶「説」，學津本同，宋本作「乘」，四庫本作「脱」。

古者袒而讀賵，賓致命將行，主人之史又讀賵，所以存録之。今宜俟其人至，則司貨以曆示之，知其得達於主人也。其物專供喪用，有餘，則班諸戚之貧者。凡賻襚之物，執事者必先執之，北面白尸柩，《雜記》曰：「凡將命，鄉殯將命。」蓋含、襚、賵、賻，主爲死者故也。若已葬，則白於靈座。然後白主人，次白護喪，以授司貨，書於别曆，而藏以待喪用。其同族有服之親，賻襚之物不白主人，以通財故也。

若主人已成服，則衰絰杖哭而，❶禮，受弔不迎賓，而送之。賓進弔，主人曰：「某罪逆深重，禍延某親。蒙賜慰問，不勝哀感。」稽顙而後拜，稽顙，謂以頭觸地。若非三年之喪，則拜後稽顙。賓答拜。自非親戚，雖平日受拜，至是，須賓主相拜。主人置杖，坐兀子，不設坐褥，或設白褥。茶湯至，則不執托子。賓退，釋杖而送之。此皆俗禮，然亦表哀素之心，故從之。

其非三年之喪，未成服則小帽勒帛，既成服則服其服而出，辭云：「私門不幸，某親喪亡。蒙賜慰問，不勝哀感。」拜而後稽顙，餘皆如常儀。

凡弔人者必有感容，《曲禮》：「臨喪不笑，入臨不翔。」《檀弓》曰：「行弔之日，不飲酒、食肉。」孔子於是日哭，則不歌。又食於喪者之側，未嘗飽也。若在喪者談笑諧謔，豈弔人之道耶？若賓與亡者爲

❶「哭而」，宋本、四庫本同，學津本作「而哭」，似可從。

執友，則入酹。婦人非親戚，及與其子爲執友、嘗升堂拜母者，則不入酹。名紙既通，喪家於靈座前炷香，澆茶，斟酒，設席褥，家人皆哭。若主人未成服，則護喪出延賓，曰：「孤某須矣。」賓入，至靈前，哭盡哀。古禮，弔人無不哭者。世俗皆以無涕爲僞哭，故恥之，弔酹多不哭。人之性自有少涕淚者，不可必責於人。孔子弔於舊館而出涕，亦鮮矣。若知生而不知死，勿哭可也。若親戚朋友死，安可以不哭哉？乃焚香，再拜，跪酹茶、酒，俛伏，興，再拜。主人被髮徒跣，扱上衽，自梔左哭而出。賓東向弔，主人西向，稽顙再拜。秦穆公弔公子重耳，重耳稽顙不拜，以未爲後，是故不成拜。今人衆子皆拜，非禮也，然恐難頓改。賓答拜。主人興，進謝曰：「某罪逆深重，禍延某親。蒙賜沃酹，不勝哀感。」又再拜。賓答拜。賓主相向哭，盡哀。賓先止，寬釋主人，曰：「修短有命，痛毒奈何！望抑損孝思，俯從禮制。」主人官尊，則云「伏望」。揖而出，主人不送，哭而反。護喪爲之送賓。

若主人已成服，則自出受弔。畢，若賓請入酹，則主人命炷香，斟茶、酒於靈座前，家人皆哭。主人揖賓，遂導賓，哭而入，賓亦哭而入。至靈座前，主人立於賓東，北向立，哭。賓酹，如上儀。酹畢，主人西向謝賓，曰：「已辱臨弔，重煩沃酹，不勝哀感。」稽顙再拜。賓答拜，相向哭。寬釋如上儀。賓出，主人送至聽事，如常儀。

自有三年之喪，則不出弔人。爲其以人之親忘己之親故也。期喪，十一月以後可以出弔。

如有服而將往哭之，則服其服而往。謂有服之親死而往哭之，非弔也。服其服，謂服新死者之服也。事見《雜記》。《檀弓》曰：「有殯，聞遠兄弟之喪，雖緦必往；非兄弟，雖鄰不往。」若執友死，雖齊衰亦可以往哭，曾子之哭子張是也。凡弔及送喪葬者，必助其喪事，而勿擾也。助，謂問其所乏，分導營辦，貧者爲之執紼、負土之類。擾，謂受其飲食財貨。

小　斂

厥明，陳小斂衣於堂東北，下以席。凡斂葬者，孝子愛親之肌體，不欲使爲物所毁傷，故裹以衣衾，盛以棺槨，深藏之於地下。《檀弓》曰：「喪三日而殯，凡附於身者，必誠必信，勿之有悔焉耳矣。三月而葬，凡附於棺者，必誠必信，勿之有悔焉耳矣。」古者，死之明日小斂，又明日大斂，顛倒衣裳，使之正方，束以絞衾，韜以衾冒，皆所以保其肌體也。今世俗有襲而無大小斂，所闕多矣。然古者士襲衣三稱，大夫五稱，諸侯七稱，公九稱。小斂，尊卑通用十九稱。大斂，士三十稱，大夫五十稱，君百稱，此非貧者所辦也。今從簡易，襲用衣一稱，小、大斂，則據死者所有之衣，及親友所襚之衣，隨宜用之。若衣多，不必盡用也。夏后氏斂用昏，商人斂用日中，周人斂用日出。今事辦則斂，不拘何時。設卓子於阼階東，用置饌及盃、注於其上，冪之以巾。古者小斂之奠用牲，今人所難辦，但如待賓客之食品，味稍多於始死之奠，則可也。設盥盆二，帨巾各二於饌，其東有臺，祝所盥；其西無臺，執事者所盥。中各有架。別以卓子設潔滌盆、新拭巾於其東。所以洗盞、拭盞，自此至遣奠皆同。具括髮麻、免布及髽麻。古者，主人素冠環絰，視小斂。既而男子括髮，婦人髽，皆有首絰、腰絰。始死，去冠；二日，去笄纚，括髮。男子括髮以麻，婦人髽帶麻。髽者，去纚爲紒也。南宫縚之妻之姑之喪，夫子誨之髽，榛以爲笄，長尺，而總八寸。《喪服小記》惡笄終喪，今恐倉卒未能具冠絰，故於小斂訖，男子、婦人皆收髮爲髻，先用麻繩撮髻，又以布爲頭𦄼。斬衰者括髮，紐麻爲繩，齊衰以下至同五世祖者皆免，列布或縫絹，廣寸。婦人髽，亦紐麻爲繩，齊衰以下亦用布絹爲免，皆如幓頭之制，自項向前交於額上，卻遶髻，如著幓頭也。爲母雖齊衰，亦用麻。婦人惡笄，當用鑼釵，或竹木骨角爲簪。至於鐶釧之類用金銀者，居喪盡當去之。

設小斂牀，施薦席、氊褥於西階之西，執事者鋪絞、絞，以細布或綵爲之，一幅析爲三，鋪橫三於下，縱一於上。橫者足以周身相結，縱者上足以掩首，下足以掩足。古者折其末，使可結，然布强而闊，難結，不若於兩端各綴二絹帶，則緊急。複衾、小斂衣於牀，或顛或倒，取方而已。斂時平鋪其衣，不復穿袖。又去枕，舒絹或疊衣藉首，卷其兩端，夾首兩旁，以補肩上空虚之處。又卷衣以夾兩脛，然後以餘衣掩尸，裹之以衾，未掩其面。蓋孝子猶俟其復生，欲時見其面故也。及將大斂，則并掩首裹之，束之以絞，使其形正方，適足滿棺。鋪時，即依此次叙。上衣不倒。上衣，謂公服襴衫之類，故尊之。執事者舉牀，自西階升堂，設於中間襲牀之南，古者，小斂席於户内，設牀笫於兩楹之間。既斂，移於堂。今堂室之

制異於古，且從簡易，故小斂亦於中間。乃遷襲奠卓子。下闕。❶

棺

槨原本全文俱闕。

---

❶「下闕」至「上文闕」，宋本自「乃遷襲奠卓子」下徑接「即又揣其空缺之處」，無此十八字。按：孫校自此始，「大殮殯」下，手書「殘宋本三家冠婚喪祭禮此起」十二字，並於頁眉處補充闕文，録之如下：

厥明，古者，死之明日小斂，又明日大斂而殯。《問喪》曰：「或問：死三日而後斂者何也？曰：孝子親死，悲哀志懣，故匍匐而哭之，若將復生然，安可得奪而斂之也？故三日而後斂，以俟其生也；三日而不生，亦不生矣。家室之計，衣服之具，亦可以成矣；親戚之遠者，亦可以至矣。是故聖人爲之斷決，以三日爲之禮也。」今貧者喪具或未辦，或漆棺未乾，雖過三日，亦無傷也。世俗以陰陽拘忌擇日而斂，盛暑之際，至有汁出蟲流，豈不傷哉？**陳大斂衣衾於堂東壁，下以席。**大斂衣無常數，衾用有綿者。凡此儀言東西南北，皆據靈坐及影堂南向者言之。若影堂他向，則以左爲東，右爲西，前爲南，後爲北。**陳酒饌、卓子、盥帨於阼階東，如小斂之儀。乃遷靈坐及小斂奠於旁側，役者舉棺以入，置於小斂牀之西。**周人殯於西階之上，猶賓之也。父母而賓客之，所以爲哀也。今堂室異制，又堂或狹小，不能容哭者之位，故但殯於堂之中間少西而已。若卑幼之喪，則殯於別室。今世俗多殯於僧舍，無人守視，往往以年月未利，踰數十年不葬，或爲盜賊所發，或爲僧所棄，不孝之罪，孰大於此！**具泥墼於西階下，役者出。侍者先置衾於棺中，垂其裔於四外，乃與子孫、婦女俱盥手，共舉尸，納於棺中，實鬌爪齒牙於棺之四角中。**裔，衾四垂也。鬌，亂髮也，鬌爪，謂沐浴時所櫛翦。齒牙，謂先時落者。《喪大記》曰：「君大夫鬌爪，實於角中，士埋之。」

大斂　殯

原本上文闕。即又揣其空缺之處，卷衣塞之，務令充實不可摇動。慎勿以金玉珍玩置棺中，啓盗賊心。收衾，先掩足，次掩首，次掩左，次掩右，令棺中平滿。主人、主婦憑哭盡哀。婦人退，入幕下，❶然後召匠加蓋、下釘，徹小斂牀。役者累墼塗殯訖，祝取銘旌，設跗，立於殯東。跗，杠足也。其制如人衣架。復設靈座於故處。主人以下，皆復位如故。凡動尸、舉柩，主人以下哭、擗無筭。《曲禮》：「在牀曰尸，在棺曰柩。」若無護喪，則主人當輟哭，親視殯斂，務令安固，不可但哭而已。祝帥執事者盥手，舉新饌，自阼階升，置於靈座前。祝焚香洗盞，斟酒奠之。卑幼再拜哭，皆如小斂奠之儀。《士喪禮》：「卒塗，祝取銘，置於肂。主人復位，踊，襲。」注：「爲銘設柎，❷樹之肂東。」又曰：「乃奠，燭升自阼階，祝執巾席從，設於奥，東面。」注：「自是不復奠於尸室中，西南隅謂之奥。」《既夕·記》：「燕養、饋、羞、湯沐之饋，如生日。」注：「燕養，❸所用供養也。饋，朝夕食也。羞，四時之珍異。孝子不忍一日廢其事親之禮，於下室日設之，如生也。」又曰：「朔月若薦新，則不饋於下室。」

❶「入」下，孫校於右側加「立」。
❷「柎」，學津本同，宋本、四庫本作「跗」。孫校塗改作「跗」。
❸「養」下，孫校加「平常」二字。

注：「以殷奠有黍稷也。」《開元禮》：「三品以上將奠，執巾、几、席者，升自阼階，入設於室之西南隅，東面。贊者以饌升，入室，西面，設於席前。六品以下，設於靈座前席。殯於外者，施蓋訖，設大斂之奠於殯東。既殯，設靈座於下室西間，東向，施牀、几、案、屏幃、服飾，以時上膳羞及湯沐，皆如平生。下室者，謂燕寢，無下室，則設靈座於殯東。」按：古者，室中牖在西，户在東，故設神席於西南隅，東面，得其宜也。今士大夫家，既不可殯於聽事，則正室之外，別無燕寢。又朝夕之奠何嘗不用飯？而更設靈座於下室西間，東向，兩處饋奠，甚無謂也。又靈座若在殯，❶而奠於殯東，亦非禮也。今但設奠於靈座前，庶從簡易。主人以下，各歸其次，留婦人兩人守殯，共止代哭者。❷

❶「殯」下，孫校加「南」。

❷「共」，孫校塗改作「宫」。如此，屬上讀，成「守殯宫」。

司馬氏書儀卷第六

喪儀二

聞喪　奔喪

始聞親喪，以哭答使者，盡哀。問故，又哭，盡哀。《奔喪》禮注：「親，父母也。問故，問親喪所由也。雖非父母，聞喪而哭，其禮亦然。」裂布爲四脚，白布衫，繩帶麻屨，古者未成服者素委貌、深衣，恐非本所有，❶且非倉猝所辦，今從便。遂行。日行百里，不以夜行。《奔喪》注：「雖有哀感，猶辟害也。」雖或有親屬皆行，不能日行百里，道中亦不可滯留也。惟父母之喪，見星而行，見星而舍。道中哀至則哭，避市邑喧繁之處。《奔喪》曰：「哭避市朝。」注：「謂驚衆也。」❷今人奔喪及從柩行者，遇

❶「本」，孫校塗改作「今」。
❷「謂」，孫校塗改作「爲」。

城邑則哭，❶是有人則爲之，無人則不爲，飾詐之道也。望其州境哭，望其縣境哭，望其城哭，望其家哭。入門，升自西階，至殯前再拜，哭盡哀。乃就位，❷方去冠及上服，被髮，扱衽，徒跣，如始死之儀。詣殯東，西面坐，哭盡哀。其未小斂而至者，與在家同。乃就東方，袒括髮，又哭盡哀。丈夫婦人之待之也，皆如朝夕哭位，無變也。既哭，奔喪者復著布四脚布衫，拜諸尊長，及受諸卑幼拜，皆哭盡哀。明日、後日，朝夕哭，猶袒括髮。至家四日，乃成服而朝哭。有弔賓至，則出見之，❸可也。

若未得行，須應過三日以上者，則爲位不奠，《奔喪》曰：「聞喪，不得奔喪，乃爲位。」注：「謂以君命有事者。位，有鄰列之處，如其家朝夕哭位矣。」又注：「無君事，又無故，而以己私未奔者，父母之喪，則不爲位，其哭之，不離聞喪之處。齊衰以下，更爲位而哭，皆可行乃行。」又曰：「凡爲位不奠。」注：「以其精神不存乎是。」今仕宦他方者，始聞喪，比至治裝挈家而歸，鮮有不過三日者，安得不爲位而哭？既無鄰列，當置倚子一枚，以代尸柩，左右前後設哭位，皆如在尸柩之旁，而不設朝夕飲食之奠者，❹喪側無子孫，

❶「哭」下，孫校加「過則止」三字。

❷「位」下，孫校加「東」。

❸「出」，孫校塗改作「哭」。

❹「者」，孫校塗改作「若」。如此，便應屬下讀。

則此中設朝夕奠，如在喪側。道中亦設位，朝奠而行。既就館，至夕，設位而奠。鄭，子短切。被髮，扱衽，徒跣，皆如始死之儀。明日，斬衰者袒括髮，齊衰以下，袒免、代哭，皆如小斂之儀。聞喪後四日成服而朝哭，皆如在家之儀。道中及至家，惟不去冠及上服，被髮，扱衽，徒跣，袒括髮，其餘皆如未成服之儀。入門，至殯前，北面再拜，哭盡哀。拜諸尊長，又受諸卑幼拜，❶皆哭盡哀。弔賓至，即出見之。

若奔喪者不及殯，則先之墓。望墓而哭，至墓，北面哭盡哀，再拜。在家丈夫之待之也，即位於墓左，婦人墓右，皆哭盡哀。未成服者去布四脚及布衫，袒括髮於墓東南，即本位，又哭盡哀。復著布四脚衫，拜尊長及受卑幼拜，如上儀。遂歸至家，入門，去布四脚及布衫，袒括髮，至靈座前，北面哭盡哀，餘如未葬之儀。已成服者，不袒括髮，齊衰以下，聞喪則爲位而哭。古禮，聞父、母、妻之黨及師友知識之喪，哭皆有處。今寢廟異制，不能如古，但聞尊長之喪，則爲位於正堂；卑幼之喪，爲位於別室，❷而哭之。今人皆擇日舉哀，凡悲哀之至，在初聞其喪，聞喪則當哭之，何暇擇日？又舉哀、挂服皆於僧舍，蓋以《五服年月敕》不得於州縣公廳內舉哀，若不在州縣公

❶「又」，孫校塗改作「及」。按：當是依據上文文例類推。

❷「爲」字上側，孫校加「則」字。按：此據上句文例補字。

廨，❶何必就僧舍，不於本家？蓋由今人多忌諱故也。

若奔喪，則釋去華盛之服，裝辦即行，緩速惟所欲。既至，齊衰望鄉而哭，大功望門而哭，小功以下至門而哭。入門，始至殯前，北向哭盡哀，再拜。乃易所服之服，即本位，又哭盡哀。乃見諸尊長及卑幼，拜哭如主人儀。

若不奔喪，則齊衰始聞喪三日中，朝夕爲位會哭，四日之朝，成服，又爲位會哭。大功以下，始聞喪，爲位會哭，成服，又爲位會哭。自是每月朔爲位會哭，月數既滿，次月朔爲位會哭，遂除服。

其聞喪至各哭，固無常準。齊衰以上，自有喪以來親戚未常相見者，既除服而相見，不變服，各哭盡哀，然後叙拜。

飲　食

凡初喪，諸子三日不食；期、九月之喪，三不食；五月、三月之喪，再不食，或一不食。親戚鄰里必爲糜粥以飲食之，尊長勉之强之，亦可少食，足以充虚續氣而已。既斂，諸子食粥，

❶「若」，孫校塗改作「苟」。

妻妾及期、九月之喪，疏食水飲，不食菜果。五月、三月之喪，既葬，食肉飲酒，不與人樂之。

父母之喪，既虞、卒哭，疏食水飲，不食菜果。小祥，食菜果。大祥，食肉飲酒。期、九月之喪，既葬，食肉飲酒，不與人樂之。若有疾，雖父母之喪，食肉飲酒，疾止，復初。五十不極毀瘠，六十不毀瘠，七十唯衰麻在身，飲酒食肉，處於内。《喪服傳》斬衰「歠粥，朝一溢米，夕一溢米。既虞，疏食水飲。既練，始食菜果，飯素食」，注：「二十兩曰溢，爲米一升二十四分升之一。疏猶粗也。素猶故也，謂復平生時食也。」《間傳》：「斬衰三日不食，齊衰二日不食，大功三不食，小功、緦麻再不食，士與斂焉，則一不食。父母之喪，既殯，食粥；齊衰，疏食水飲，不食菜果；大功，不食醯醬；小功、緦麻，不飲醴酒。父母之喪，既虞、卒哭，疏食水飲，不食菜果；期而小祥，食菜果；又期而大祥，有醯醬；中月而禫，禫而飲醴酒。始飲酒者先飲醴酒，始食肉者先食乾肉。」注：「不忍發御厚味。」《喪大記》：「祥而食肉。期之喪三不食，既葬，食肉飲酒；九月之喪猶期之喪也，食肉飲酒，不與人樂之；五月、三月之喪，亦一不食、再不食可也，既葬，食肉飲酒，不與人樂之。叔母、世母，食肉飲酒。」今參取其中而用之。人食飲多少不同，食粥者取飽而已，不爲限量。凡居喪，雖以毀瘠爲貴，然亦須量力而行之。《孝經》：「三日而食，教民無以死傷生，毀不滅性。」此聖人之政也。滅性，謂毀極失志，變其常性也。《曲禮》曰：「居喪之禮，毀瘠不形，視聽不衰。」注：「謂其廢喪事，形謂骨見。」又曰：「有疾則飲酒食肉，疾止復初。不勝喪，乃比於不慈不孝。五十不致毀，六十不毀，七十唯衰麻在身，飲酒食肉，處於内。」注：「所以養衰老。」人五十始衰，曾子謂子思曰：「吾執親之喪也，水漿不入口者三日。」《問喪》曰：「親始死，水漿不入口三日，不舉火，故鄰里爲之糜粥以飲食之。」鄉里舊俗，親鄰有喪，以罌貯粥，就草土中哺之，謂之「殢孝粥」，此乃古禮之尚存者也。《雜記》曰：「喪食雖惡，必充飢。飢而廢事，非禮也；飽而忘哀，亦非禮也。視不明，聽不聰，行不正，不知哀，君子病之。」故强忍致疾，亦非聖人之所許也。人或體羸，不能三日不食者，量食粥可也。粥不能飽者，既殯食粗飯可也。疏食水飲不能飽者，既葬食菜茹醯醬可也。《喪大記》曰：「不能食粥，羹之以菜可也。」注：「謂性不能者，可食飯菜羹。」彼應食粥也，猶可食菜羹，況既葬應疏食者？至於餅餌，亦無傷，但勿食肉飲酒斯可矣。

古人居喪，無敢公然食肉飲酒者。漢昌邑王奔昭帝之喪，居道上，不素食，霍光數其罪而廢之。晉阮籍負才放誕，居喪無禮，何曾面質籍於文帝座，曰：「卿敗俗之人，不可長也。」因言於帝曰：「公方以孝治天下，而聽阮籍以重哀飲酒食肉於公座，宜擯四裔，無令汙染華夏。」宋廬陵王義真居武帝憂，使左右買魚肉珍羞，於齊内别立廚帳。會長史劉湛入，因命臑酒炙車螯，湛正色曰：「公當今不宜有此設。」義真曰：「旦甚寒，長史事同一家，望不爲異。」酒至，湛起，曰：「既不能以禮自處，又不能以禮處人。」隋煬帝爲太子，居文獻皇后喪，每朝令進二溢米，而私令外取肥肉脯鮓，置竹筒中，以蠟閉口，衣襆裹而納之。湖南楚王馬希聲葬其父武穆王之日，猶食雞臛。其官屬潘起譏之，曰：「昔阮籍居喪，食蒸肫，何代無賢？」然則五代之時，居喪食肉者人猶以爲異事，是流俗之弊其來甚近也。《雜記》曰：「有服，人召之食，不往。大功以下既葬適人，人食之，其黨也食之，非其黨弗食也。」《喪大記》曰：❶「大夫、父之友食之，則食之矣，不避粱肉。若有酒醴則

❶「喪大記曰」，宋本作「注往而見食之則食之」九字。

辭。」然則飲酒，尤不可也。今之士大夫居喪，食肉飲酒，無異平日，又相從宴集，靦然無愧，人亦恬不爲怪。禮俗之壞，習以爲常，悲夫！乃至鄙野之人，或初喪未斂，親賓則齎酒饌往勞之，主人亦自備酒饌相與飲啜，醉飽連日。及葬，亦如之。甚者，初喪作樂以娱尸，及殯葬則以樂導轜車，而號哭隨之。亦有乘喪即嫁娶者。噫！習俗之難變，愚夫之難曉，乃至此乎！凡居父母之喪者，大祥之前，皆未可食肉飲酒。若有疾，暫須食飲，疾止亦當復初。必若素食不能下咽，久而羸憊，恐成疾者，可以肉汁及脯醢，或肉少許，助其滋味，不可恣食珍羞盛饌及與人宴樂，是則雖被衰麻，其實不行喪也。唯五十以上氣血既衰，必資酒肉扶養者，則不必然耳。其居喪聽樂及嫁娶者，國有正法，此不復論。

喪次

中門之外，擇朴陋之室，以爲丈夫喪次。斬衰，寢苫枕塊，苫謂藁薦，塊謂墼。不脱經帶，不與人坐焉。非時見乎母也，不入中門。既虞，寢有席，枕木。二十七月除服而復寢。齊衰，寢有席。大功以下異居者，既殯，可以歸其家，猶居宿於外，三月而後復寢。

婦人次於中門之内别室，或居殯側。雖斬衰，不寢苫，但徹去帷帳衾褥之類華麗者，可也。

男子無故不入中門，婦人不得輒至男子喪次。《喪服傳》：「斬衰，居倚廬，寢苫枕塊，寢不脱經帶。既虞，翦屏柱楣，寢有席。既練，舍外寢。」注：「楣謂之梁柱，楣所謂梁闇也。舍外寢，於中門之外壘墼爲之，不塗塈，所謂堊室也。」《喪大記》曰：「父母之喪，居倚廬，不塗，寢苫枕塊，非喪事不言。君爲廬，宫之，大夫士襢之。」注：「宫謂圍障之也，襢謂不障。」「既葬，柱楣塗廬，不於顯者。君大夫士皆宫之。」注：「不於顯者，不塗見面。」「既練，居堊室，不與人居。既祥，黝堊。吉祭而復寢。齊衰期、大功九月者，皆三月不入寢。婦人不居廬，不寢苫；喪父母，既葬。❶父不次於子，兄不次於弟。」注：「謂不就其殯宫爲次而居。」《雜記》曰：「廬、堊室之中，不與人坐焉。非時見乎母也，不入門。」又曰：「童子不廬。」《問喪》曰：「成壙而歸，不敢入處室，哀親之在外也；寢苫枕塊，哀親之在土也。」《間傳》曰：「父母之喪，居倚廬，寢苫枕塊，不脱經帶。齊衰之喪，居堊室，芐翦不納。大功之喪，寢有席。小功、緦麻，牀可也。父母之喪，既虞卒哭，柱楣翦屏，芐翦不納；期而小祥，居堊室，寢有席；又期而大祥，居復寢；中月而禫，禫而牀。」注：「芐，今之蒲苹也。」《開元禮》：「五品以上喪，爲廬於殯堂東廊下，諸子各一廬。齊衰於廬南爲堊室，俱北户，大功於堊室之南張帷，小功、緦麻於大功之南設牀。婦人次於西房，若殯後，施牀殯堂。無房者，於别室。」楊垂《喪服圖》：「設倚廬於東廊下；無廊，於墻下。先以一木横於墻下，去墻五尺，卧於地爲楣，即立五椽於上，斜倚東墉，以草苫蓋之。其南北面亦以草屏之。向北開門。❷一孝一廬，門簾以縗布。廬南爲堊室，以墼壘三面，上至屋。如於墻下，則亦如偏屋，以瓦覆之，西向開門。其堊室及大功以下幕次，不必每人爲之，共處可也。」如此，則非富家大第不能備此禮，故但擇朴陋之室不丹艧黝堊者居之，斬衰居一室，齊衰居一室，可也。

❶「葬」下，《喪大記》有「而歸」二字。
❷「向北」，宋本作「北向」。

若大寒、大暑、雨濕、蚊蚋，其羸疾之人有不能堪者，聽施簟席、白氈布褥、白幬帳，可也。晉陳壽遭父喪，有疾，使婢丸藥。客往見之，鄉黨以爲貶議，坐是沈滯，坎軻終身。嫌疑之際，不可不慎。故男子無事不入中門，婦人不得輒至男子喪次也。芐，户嫁反。

五服制度

斬衰，用極麤生布爲之，不緝。衣縫向外，裳縫向内。裳前三幅，後四幅，每幅作三輒，音輒。皆屈兩邊相著，空其中。負版方一尺八寸，此尺寸皆用周尺。在背上，綴於領下，垂放之。辟領方四寸，置於負版兩旁，各攙負版一寸，亦綴於領下。衰長六寸，廣四寸，綴於前衿，當心。衣長過腰，足以掩裳上際。衽用布三尺五寸，留上一尺正方，不破，旁入六寸，乃向下邪裁之一尺五寸，去下畔，亦六寸，横斷之，留下一尺正方，以兩正方左右相沓，綴於衣兩旁，垂之向下，狀如燕尾，掩裳旁際。冠比衰布稍細，廣三寸，跨頂前後，以紙糊爲材，上裹以布，爲三輒，皆向右縱縫之，兩頭皆在武下，向外反屈之，縫於武。用麻繩一條，從額上約之，至頂後。交過前，各至耳，於武上綴之，各垂於頤下，結之。有子麻紐爲首絰，其大一扼，左本在下。五分去一以爲腰絰，兩股相交，兩頭結之，各存麻本，散垂三尺。其交結處，兩旁各綴細白絹帶，繫之，使不脱，又以細繩帶繫於其上。爲父截竹爲杖，高齊其心，本在下。著麄麻屨。

婦人亦用極麄生布爲大袖及長裙，布頭帬，惡竹髮，❶布蓋頭，麄麻屨。衆妾以背子代大袖。子爲母杖，上圓下方，亦本在下。布帶。婦爲姑亦緝其衣裳，無子麻爲經，餘皆如父與舅、餘親。

齊衰，以布稍麄者爲寬袖襴衫，稍細者爲布四脚，其制如幅巾，前綴二大脚，後綴二小脚，以覆髻，自額前向頂後，以大脚繫之，大暑則屈後小脚，於髻前繫之，謂之幞頭。布帶、麻屨。婦人以布稍細者爲背子及裙，露髻，生白絹爲頭帬、蓋頭，著白屨。

大功、小功、緦麻，皆用生白絹爲襴衫，繫黑鞓角帶。大功以生白絹爲四脚，婦人以生白絹爲背子及裙。❷大功露髻，以生白絹爲頭帬、蓋頭。小功、緦麻，勿著華采之服而已。

凡緝者，皆向外撚之。凡齊衰以下，皆當自制其服而往會喪。今人多忌諱，皆仰喪家爲之。喪家若貧，親戚異居者自制而服之，禮也。

三年之喪，既葬家居，非饋祭及見賓客，服白布襴衫，白布四脚，白布帶，麻屨，亦可也。

---

❶「竹髮」，孫校塗改作「笄髽」。

❷「婦人」，四庫本同，宋本作「小功」，學津本作「婦上」，「上」疑爲「人」之訛。

小祥則除首絰、負版及衰。大祥後，服皂布衫、垂脚黲紗幞頭、脂皮爐鐵或白布裹角帶。❶

若重喪未滿而遭輕喪，則制輕喪之服而哭之。月朔輒爲位，服而哭之。既畢，返重服。其除之也，亦服輕服。若除重喪而輕未除，則服輕服以終其餘日。《檀弓》曰：「與其不當物也，寧無衰。」注：「不當物，謂精麄、廣狹不應法制。」古者，五服皆用布，以升數爲別。每幅二尺二寸，其經以八十縷爲一升，同服之中，升數又有異者焉。故《間傳》曰：「斬衰三升，齊衰四升、五升、六升，大功七升、八升、九升，小功十升、十一升、十二升，緦麻十五升去其半。有事其縷，無事其布曰緦。」蓋當時有織此布以供喪用者。布之不論升數久矣。裴茝、劉岳《書儀》：「五服皆用布，衣裳上下異，制度略相同，但以精粗及無負版、衰爲異耳。」然則唐、五代之際，士大夫家喪服猶如古禮也。近世俗多忌諱，自非子爲父母、婦爲舅姑、妻爲夫、妾爲君之外，莫肯服布。有服之者，必爲尊長所不容，衆人所譏誚。此必不可强，此無如之何者也。今且於父母、舅姑、夫、君之服粗存古制度，庶幾有好禮者，猶能行之。《喪服傳》曰：「斬衰裳，苴絰、杖、絞帶，冠，繩纓，菅屨。」注：「麻在首、在腰，皆曰絰。首絰象緇布冠之闕項，❷腰絰象大帶。又有絞帶，象革帶。齊衰以下用布。」《傳》曰：「斬者何？不緝也。苴絰者，麻之有蕡者也。苴絰大搹，左本在下。去五分一以爲帶，齊衰之絰，斬衰之帶也；去五分一以爲帶，大功以下皆以是爲差。苴，竹也。削，桐也。杖各齊其心，

❶「黲」，宋本作「慘」，孫校旁加「幓」字。

❷「闕」，四庫本同，學津本作「缺」，宋本作「類」。

皆下本。杖者何？爵也。無爵而杖者何？擔主也。非主而杖者何？輔病也。童子何以不杖？不能病也。婦人何以不杖？亦不能病也。絞帶者，繩帶也。冠繩纓，條屬右縫。冠六升，外畢，鍜而勿灰。衰三升。菅屨者，菅菲也，外納。」注：「中人之扼圍九寸。擔猶假也。無爵者假之以杖，尊其爲主也。屬猶著也，通屈一條繩爲武，垂下爲纓，著之冠也。小功以下左縫。外畢者，冠前後屈，而出縫於武也。」又曰：「妻爲夫，妾爲君，女子子在室爲父，布總，箭笄，髽，衰，三年。」注：「此喪服之異於男子者，總，束髮。謂之總者，既束其本，又束其末。箭笄，篠竹也。髽，露紒也。但言衰不言裳，婦人不殊裳，衰如男子衰，下如深衣，衰無帶下，又無衽。」又曰：「凡衰外削幅，裳内削幅，幅三袧。」注：「削猶殺也。太古冠布衣布，先知爲上，外殺其幅，以便體也；後知爲下，内殺其幅，稍有飾。後世聖人易之，以此爲喪服。袧者，謂辟兩側、空中央也。凡裳前三幅。」又曰：「若齊，裳内衰外。」注：「齊，緝也。凡五服之衰，一斬四緝。緝裳者内展之，緝衰者外展之。」又曰：「負廣出於適寸。」注：「負，在背上者也。適，辟領也。負出於辟領也，負出於辟領外旁一寸。」又曰：「適博四寸，出於衰。」注：「辟領廣四寸，則與闊中八寸也，兩之爲尺六寸也。出於衰者，旁出衰外。」又曰：「衰長六寸，博四寸。」❶注：「廣袤當心也。前有衰，後有負版，左右有辟領，孝子哀戚無所不在。」又曰：「衣帶下尺。」注：「要也廣尺，足以掩裳上際也。」又曰：「衽二尺有五寸。」注：「衽所以掩裳際也，上正一尺，燕尾二尺五寸，凡用布三尺五寸。」世俗五服皆不緝，非也。禮惟斬衰不緝，餘衰皆緝。必外

---

❶ 「博」，宋本作「廣」。

向，所以别其吉服也。下俚之家，或不能備此衰裳之制，亦可隨俗，且作粗布寬袖襴衫，然冠、絰、帶不可闕也。古者婦人衣服相連，今不相連，故但隨俗作布大袖及裙而已。齊衰之服，其尊則高祖、曾祖父母、伯叔父母，親則衆子、兄弟、兄弟之子，而世俗皆服絹，是與緦麻無以異也。宋次道，今之練習禮俗者也。余嘗問以齊衰所宜服，次道曰：「當服布幞頭，布襴衫，布帶。」今從之。大功以下隨俗，且用絹爲之，但以四脚包頭帕額别其輕重而已。此子思所謂「有其禮，有其財，無其時，君子弗行」者也，以俟後賢，庶謂釐正之耳。古者既葬、練、祥、禫皆有受服，變而從輕。今世俗無受服，自成服至大祥，其衰無變，故於既葬别爲家居之服，是亦受服之意也。

父母之喪，不當出。若爲喪事及有故，不得已而出，則乘樸馬，布裹鞍轡。以代古惡車，婦人以布幕車檐。

五服年月略其詳見五服年月次。

斬 衰 三 年

子爲父。女在室同。嫡孫爲祖承重。謂當爲祖後者。父爲嫡長子。亦謂當爲後者。婦爲舅。其夫爲祖後者，妻亦從服。凡婦服夫黨，當喪而出，則除之。爲人後者爲所後父。爲父所後祖承重者，亦如之。妻爲夫。妾爲君。

齊衰三年

子爲母。嫡孫承重，祖卒爲祖母。母爲嫡長子。婦爲姑。其夫爲祖後者，妻亦從服祖姑。

齊衰杖期

子爲嫁母、出母，報。報，爲母服其子亦同。若爲父後，則無服。夫爲妻。

齊衰不杖期

爲祖父母。女出嫁者亦同。爲伯叔父母。爲兄弟。爲衆子。爲兄弟之子。爲嫡孫。亦謂當爲後者。爲姑姊妹、女在室。雖適人，無夫與子者亦同。爲人後者爲其父母，報。女適人者爲父母。《喪服小記》：未練而出，則三年；未練而反，則期；既練而反，則遂之。妾爲嫡妻。爲夫兄弟之子。舅姑爲嫡婦。

齊衰五月

爲曾祖父母。女出嫁者亦同。

齊衰三月

爲高祖父母。女出嫁者亦同。

大功九月此謂成人者也。凡子，年十九至十六爲長殤，十五至十二爲中殤，十一至八歲爲下殤。應服期者，長殤服大功九月，中殤服七月，下殤服小功五月。應服大功以下，各以次降等。不滿八歲，爲無服之殤，哭之易月。生未三月，則不哭也。男子已娶，女子許嫁，皆不爲殤。

爲從兄弟。爲庶孫。爲女、姑姊妹、兄弟之女適人者。女適人者爲伯叔父母、兄弟、姪。爲人後者爲其兄弟、姑姊妹。凡男爲人後、女適人者，爲其私親。大功以下，各降一等，准此。爲衆子婦。爲兄弟子之婦。爲夫之祖父母、伯叔父母、兄弟子之婦。

小功五月

爲從祖祖父母。祖之兄弟及妻。爲兄弟之孫。爲從祖父母。父之從父兄弟及妻。爲從兄弟之子。爲從父兄弟之子。爲從祖兄弟、姑姊妹。爲從祖祖姑。祖之姊妹。爲外祖父母。《服問》曰：「母出，則爲繼母之黨服，不爲其母之黨服。母死，則爲其母之黨服，不爲繼母之黨服。」爲舅。

爲從母。母之姊妹。爲甥。爲夫兄弟之孫。爲夫從父兄弟之子。爲夫之姑姊妹。在室、適人等。女爲兄弟、姪之妻。爲娣姒婦，報。爲同、異父兄弟姊妹。❶爲兄弟妻。爲夫之兄弟。

緦麻三月

爲三從兄弟。爲曾祖之兄弟姊妹服。爲祖之從父兄弟姊妹服。爲父之再從兄弟姊妹服。爲外孫。爲曾孫、玄孫。爲從母之子。爲姑之子。爲舅之子。爲曾祖兄弟之妻服。爲祖從父兄弟之妻服。爲父再從兄弟之妻服。爲庶孫之婦。爲庶母。父之妾有子者。爲乳母。爲壻。爲妻之父母。爲夫之曾祖、高祖父母。爲夫之從祖祖兄弟及妻服。爲夫之從兄弟之妻。爲從父兄弟子之婦。爲夫之外祖父母服。爲夫之從父兄弟子之婦。爲父之從父姊。❷在室、適人等。爲夫之舅及從母。爲姊妹子之婦。爲甥之婦。

❶「同」下，孫校加「母」。
❷「姊」下，孫校加「妹」。

成服

大斂之明日，《曲禮》曰：「生與來日，死與往日。」鄭曰：「與，數也。生數來日，謂成服、杖以死來日數也。死數往日，謂殯、斂以死日數也。」今人大斂即成服，是無袒、括髮也。五服之人各服其服，入就位，然後朝夕奠。

朝夕奠❶

自成服之後，朝夕設奠。朝奠日出，夕奠逮日，陰陽交接，庶幾通之。如平日朝餔之食，加酒果。事死如事生。月朔則設饌，❷古謂之殷奠，然亦不可盛於時祭之饋。遇麥禾黍稻熟薦新，亦如朔奠。皆褰帷幔，《雜記》曰：「朝夕哭，不帷。」注：「緣孝子心欲見殯肂也。既出，則施其扂，鬼神尚幽闇也。」肂，以二切。扂，克盍切。❸用素器。以主人有哀素之心也。執事者具新饌於阼階東，無阼階，則但在靈座東南，可也。主人以下各服其服，入就位。尊長坐哭，卑幼立哭。祝帥執事者盥手，

---

❶「朝」，原脱，目録不脱，孫校於「夕奠」上手書一「朝」字，今據孫校及目録補。
❷「饌」上，孫校加「盛」。
❸「克」，宋本作「功」。「盍」，宋本作空格。「克盍」，孫校塗改作「功闔」。

徹舊饌，置座西南，乃設新饌於靈座前，止哭。祝洗盞，斟酒奠之，復位。卑幼皆再拜，哭盡哀，歸次。夕奠將至，然後徹朝奠。朝奠之將至，❶然後徹夕奠，各用罩子。若天暑，恐臭敗，則設饌如食頃，去之，止留茶、酒、果，仍罩之。

❶「之」，孫校圈删。

司馬氏書儀卷第七

喪儀　三

卜宅兆葬日《開元禮》五品以上卜，六品以下筮。今若不曉卜筮，止用环珓，❶可也。若葬於祖塋，則更不卜筮。

既殯，以謀葬事。《檀弓》曰：「既殯，旬而布材與明器。」今但殯畢，則可以謀葬事。既擇地，得數處。《孝經》曰：「卜其宅兆而安措之。」謂卜地決其吉凶爾，非若今陰陽家相其山崗風水也。國子高曰「葬者，藏也」，又曰「死，則擇不食之地而葬我焉」，明無地不可葬也。古者天子七月，諸侯五月，大夫三月，士踰月而葬。蓋以會葬者遠近有差，不得不然也。然禮文多云「三月而葬」，蓋舉其中制而言之，今《五服年月敕》「王公已下，皆三月而葬」。按：《春秋》：「己丑，葬敬嬴，雨，不克葬。庚寅，日中而克葬。丁巳，葬定公，

❶「环」，宋本同，四庫本作「抔」，學津本作「杯」。

雨，不克葬。壬午，日下昃乃葬。」何嘗擇年月日時也？葬於北方，北首，何嘗擇地也？爲其禍福，❶與今不殊，世俗信葬師之説，既擇年月日時，又擇山水形勢，以爲子孫貧富、貴賤、賢愚、壽夭盡繫於此。又葬師所有之書，人人異同，此以爲吉，彼以爲凶，争論紛紜，無時可決。其尸柩，或寄僧寺，❷或委遠方，至有終身不葬，或累世不葬，或子孫衰替，忘失處所，遂棄捐不葬者。凡人所貴身後有子孫者，正爲收藏形骸耳。其子孫所爲乃如此，曷若初無子孫，死於道路，猶有仁者見而殣之邪？且彼陰陽家謂人所生年月日時足以定終身禄命，信如此所言，則人之禄命固已定於初生矣，豈因殯葬而可改邪？是二説者自相矛盾，而世俗兩信之，其愚惑可謂甚矣！使殯葬實能致人禍福，爲子孫者豈忍使其親臭腐暴露，不殯葬而自求其利耶？悖禮傷義，無過於此。然孝子之心，慮患深遠，恐淺則爲人所汩，深則濕潤速朽，故必擇土厚水深之地而葬之。所擇必數處者，以備卜之不吉故也。或曰：「世人久未葬者，非盡以陰陽拘忌之故，亦以家貧未能歸葬故也。」予應之曰：「子路曰：『傷哉貧也！生無以爲養，死無以爲禮也。』孔子曰：『啜菽飲水，盡其歡，斯之謂孝。斂手足形，還葬而無槨，稱其財，斯之謂禮。』注：『還猶疾也，謂不及其日月。』又子游問喪具，夫子曰：『稱家之有亡。』子游曰：『有亡惡乎齊？』夫子曰：『有亡過禮，苟亡矣，斂手足形，還葬懸棺而窆，人豈有非之者哉？』昔廉范千里負喪，郭原平自賣營墓，豈待豐富然後葬其親哉？」近世河中進士周孟家貧，改葬其親，騎驢出城，一僕荷鍤隨之。取其親之骨，掘深坎，埋之而歸。此雖不及於禮，比於不能葬者，猶賢

❶ 「爲」，孫校塗改作「考」。
❷ 「寺」，孫校塗改作「舍」。

矣。在禮，未葬不變服，食粥，居倚廬，寢苫枕塊，蓋閔親之未有所歸，故寢食不安。奈何捨之出遊，食稻衣錦，不知其何以爲心哉？世人又有遊宦没於遠方，子孫火焚其柩，收燼歸葬者。夫孝子愛親之肌體，故斂而葬之，殘毁他人之尸，在律猶嚴，況子孫乃悖謬如此！其始蓋出於羌戎之俗，浸染世人，❶行之既久，習以爲常，見者恬然，曾莫之恠，豈不哀哉！延陵季子適齊，其子死，葬於嬴博之間，曰：「骨肉復於土，❷命也；魂氣則無不之也。」孔子以爲合禮。必也不能歸葬，葬於所在，可也，不猶愈於焚之哉？汩音骨。惡音烏。齊，子細切。窆，彼斂切。執事者掘兆四隅，外其壤；兆，塋域也。掘中，南其壤。爲葬將北首故也。莅卜或命筮者，擇遠親或賓客爲之。及祝執事者，皆吉冠素服。《雜記》：「大夫卜宅與葬日，有司麻衣、布衰、布帶，因喪屨，緇布冠不蕤。占者皮弁。如筮，則史練冠長衣以筮。占者朝服。」注曰：「麻衣至緇布冠，非純凶也。❸皮弁則純吉之尤者也。長衣練冠，純凶服也。朝服，純吉服也。」今從簡易。依《開元禮》皆非純吉，亦非純凶。素服者，但徹去華采珠玉之飾而已。執事者布卜筮席於兆南，北向。

主人既朝哭，適兆所，立於席南，當中壤，北向，免首絰，左擁之。莅卜筮者立於主人之右，北向。卜筮者東向，執龜筴，進，南面受命於主人。莅卜者從旁命之，曰：「孤子姓名，爲

❶「戎」、「世人」，四庫本同，諸本皆作「胡」、「中華」。孫校塗改，從諸本。
❷「復」下，孫校加「歸」。
❸「非」下，孫校加「純吉亦非」四字。

父某官，爲母，則稱「哀子爲母某封」。❶度兹幽宅，無有後艱。」度，謀也。宅，居也。言謀此以爲幽冥之居，得無將有艱難？謂有非常若崩壞也。卜筮者許諾，右旋，就席，北面坐述命，《士喪禮》「不述命」，既受命而申言之曰述。不述者，士禮略。今從《開元禮》。指中封而卜筮。中封，中央壤也。占既得吉，則執龜筴，東向進，告於莅卜筮者及主人，曰「從」，主人經哭。若不從，更卜筮他所，如初儀。

兆既得吉，執事者於其中壤及四隅各立一標，當南門立兩標。祝帥執事者入，設后土氏神位於中壤之左，南向。古無此，《開元禮》有之。置倚卓、盥盆、帨架、盞、注、脯醢，❷既不能如此，❸只常食兩三味。❹皆如常日祭神之儀。但不用紙錢。告者與執事者皆入，❺卜者不入。序立於神位東南，重行，西向，北上。立定，俱再拜。告者盥手洗盞，斟酒進，跪酹於神座前。

❶「子」下，孫校加「姓名」二字。
❷「脯」上，孫校加「酒」字。
❸「既」、「如此」，孫校塗改作「恐」、「辦」。
❹「味」下，孫校加「而已」二字。
❺「者」下，孫校加「亦擇親賓爲之」六字。

俛伏，興，少退，北向立，搢笏執詞，❶進於神座之右，東面跪，念之曰：❷「維年月朔日，子某官姓名，敢昭告於后土氏之神。今爲某官姓名，主人也。❸營建宅兆，神其保祐，俾無後艱。謹以清酌餔醢，❹祗薦於神。尚饗！」訖，興，復位。告者再拜出，祝及執事者皆西向再拜，徹饌出。主人歸殯前，北面哭。

卜筮葬日於三月之初。若墓遠，則卜筮於未三月之前，命曰「某月日」。主人先與賓議定可葬日三日，❺謂可以辦具及於事便者。必用三日，備不吉也。執事者布卜筮席於殯門外闑西，北向。主人既朝哭，與衆主人謂亡者諸子。出立於殯門外之東壁下，西向，南上。闔東扉，主婦立於其内。主人進立於門南，乃北向，免首絰，左擁之。莅卜筮者立主人東北，乃西向。卜筮者執龜筴，東向，進受命於莅卜筮者。命之曰：「孤子某，將以今月某日，先卜遠日，❻不吉，再卜

❶「詞」下，孫校加「書詞於紙」四字。
❷「念」，孫校塗改作「讀」。
❸「主人」，孫校塗改作「亡者」。
❹「醢」下，孫校加「若用他食，則云『庶羞』」八字。
❺「葬日」之「日」，孫校塗改作「者」。
❻「卜」下，孫校加「筮」，下「卜」字下同。

近日。❶卜葬其父某官，考降無有近悔？」考，上也。降，下也。言卜此日葬，魂神上下無得近於咎悔者乎？卜筮者許諾，右旋，就席，西向坐述。❷卜筮不吉，則又興，受命，述命，再卜。占既得吉，興，告於莅卜者及主人，曰「某日從」，主人經，與衆主人皆哭。又使人告於主婦，主婦亦哭。主人與衆主人入至殯前，北向哭，遂使人告於親戚僚友應會葬者。若孫爲祖後，則莅卜筮者命之，曰「孤孫某，卜葬某祖某官」；❸夫曰「乃夫某，卜葬其妻某氏」；兄弟及他親爲喪主者，各隨其所稱，曰「某親某，卜葬某某親某官」。❹

穿　壙爲窆具，謂下棺。

葬有二法，有穿地直下爲壙，置柩，以土實之者；有先鑿埏道，旁穿土室，擴柩於其中者，臨時從宜。凡穿地，宜狹而深，壙中宜穿。古之葬者，有折，有抗木，有抗席。折，由屐也，❺方鑿

❶「再」，孫校塗改作「則更」。
❷「述」下，孫校加「命」。
❸「某祖」之「某」，孫校塗改作「其」。
❹「某某親」之上「某」字，孫校塗改作「其」。
❺「由屐」，孫校塗改作「猶庪」。

連木爲之，如牀，而縮者三，横者五，無簀。窆事畢，加之壙上，以承抗席。抗木横三縮二，抗，禦也，所以禦止土者。其横與縮，各足横掩，席抗所以禦塵。然則古者皆直下爲壙，而上實以土也。今疏土之鄉，亦直下爲壙，或以石，或以塼爲藏，僅令容柩，以石蓋之。每布土盈尺，實躡之，稍增至五尺以上，然後用杵築之，恐土淺，震動石藏故也。自是布土，每尺築之，至於地平，乃築墳於其上。《喪葬令》「葬，不得以石爲棺槨及石室」，謂其侈靡如桓司馬者，此但以石禦土耳，非違令也。其堅土之鄉，先鑿埏道，深若干尺，然後旁穿窟室以爲壙。或以塼範之，或但爲土室，以塼數重塞其門，然後築土，實其埏道。然恐歲久終不免崩壞，不若直下穿壙之爲牢實也。凡旁穿之壙，不宜寬大，寬大則崩破尤速，當僅令容柩。葬時先以竹竿布地，稍在壙中，置柩於其上而擴之，既而抽去其竹。其明器、下帳、五穀、牲、酒等物，皆於埏道旁别穿窟室爲便房以貯之。其直下穿壙者，既實土將半，乃於其旁穿便房以貯之。穿地狹，則役者易上下，但且容下柩則可矣。深則盜難近。鄉里土厚水深，太尉嘗有遺命令深葬，自是嘗以三丈三尺爲准。昔晉文公有大功於周襄，❶請隧，而王弗許，曰「王章也」。然則古者乃天子得爲隧道，❷自餘皆懸棺而窆。今民間往往爲隧道，非禮也。宜懸棺以窆。㞟，❸舉綺切，閣藏食物之名。挽土宜用兩轆轤。重物上下，宜用革車，其制用大木四根，交股縛而埋之，謂之夜叉木。架大木於其上爲梁，梁須圓直之木。夜叉交爲月口，梁之加於月口者，圍

❶「襄」下，孫校加「王」字。
❷「乃」，孫校塗改作「惟」。
❸「㞟」，孫校塗改作「庋」。

徑須同。一麄一細，則諸緪之轉，或長或短而偏矣。於梁兩端各設十二輻，搭緪於梁一邊。其垂緪之地，當中央，❶下則使兩人按輻，一一縱之，上則兩人攀輻而挽之。❷匀而無失，勝於鷹架木引索有急緩、欹側之患。**或用鷹架木。**亦用夜叉木，及大木堅而圓滑者爲梁，然一定無轉。以巨緪繫重物，繞梁一匝，遣數人執其末，上則挽，下則縱之。物尤重則以兩緪交於梁上，各遣數人執其末，立於埏之兩旁，或挽或縱之。**人上下，宜用鍬钁板，**如常日鍬钁板。緪過人頭，則合爲一，以革車或鷹架木挽之縱之而已。**或用兀子。**以二緪禬之，高於人頭。繫其兩端於兀子四脚，合兩端於兀子四脚，合兩禬，繫二巨緪於其上。先以三厚板横於埏口，置兀子於其上，交二緪於梁上。每緪各使數人執其末，立於埏之東西，微引兀子，令去板。❸旁徹板，❹乃緩緩縱之令下。若出，則引之令下，上復以板承之。禬，區貴切。**下板宜用四紼**❺紼，大索也，以新麻爲之，粗如鍬钁索，其長比兀子，深加倍之。每尺以墨畫之。及窆，以二綍繫柩左鐶，樓底結於右鐶。二綍繫右鐶，亦如之。**及窆牀，**以大木爲之，其制如人家繡牀而仰之。廣長出桄於埏口，兩旁之桄，皆用堅而圓滑之木。置窆牀於埏口，横施三板，置柩其上。左右各三綍，繞桄一匝，每紼數人執之，如下兀子之法。

❶「當」下，孫校加「埏」。
❷「而」，孫校塗改作「一一」。
❸「去」，孫校塗改作「離」。
❹「旁」下，孫校加「人」字。
❺「板」，孫校塗改作「柩」。

擊鼓爲節，鼓一聲，執紼者左右手互縱一尺。至底，解去紼。桄音光。或用鷹架木下之，亦可也。

碑誌

誌石刻文，云：「某官姓名，婦人，云「某姓名妻某封某氏」。某州某縣人。考諱某，某官，某氏某封。無官封者，但云姓名，或某氏。某年月日生。叙歷官遷次。婦人云年若干，適某氏，叙因夫、子致封邑。無官封者，皆不叙。某年月日終，某年月日葬。丈夫，云「娶某氏某人之女，封某邑」。子男某某官，女適某官某人。」若直下穿壙，則寘之便房；若旁穿爲壙，則寘之壙門。墓前更立小碑，可高二三尺許，❶大書曰「某姓名某」，更不書官。古人有大勳德，勒銘鍾鼎，藏之宗廟。其葬則有豐碑，以下棺耳。秦漢以來，始命文士褒贊功德，刻之於石，亦謂之碑。降自南朝，❷復有銘誌，埋之墓中。使其人果大賢邪，則名聞光昭，❸衆所稱頌，乃流今古，❹不可掩蔽，豈待碑誌始爲人知？若其不賢也，

---

❶「二三」，孫校加乙正號作「三二」。

❷「自」，孫校塗改作「及」。

❸「光昭」，孫校塗改作「昭顯」。

❹「乃流今」，孫校塗改作「流播終」。

乃以巧言麗辭，❶强加采飾，功侔吕望，德比仲尼，徒取譏笑，其誰肯信？碑猶立於墓道，人得見之；誌乃藏於壙中，自非開發，莫之睹也。隋文帝子秦王俊薨，府僚請立碑。帝曰：「欲名，❷一卷史書足矣。何用碑爲？徒與人作鎮石耳。」此實語也。今既不能免俗，其誌文但可直叙鄉里、世家、官簿始終而已。季札墓前有後世稱孔子所篆，❸云「嗚呼！有吴延陵季子之墓」，豈在多言然後人知其賢邪！今但刻姓名於墓前，他日人自知其賢愚耳。《喪葬令》一品墳高一丈八尺，每品減二尺，六品以下不得過八尺。又五品以上立碑，螭首龜趺，趺上高不得過九尺。七品以上立碣，圭首方趺，趺上高四尺。其石獸，三品以上六，五品以上四。又曰：「諸喪葬不能備禮者，貴得同賤，賤雖富，不得同貴。」世人好爲高墓大碑，前列石羊、石虎，自誇崇貴，殊不知葬者當爲無窮之規，後世見此等物，安知其中不多藏金玉邪？是皆無益於亡者。若能俱不用，尤善也。漢光武作壽陵，裁令陂池流水而已。南唐司徒李建勳且死，戒家人勿封土立碑，聽人耕種其上，曰「他日免爲開發之標」。及金陵破，王公貴人之冢無不被發者，惟建勳冢莫知其處。此皆明哲能深思遠慮者也。

明器　下帳　苞筲　祠版

明器，刻木爲車馬、僕從、侍女，各執奉養之物，象平生而小。多少之數，依官品。《既夕

---

❶「乃」，孫校塗改作「雖」。「辭」，孫校塗改作「詞」。
❷「欲」下，孫校加「求」。
❸「後」，孫校塗改作「石」。

禮》有明器、用器、燕器。孔子曰：「之死而致死之，不仁而不可爲也；之死而致生之，不智而不可爲也。」注：「之，往也。死之、生之，謂無知與有知也。」又曰：「是故竹不成用，瓦不成沬，木不成斲。」注：「成，善也。沬，靧也。」又曰：「其曰明器，神明之也。」又曰：「塗車、芻靈，自古有之。」《喪葬令》五品、六品，明器許用三十事。非升朝官者，許用十五事，并用器椀楪缾盂之類通数之。沬音末。靧音悔。下帳。爲牀帳、茵席、倚卓之類，皆象平生所用而小也。苞、《既夕禮》「苞二」，注「所以裹奠羊豕之肉」。《檀弓》曰：「國君七箇，遣車七乘。」《雜記》曰：「遣車視牢具。」或問曾子曰：「君子既食，則裹其餘乎？」曾子曰：「大享，既饗，卷三牲之俎，歸於賓館。父母而賓客之，所以爲哀也。」晉賀循用腐一篋，❶以代所苞牲體。今遣奠既無牲體，又生肉經宿則臭敗，不若用循禮，得事之宜。然遣奠之時，亦當設脯。既奠，苞以蒲篋或箱，或竹掩耳，或席篳之類包之，皆可也。筲。《既夕禮》「筲三：黍、稷、麥」，今但以竹器或小甖，貯五穀各五升，可也。醯、醢甖。《既夕禮》「甕三：醯、醢、屑」，注「薑桂之屑也」，今但以小甖二貯醯、醢。以桑木爲祠版。鄭康成以爲卿、大夫、士無神主，大夫束帛依神，士結茅爲菆。徐邈以爲《公羊》「大夫聞君之喪，攝主而往」，重，主道也，埋重而立主，大夫、士有重，亦宜有主。蔡謨以爲今世有祠版，乃禮之廟主也。主亦有題，今版書名號亦是題主之意。安昌公荀氏祠制神版，皆正長尺一寸，博四寸五分，厚五寸八分，大書「某祖考某封之神座」、「夫人某氏之神座」，書訖，蠟油炙令入理，刮拭之。今士大夫家亦有用祠版者，而長及博、厚不能

❶「腐」，孫校塗改作「脯」。

盡如荀氏之制，題云「某官府君之神座」、「某封邑夫人郡縣君某氏之神座」，續加封贈，則先告，貼以黄羅而改題。無官，則題「處士府君之神座」，版下有趺，韜之以囊，籍之以褥。府君、夫人只爲一匣，今從之。禮，虞主用桑，練主用栗。祠版，主道也，故於虞亦用桑，將小祥，則更以栗木爲之。

啓殯

啓殯之日，墓近則於葬前一日啓殯，墓遠則於發引前一日啓殯。夙興，執事者縱置席於影堂前階上及聽事中央，❶仍帷其聽事。席，所以藉柩也。帷之，爲有婦人在焉。《既夕禮》「遷於祖，用軸」，注：「蓋象平生將出，必辭尊者。」《檀弓》曰：「喪之朝也，順死者之孝心也，其哀離其室也，故至於祖考之廟而後行。殷，朝而殯於祖；周，朝而遂葬。」《開元禮》無朝廟禮，今從周制。禮又周既載而朝於庭，❷今人既載遂行，無祖於庭，難施哭位，故但祖於聽事。喪事有進而無退，無聽事者，但向外之屋可置柩者，皆可也。備功布，長三尺。以新布稍細者爲之，祝御柩，執此以指麾役者也。五服之親皆來會，各服其服，入就位哭。《喪服小記》：「男子冠而婦人笄，男子免而婦人髽。」又曰：「緦、小功，虞、卒哭則免。」注：「棺柩已藏，嫌恩輕可以不免也。言『則免』者，則既殯先啓之間，雖有事不免。」又曰：「既葬而不報虞，則雖主人

❶「聽」，諸本同，孫校皆塗改作「廳」，並於頁腳各寫「厂」。

❷「禮又周」，學津本同，宋本作「禮又庭」，四庫本作「又周禮」。孫校圈删「又周」二字，「朝」塗改作「祖」。

皆冠。及虞，則皆免。」注：「有故不得疾虞，雖主人皆冠，不可久無飾也。皆免，自主人至緦麻。」《開元禮》主人及諸子皆去冠絰，以邪巾帕頭。按：自啓殯至於卒哭，日數甚多。今已成服，若使五服之親皆不冠而袒免，恐其驚俗，故但各服其服而已。

執事者遷靈座及椸於旁側，爲將啓殯。祝凶服，無服者，則去華盛之服。執功布，止哭者。北向立於柩前，抗聲三，告曰：「謹以吉辰啓殯。」既告，內外皆哭，盡哀止。《既夕禮》：「商祝袒免，執功布入，升自西階，盡階，不升堂，聲三，啓三，命哭泣。」功布，灰治之布也，執之以接神，爲有拂扐也。❶聲三，三有聲，存神也。啓三，三言啓，告神也。舊説以爲「聲噫興也」，《開元禮》「祝三聲噫嘻」，今恐驚俗，但用其辭。拂，芳味切。扐，芳丈切。婦人退避於他所，爲役者將入。主人及衆主人輯杖立，視啓殯。《喪大記》「大夫士哭殯則杖，哭柩則輯杖」，注：「哭殯，謂既塗也。哭柩，謂啓殯後也。」輯，斂也，謂舉之不以柱地也。天子諸侯之子，杖不入公門。❷ 祝取銘旌置靈座之側，役者入，徹殯塗及墼，掃地潔之。祝以功布拂去棺上塵，覆以夾衾。《既夕禮》祝取銘置於重，今以魂帛代重，故置於靈座側。役者出，婦人出，就位，立哭。執事者復設椸及靈座於故處，乃徹宿奠，置新奠，《既夕禮》：「遷於祖，正柩於兩楹間，席升，設於柩西。奠設如初。」注：「奠設如初，東面也。不統於柩，神不西面也。不設

---

❶「有」下，孫校加「所」。

❷「公」，孫校塗改作「廟」。

柩東，東非神位也。」《開元禮》不朝祖，徹殯，設席於柩東，奠之，謂之啓奠。如常日朝夕奠之儀。

朝　祖

役者入，婦人退避，主人立視，如啓殯。役者舉柩，詣影堂前。祝以箱奉魂帛在前，執事者奉奠及倚卓次之，銘旌次之，柩次之。未明，則柩前後皆用二燭照之。主人以下皆從哭，男子由右，婦人由左，重服在前，輕服在後，各以昭穆長幼爲叙。侍者在末。無服之親，男居男之右，女居女之左，不與主人、主婦並行。婦人皆蓋頭。爲有役者在前故也。役者出，則去蓋頭。

至影堂前，置柩於席，北首。役者出，祝帥執事者設靈座及奠於柩西，東向。若影堂前迫隘，則置靈座及奠於旁近，從地之宜。主人以下就位，位在柩之左右前後，如在殯宫。立哭，盡哀止。役者入，婦人避退。❶祝奉魂帛導柩，右旋，主人以下哭從如前。

詣聽事，置席上，南首，設靈座及奠於柩前，南向，餘如朝祖。主人以下就位，坐於柩側，藉以薦席，如在殯宫。乃代哭，如未殯之前。

❶「避退」，宋本、學津本同，四庫本作「退避」。

親賓奠世俗謂之祭。　賻贈

賓客欲致奠於其家者，以飯牀設茶果酒饌於其庭，暑則覆之以幄。將命者入白主人，主人經，杖，降自西階，待於阼階下，西向。賓入，家人皆哭。賓敘立於饌南，北向，東上。置卓子於賓北，炷香澆茶，實酒於注，洗盞，斟酒於其上。上賓進燒香，退復位，與衆賓皆再拜。上賓進，跪酹茶、酒，俛伏，興。賓祝執祝辭，❶出於上賓之右，西向讀之，曰：「維年月日，某官某，謹以清酌庶羞，致祭於某官之靈。中間辭，臨時請文士爲之。尚饗！」祝興，凡吉祭，祝出於左，東向；凶祭，出於右，西向。賓再拜，應哭者哭。進詣主人前，東向，北上。上賓止主人哭，主人稽顙再拜，賓答拜，主人哭而入。護喪延賓，坐於他所，茶湯送出，如常儀。祝納酒饌及祝辭於喪家。❷

若奠於轝所經過者，設酒饌於道左右，或有幄，或無幄。《附令敕》「諸喪葬之家，只許祭於塋所，不得於街衢致祭」，然親賓祭於喪家大門之內及郭門之外，亦非街衢也。望柩將至，賓燒香，酹茶、

❶ 上「祝」下，孫校加「一作史」三字。
❷ 上「祝」下，孫校加「史」。

酒，祝拜哭。柩至，少駐，主人詣奠所，拜賓，哭，從柩而行。餘如上儀。奠於墓所，皆如在其家之儀。《既夕禮》：「殯者出請。❶若奠，入告出，以賓入，將命如初。士受羊如受馬。」然則古者但致奠具而已。漢氏以來，必設酒食沃酹。徐穉每爲諸公所辟，雖不就，有死喪，負笈赴弔。常於家豫炙雞一隻，以一兩綿絮漬酒中，暴乾，以裹雞。徑到所赴家隧外，以水漬絮，使有酒氣，汁米飯，白茅爲藉，以雞置前。醊酒畢，留謁則去，不見喪主。然則奠貴哀誠，酒食不必豐腆也。自唐室中葉，藩鎮强盛，不遵法度，競其侈靡。始縛祭幄，至高數丈，廣數十步；作鳥獸、花木、輿馬、僕從、侍女，衣以繒綺，轜車過則盡焚之；祭食至百餘品，染以紅緑，實不可食。流及民間，遞相誇尚，有費錢數百緡者。曷若留以遺喪家爲賻贈哉！

其親賓賻贈，皆如始死之儀，而不襚。《士喪禮》始死，有弔，有襚。將葬，有賵，有奠，有賻贈。❷知死者贈，知生者賻，賻、贈皆用貨財，但將命之辭異耳。《春秋傳》譏「贈死不及尸」，尸謂未葬時也。然則自始死至葬，賻贈之禮，皆可行也。

❶「殯」，宋本、學津本同，四庫本作「儐」，孫校塗改作「擯」。

❷「贈」上，孫校加「有」。

司馬氏書儀卷第八

喪儀四

陳器

轝夫陳器於門外，方相在前，《喪葬令》：「四品以上用方相，七品以上用魌頭。」方相四目，魌頭兩目，載以車。魌音欺。次誌石，次椁，二物已在墓所，則不陳。次明器，次下帳，次上服，有官則公服，靴笏；無官則襴衫。皆有幞頭、腰帶。次苞，但陳所用之苞，其脯俟遣奠畢始苞之。次筲，次醯、醢，次酒，一斗盛以瓶。以上並以小牀舁舉之。次銘旌，去跗，使人執之，入壙則去杠，❶覆於柩上。次靈舁，葬日，置魂帛於上，炷香其前，藏祠版於箱篋，置其後。返則祠版於前，藏魂帛於箱篋，亦以小舁牀舉之。《開元禮》靈輿在方相前，今置柩前。次大轝。載柩者也。宜用輕堅木爲格，僅能容柩。上施鱉甲蓋，轝竿

❶「壙」，宋本作「以」，孫校塗改作「窆」。

則宜强壯，多用新絙纏束，巨絙數道，撮角樓底縛於竿上，則可保無虞。《喪大記》：「飾棺，君，龍帷，三池，振容，黼荒，火三列，黼黻三列，素錦褚，加帷荒，纁戴六，纁披六。」大夫、士以是爲差。注：「飾棺者，以華道路及壙中，不欲衆惡其親也。荒，蒙也。在旁曰帷，在上曰荒。黼荒緣邊爲黼文，火黻爲列於其中爾。褚，以襯覆棺，乃加帷荒於其上。紐，所以結連帷荒者也。池，竹爲之，如小車苓，衣以青布。柳，象宫室，縣池於荒之爪端，若承霤然。云君、大夫以銅魚縣於池下，齊，象車蓋蕤，縫合雜采爲之，形如爪分然，綴貝絡其上及旁。戴之言值也，所以連繫棺束與柳材，使相植，因而結前後披也。」《正義》：「振，動也，以絞繒爲之，長丈餘，如幡。畫幡上爲雉，縣於池下爲容飾，車行則幡動，故曰『振容』。齊者，謂鱉甲上當中央，形圓如車蓋，高三尺，徑二尺。五貝者，連貝爲五行，交絡齊上，魚在振容間。」此等制度，今既難備，略設帷荒、花頭等，不必繁華高大。若柩遠行，則多以柿單覆藉轝之上下四旁，以禦雨濕。繞以畫布帷，龍虎轝，更無它飾。今世俗信轝夫之言，多以大木爲轝，務高盛大其華飾，至不能出入大門。紙爲幡花，繽紛塞路，徒欲誇示觀者，殊不知轝重，大門多觸礙，難進退，遇峻隘有傾覆。❶彼轝夫但欲用人多，取厚直，豈顧喪家之利害耶？

大轝旁有翣，貴賤有數。《開元禮》一品：引四，披六，鐸左右各八，黼翣二，黻翣二，畫翣二。二品、三品：引二，披四，鐸左右各六，黻翣二，畫翣二。四品、五品：引二，披二，鐸左右各四，黼翣二，畫翣二。六品以下：引二，披二，鐸、畫翣各二。凡引者，挽轜車索也。披者，繫於旁，執之以備傾覆也。鐸，所以節挽者。

---

❶「有」，孫校塗改作「則」。

翣，以木爲筐，廣二尺，高二尺四寸。其形方，兩角高，衣以白布，柄長五尺。黼翣、黻翣，畫黼黻文於翣之內緣，畫以雲氣。畫翣者，內外四緣皆畫雲氣。庶人皆無之。《喪葬令》三品以上六翣，挽歌六行，三十六人。四品至九品各有差。按：今人不以車載柩而用轝，則引、披無所施矣。轝夫集衆乃爲行止之節，多用鉦鼓，可以代鐸。《禮》「望柩不歌，里有殯，不巷歌」，豈可身挽柩車而更歌乎？況又歌者復非挽柩之人也。此謂葬日行器之叙，若柩自他所歸鄉里，則銘旌、靈轝、龍虎轝之外，皆不用也。

祖　奠

執事者具祖奠酒饌，如殷奠。其日餔時，《禮》「祖用日昃」，謂日過中時。今宜比夕奠差早，用餔時可也。主人以下，卑幼皆立哭。祝帥執事者設酒饌於靈前，祝奠訖，退，北面跪，告曰：「永遷之禮，靈辰不留。謹奉柩車，式遵祖道。」俛伏，興。餘如朝夕奠儀。主人以下復位坐，代哭，以至於發引。

遣　奠

厥明，執事者具遣奠，亦如殷奠。轝夫納大轝於聽事前中庭。❶執事者徹祖奠，祝奉遷

❶「聽」，宋本、四庫本同，學津本作「廳」，孫校皆塗改作「廳」。

靈座，置旁側。祝北面，告曰：「今遷柩就轝，敢告。」婦人避退。召轝夫遷柩，乃載。載謂升柩於轝也。以新組左右束柩於轝，乃以橫木楔柩足兩旁，使不動摇。男子從柩哭，降，視載，婦人猶哭於帷中。載畢，祝帥執事遷靈座於柩前，南向，乃設遣奠，惟婦人不在，餘如朝夕奠之儀。執事者徹所奠之脯，❶置舁牀上。史執賻、贈、歷，立於柩左，當肩，西向。祝在史右，南向。哭者相止，跪讀賻、贈、歷，畢，與祝皆退。《既夕禮》「書賵於方」，注：「方，版也。」又曰：「主人之史，請讀賵，執算，從柩東，當前束，西面。不命毋哭，哭者相止也，唯主人、主婦哭。祝在右，南面，讀書，釋算則坐。」注：「必釋算者，榮其多。」執事者徹遣奠，若柩自他所將歸葬鄉里，則但設酒果或脯醢。朝哭而行，至葬日之朝，乃行遣奠及讀賻禮。祝奉魂帛，升靈舁，焚香。《既夕禮》：「祖，還車，不還器。祝取銘，置於茵，二人還重，左還。厥明，奠者出。甸人抗重，出自道，道左倚之。既葬還，埋重於所倚之處。」《開元禮》：「將行，祝以腰輿詣靈座前，昭告。少頃，腰輿出，詣靈車後。少頃，輿退。掌事者先於宿所張吉凶二帷，凶帷在西，吉帷在東，南向，❷設靈座於吉帷下。至宿處，進酒脯之奠於柩東，又進常食於靈座。厥明，又進朝奠，然後行。」今兼取二禮。婦人蓋頭出帷，降階，立哭。有守家不送葬者，哭於柩前，盡哀而歸。卑幼則再拜辭。

❶「之」，孫校圈删，「脯」下加「豚苞筲」三字。
❷「南」上，孫校加「俱」。

在塗

柩行，自方相等皆前導，主人以下，男女哭步從，如從柩朝祖之敘。出門，以白幕夾鄣之，尊長乘車馬在其後，無服之親又在其後，賓客又在其後，皆乘車馬。無服之親及賓客，或先待於墓及祭所。出郭，不送至墓者，皆辭於柩前。卑幼亦乘車馬。若郭門遠，則步從三里所，可乘車馬。塗中遇哀則哭，無常準。若墓遠，經宿以上，則每舍設靈座於柩前，設酒果脯醢，爲夕哭之奠。夜必有親戚宿其旁守衛之。明旦將行，朝奠亦如之。館舍迫隘，則設靈座於柩之旁側，隨地之宜。

及墓

掌事者先張靈幄於墓道西，設倚卓，又設親戚賓客之次，男女各異。又於羨道之西設婦人幄，蔽以簾帷。柩將及墓，親戚皆下車馬，步進靈帷前。❶祝奉祠版箱及魂帛，置倚上，設酒果脯醢之奠於其前，巾之。大轝至墓道，轝夫下柩，舉之趣壙。主人以下哭步從。掌

❶「靈」上，孫校加「靈舁至」三字。

事者設席於羨道南，轝夫置柩於席上北，❶乃退。掌事者陳明器、下帳、上服、苞筲、醯醢、酒、用飯牀於壙東南，北上，銘旌施於柩上。賓客送至墓者，皆拜辭先歸。至是，上下可以具食。既食而窆。主人拜賓客，賓客答拜。

下　棺

主人及諸丈夫立於埏道東，西向；主婦及諸婦人立於埏道西幄内，東向。皆北上，以服之重輕及尊卑長幼爲叙，立哭。轝夫束棺，乃窆，諸子輟哭，視窆。既窆，掌事者置上服、銘旌於柩上，慎勿以金玉珍玩入壙中，爲亡者之累。主人贈用制幣、玄纁束置柩旁，再拜稽顙，在位者皆哭盡哀。《既夕禮》注：「丈八尺曰制，二制合之，束。十制五合。」疏：「玄纁之率，玄居三，纁居二。」或家貧不能備玄纁束，則隨家所有之帛爲贈，幣雖一制可也。匠以塼塞壙門，在位者皆還次。掌事者設誌石，藏明器、下帳、苞筲、醯醢、酒於便房，以版塞其門，遂寔土。親戚一人監視之，至於成墳。

❶「北」下，孫校加「首」。

祭后土

祭后土《既夕禮》無之，《檀弓》曰：「有司以几筵舍奠於墓左。」注：「爲父母形體在此，禮其神也。」今從《開元禮》。

掌事者先於墓左除地爲祭所，置倚卓、祭具等。既塞壙門，告者吉服，亦擇親賓爲之。與祝及執事者俱入行事，惟改祝辭「某官姓名，營建宅兆」爲「某官封謚，亡者也。窆茲幽宅」，[1] 餘皆如初卜宅兆祭后土之儀。

題虞主

執事者置卓子，設香爐、酒盞，注於靈座前，置盥盆、帨巾於靈座西南，又置卓子於靈座東南，西向，設筆、硯、墨於其上。主人立於靈座前，北向。祝盥手，出祠版，卧置硯卓子上，[2] 藉以褥，使善書者西向立題之。祝奉祠版立，置靈座魂帛前，藉以褥。祝炷香，斟酒酹之，訖，執辭，跪於靈座東南，西向，讀之曰：「孤子某，妣曰「哀子」。敢昭告於先考某官。妣曰

---

[1] 「窆」，諸本同，宋本作「定」。

[2] 「硯」上，孫校加「筆」。

「先妣某封」。形歸窀穸，神返室堂。虞主既成，伏惟尊靈，捨舊從新，是憑是依。」懷辭，興，復位。主人再拜哭，盡哀止。祝藏魂帛於箱篋靈舁上，乃奉祠版，韜藉匣之，置其前，炷香。執事者徹靈座，遂行。

反　哭

靈舁發行，親戚以叙從哭，如來儀。出墓門，尊長乘車馬；去墓百步許，卑幼亦乘車馬，徐行，勿疾驅。《既夕禮》「卒窆而歸，不驅」，注：「孝子往如慕，返如疑，爲親之在彼。」哀至則哭，及家，望門俱哭。掌事者先設靈座於殯宮，靈轝至，祝奉祠版置匣前，❶藉以褥。❷主人以下及門，下車馬，哭入，至聽事。主人升自西階，丈夫從升，如柩在聽事之位，立哭，盡哀止。《既夕禮》：「反哭，入，升自西階，東面；衆主人堂下東面，北上。」注：「西階東面，反諸其所作也。反哭者，於其祖廟。不於阼階西面，西方神位。」又曰：「婦人入，丈夫踊，升自阼階。」注：「辟主人也。」又曰：「主婦入於室，踊，出即位，及丈夫拾踊三。」注：「於室，反諸其所養也。出即位，堂上西面也。拾，更也。」古今堂室異制，又祖載不在廟中，故但反哭於聽事，如昨日柩在聽事之位，反諸其所作也。婦人先入，立哭於堂，如在

❶「置匣」，孫校加乙正號。

❷「藉以褥」側，孫校加「靈座出祠版置」六字。

殯之位，盡哀止。亦反諸其所養也。執事者徹簾帷。婦人已入故也。賓客有弔者，此謂不弔於墓所者。《檀弓》曰：「反哭之弔也，哀之至也。反而亡焉，失之矣，於是爲甚。」殷，既封而弔；❶周，反哭而弔。孔子從周。賓客有親密者，既窆，先歸，待反哭而弔。主人拜之，賓客答拜。主人入詣靈座，與親戚皆立哭，如在殯之位，盡哀止。《開元禮》主人以下到第，從靈輿入，即哭於靈座。今從《既夕禮》。宗族，小功以下可以歸，大功異居者，亦可以歸。

虞

祭虞，安也。骨肉歸於土，魂氣無所不之，孝子爲其彷徨，三祭以安之。《雜記》：「士三月而葬。是月也，卒哭。大夫三月而葬，五月而卒哭。諸侯五月而葬，七月而卒哭。士三虞，大夫五，諸侯七。」今《五服年月敕》自王公以下，皆三月而葬，三虞而卒哭。

柩既入壙，掌事者先歸，具虞饌。如朔奠。是日虞，《檀弓》曰：「日中而虞，葬日虞，弗忍一日離也。」注：「弗忍無所歸矣。」❷或墓遠不能及日中，但不出葬日，皆可也。主人以下皆沐浴。或已晚，不暇沐浴，但略自澡潔可也。執事者設盥盆、帨巾各二於西階西南，東上。帨，手巾也。東盆

❶「封」，宋本作「窆」。按：《檀弓》正作「封」。
❷「忍」下，孫校加「其」。

有臺，❶帨巾有架，在盆北，主人以下親戚所盥也；其西無臺、架，執事者所盥也。設酒一瓶於靈座東南，置開酒刀子、拭布於旁。旁置卓子上，設注子及盞一，別置卓子於靈座前，設蔬果、匕筯、茶酒盞、醬楪、香爐。

主人及諸子倚杖於堂門外，與有服之親皆入，尊長坐哭，如反哭位，卑幼立哭於靈座前。斬衰爲一列，最在前；齊衰以下，以次各爲一列；無服之親，又爲一列。丈夫處左，西上；婦人處右，東上，各以昭穆、長幼爲叙，皆北向。婢、妾在婦人之後。頃之，祝止哭者。主人降自西階，盥手，帨手，詣靈座前焚香，再拜，退復位。及執事者皆盥手帨手，執事者一人升，開酒，拭瓶口，實酒於注，取盞斟酒，西向酹之。祝帥餘執事者奉饌，設於靈座前。主人進詣酒注所，北向，執事者一人取靈座前酒盞，立於主人之左。主人左執盞，右執注，斟酒，授執事者，置靈座前。主人進詣靈座前，❷執事者取酒盞授主人，

❶ 「東」上，孫校加「其」，又於頁眉處批註，云：「『其東』至『盥也』卌字，宋本《三家冠婚喪祭禮》至『帨手巾也』俱小字注，此誤作大字。又脱一『其』字。又『帨巾』二字，宋本無，疑宋本脱。」並將「帨巾」二字圈删。

❷ 「前」下，孫校加「北向」。

主人跪酹，執事者受盞，❶俛伏。興，少退，立，祝執辭，❷出主人之右，西向，跪讀之，曰：「維年月日朔日，❸孤子孫曰「孤孫」，爲母及祖母，稱「哀子」、「哀孫」。某，敢昭告於先考某官，祖、考同，妣則曰「某封某氏」。日月不居，奄及初虞。夙興夜處，哀慕不寧。謹以潔牲柔毛，豕曰剛鬣。嘉薦、普淖，明齊溲酒，哀薦祫事。尚饗！」《士虞禮》「始虞用柔日」，葬用丁亥，是柔日。《開元禮》「間日再虞」，然則古人葬皆用柔日乎？今不拘剛柔，葬日即虞，後遇剛日即再虞，不須間日也。《士虞禮》祝曰：「哀子某，哀顯相，夙興夜處不寧。敢用潔牲剛鬣，嘉薦、普淖，明齊溲酒，哀薦祫事，適爾皇祖某甫。饗！」注：「喪祭稱哀。顯相，助祭名也。❹顯，明也。相，助也。不寧，悲思不安。嘉薦，菹醢也。普淖，黍稷也。明齊，新水也，言以新水溲釀此酒也。始虞謂之祫事者，主欲其祫先祖也，以與先祖合爲安。皇，君也。某甫，皇祖字也。饗，勸强之也。」今參用《開元禮》祝詞。淖，女孝切。齊，才計切。溲，所求切。祝興，主人哭，再拜，退，復位，哭止。主婦亞獻，親戚一人，或男或女，終獻，不焚香，不讀祝，婦人不跪，既酹，四拜，此其異於丈夫。餘皆如初獻之儀。《士虞禮》「主人洗廢爵，酌酳尸」，注：「爵無足曰

❶「執」上，孫校加「訖授」二字，「受」字圈删。
❷「辭」下，孫校加「書辭於紙」四字。
❸「朔日」，孫校圈删，加「子子謂六十甲子」一大字六小字。
❹「名」，宋本作「者」。孫校塗改，亦作「者」。按：《士虞禮・記》鄭注作「者」。

廢爵。酳，安食也。」又曰：「主婦洗足爵，酌，亞獻尸。賓長洗繶爵，三獻。」注：「繶爵，口足之間有瑑文，彌飾。」《開元禮》止有主人一獻，今從古。酳音胤。繶，於力切。

畢，執事者別斟酒滿，瀝去茶清，以湯斟之。主人以下皆出，祝闔門。主人立於門左，卑幼丈夫在其後；❶主婦立於門右，卑幼婦人在其後，皆東向。尊長休於他所。卑幼亦可更代休於他所，常留一二人在門左右。如食間，祝立於門外，北向，告啓門三，乃啓門，主人以下皆入就位。祝立於主人之右，西向，告利成，斂祠版，韜藉匣之，置靈座。主人以下皆哭，應拜者再拜，盡哀止，出就次。執事者徹饌，《士虞禮》：「祝反，入徹，設於西北隅，如其設也。几在南，厞用席。」注：「改設饌者，不知鬼神之節，改設之，庶幾歆饗，所以爲厭飫也。厞，隱也，於厞隱之處，從其幽闇。」又曰：「贊闔牖户。」注：「鬼神常居幽闇，或者遠人乎？贊，佐食者。」又曰：「無尸，則禮及薦饌皆如初。主人哭，出復位。祝闔牖户。如食間。祝升，止哭，聲三，啓户。」注：「聲，噫歆也。將啓户，驚覺神也。」❷又曰：「祝出户，西面告利成，皆哭。」注：「利猶養也。成，畢也，言養禮畢也。」厞，扶未切。祝取魂帛，帥執事者埋於屏處絜地。《既夕禮》：「甸人抗重，出自道，之左倚之。」❸《雜記》「重，既虞而埋之」，

❶「後」下，孫校加「皆西向」三字。

❷「聲」下，孫校加「者」，「驚」塗改作「警」。

❸「之」，孫校塗改作「道」。

注「所倚處埋之」，今魂帛以代重，故虞有主亦埋之。

遇柔日，再虞。質明，祝出祠版，置靈座，主人以下行禮，改祝詞云「奄及再虞，哀薦虞事」，❶餘皆如初虞之儀。《士虞禮》：再虞用柔日，三虞、卒哭用剛日。注：丁日葬，則己日再虞，庚日三虞，壬日卒哭。葬用丁亥，是柔日，然則古人皆用柔日邪？今葬日既不拘剛柔日，但於葬日即虞後，遇柔日再虞，又遇剛日即卒哭，三虞又遇剛日，❷即甲、丙、戊、庚、壬爲剛日，乙、丁、己、辛、癸爲柔日。遇剛日，三虞，改祝詞云「奄及三虞」，又云「哀薦成事」，餘如再虞。

卒　哭

三虞後，遇剛日，設卒哭祭。其日夙興，執事者具饌，如時祭，陳之於盥、帨之東，用卓子，蔬果各五品，膾、今紅生。炙、今炙肉。羹、今炒肉。殽、今骨頭。軒、今白肉。脯、今乾脯。醢、今肉醬。庶羞、謂豕、羊及其他異味。麵食、如薄餅、油餅、胡餅、蒸餅、棗餻、環餅、捻頭、餺飥。❸米食，

❶「哀」上，孫校加「又云」二字。
❷「又遇剛日即」，孫校圈删，另加「凡」字。
❸「飥」下，孫校加「之類皆是」四字。

謂黍、稷、稻、粱、粟，所謂飯及粢、餻、團、粽之類。❶共不過十五品。若家貧，或鄉土異宜，或一時所無，不能辦此，則各隨所有，蔬果、肉、麵、米食，不拘數品，❷可也。器用平日飲食器。雖有金銀，無用。❸設玄酒一瓶，以井花水充之。於酒瓶之西。主人既焚香，帥衆丈夫降自西階，衆丈夫盥手帨手，以次奉肉食，升設靈座前、蔬果之北。主婦帥衆婦女降自西階，盥手帨手，以次奉麵食、米食，設於肉食之北。主人既初獻，祝出主人之左，東向，跪讀祝詞，改虞祭祝詞，云「奄及卒哭」，又云「哀薦成事，來日隮祔於祖考某官」。妣云「祖妣某封某氏」。❹既啓門，祝立於西階上，東向，告利成，餘皆如三虞之儀。《既夕禮》「始虞」之下，云「猶朝夕哭，不奠。三虞。卒哭」，注：「卒哭，三虞之後祭名。始朝夕之間哀至則哭，至此祭止也，朝夕哭而已。」《檀弓》曰：「是日也，以虞易奠。」然則既虞斯不奠矣。今人或有猶朝夕饋食者，各從其家法。至小祥，止朝夕哭，惟朔望未除服者饋食會哭。大祥而外無哭者，禫而內無哭者。《檀弓》又曰：「卒哭曰成事。是日也，以吉祭易喪祭。」如讀祝於主人之左之類，❺是漸之吉祭也。

---

❶「謂」，依文意疑當作「爲」，此句連上讀。「粽」下，孫校加「餳」，又於「之類」下加「皆是」。

❷「不拘」，孫校塗改作「各得」。

❸「用」，孫校塗改作「傷」。

❹下「妣」字，孫校塗改作「姑」。

❺「如」之上下，孫校分別加「今具饌」、「時祭」。

祔《檀弓》曰：「商人練而祔，周卒哭而祔。孔子善商。」注：「期而神之，人情。」《開元禮》既禫而祔。

按：《士虞禮》始虞祝詞云「適爾皇祖某甫」，告之以適皇祖，所以安之，故置於此。

卒哭之來日，祔於曾祖考。此則祔於曾祖，❶《喪服小記》曰：「士大夫不得祔於諸侯，祔於諸祖父之爲士大夫者。其妻祔於諸祖姑，❷妾祔於妾祖姑。亡，則中一以上而祔，祔必以其昭穆。」❸注：「中謂間也。」曾祖考、曾祖姑，皆以主人言之。內外夙興，掌事者具饌三分，妣則具饌二分。《雜記》曰：「男子祔於王父，則配；女子祔於王母，則不配。」注：「謂若祭王母，❹不配，則不祭王父也。有事於尊者，可以及卑；有事於卑者，不敢援尊。❺祭饌如一，祝詞異，不言以某妃配某氏耳。」如時祭。設曾祖考、妣坐於影堂，南向；影堂窄，則設坐於他所。妣則但設祖妣坐。設死者坐於其東南，❻西向，各有倚卓。

❶「祖」下，宋本有「始」。孫校「此」塗改作「妣」，「祖」下加「姑」，則「始」疑爲「姑」之訛。
❷「姑」，宋本訛爲「始」，下句「姑」字同。
❸「祔」，諸本皆作「之」，孫校亦塗改作「之」。
❹「若」，宋本作「中」。孫校塗改作「并」，「謂」上又加「配」。
❺「尊」下，孫校加「配與不配」四字。按：《雜記》鄭注正是如此。
❻「死」，宋本作「士」。孫校塗改作「亡」。

設盥盆、帨巾於西階下。❶ 設承版卓子於西方，❷火爐、湯餅、火筯在其東。其日夙興，設玄酒、酒缾、盞注卓子於東方，設香卓於中央，❸置香爐、炷香於其上。

質明，主人以下各服其服，哭於靈座前，奉曾祖考、妣祠版匣，置承祠版卓子上，出祠版，置於坐，藉以褥。次詣靈座，奉祠版匣詣影堂。主人以下哭從，如從柩之叙。至影堂前，止哭，祝奉祠版置於坐，藉以褥。主人及諸子倚杖於階下，與有服之親、尊長卑幼皆立於庭，曾祖考妣在焉，故尊長不敢坐。前無庭，則立於曾祖考位前。以服重輕爲列。丈夫處左，西上；婦人處右，東上，左、右，皆據曾祖考、妣言之。各以昭穆長幼爲叙，皆北向。婢妾在婦人之後。位定，俱再拜。參曾祖考、妣。

其進饌，先詣曾祖考、妣前設之，次詣亡者前設之。主人先詣曾祖考、妣前，北向，跪酹酒，俛伏。興，少退，立。祝奉辭出主人之左，❹東向跪，讀曰：「惟某年月日，子曾孫某，敢以柔毛，嘉薦、普淖，明齊溲酒，適於曾祖考某官，不言「以某封某氏配」。若妣祔於祖妣，則云「適於

❶「帨」右側，孫校加「手」。
❷「承」下，孫校加「祠」。
❸「卓」下，孫校加「子」。
❹「辭」，宋本作「祠」。孫校「奉辭」塗改作「執詞」。

祖妣某封氏」。隮祔孫某官。妣云「隮祔孫婦某封某氏」。尚饗！」祝興，主人再拜，不哭。次詣亡者前，東向，跪酹酒，俛伏。興，少退，立。祝讀曰：❶「惟年月日，孝子某，❷敢用柔毛，嘉薦、普淖，明齊溲酒，哀薦祔事於先考某官，妣云「先妣某封」。適祖考某官。尚饗！」祝興，降位，❸主人再拜，不哭，降復位。

亞獻、終獻，皆如主人儀，惟不讀祝。祝闔門，主人以下出，侍立於門左右，不哭。如食間，祝告啓門三，及啓門，❹主人以下各就位，祝東向告利成，主人以下不哭，皆再拜辭神。祝先納曾祖考、妣祠版於匣，奉置故處；❺次納亡者祠版於匣，奉之還靈座。主人以下哭從，如來儀。至靈座，置之，哭盡哀止。

---

❶「祝讀」之間，孫校加「執詞出主人之左，南向跪」十字。
❷「孝」上，孫校加「子」。
❸「降位」之間，孫校加「復」。
❹「及」，孫校塗改作「乃」。
❺「置」下，孫校加「於」。

司馬氏書儀卷第九

喪儀五

小祥

將及期年，先以栗木爲祠版并趺，皆如桑板之制。考以紫囊、妣以緋囊盛之，各有藉褥，貯於漆匣。於十一月之末，主人設香爐、炷香，卜筮日於影堂外，西向。❶先擇日於來月下旬，卜筮之，不吉，次擇中旬，不吉，次擇上旬。既得吉日，主人焚香於靈座前，北向立。祝執辭出於主人之左，東向，❷讀曰：「孝子某，將以來月某日，祇薦常事於先考某官。妣言

❶「向」下，孫校加「不能卜筮則以环珓代之」十字。

❷「向」下，孫校加「跪」。

「某封」。❶占既得吉，敢告。」既讀，卷詞懷之，興，復位。主人再拜，退。或不卜，❷則從初忌日。❸

小祥前一日，主人及諸子俱沐浴、櫛髮、翦爪，衆丈夫洒掃滌濯，主婦帥衆婦滌釜鼎，具祭饌，如時祭。主人、主婦縱不能親爲，❹亦須監視，務極精潔。丈夫、婦人各設次於別所，置練服於其中。《禮》既虞、卒哭，則有受服，《間傳》：「期而小祥，男子除乎首，婦人除乎帶。」今人無受服及練服，小祥，則男子除首絰及負版、辟領、衰，婦人截長裙，不令曳地而已。應服期者，及小祥皆改吉服，然猶盡其月，不服金珠錦繡紅紫。執事者置卓子，設香爐、酒盞注於靈座前；置盥盆、帨巾於靈座西南，別設座於靈座前卓子之右，東向；別置卓子於靈座東南，西向，置栗版匣及筆硯墨於其上。主人立於靈座前，北向，使善書者西向立，題栗版畢，以蠟塗炙令入理，刮拭之，復納於匣。祝盥手，奉桑板，置於東向之座，次奉栗版，❺置於靈座舊位。出之，藉以褥，主人盥手焚香，

❶「言」，孫校圈删，加「曰先妣」三字。
❷「卜」下，孫校加「筮」。
❸「則」上，孫校加「筮日」；「從」，孫校塗改作「止用」。
❹「爲」下，孫校加「執事」二字。
❺「版」下，孫校加「匣」。

斟酒酹之，退少立。祝執辭出，❶讀曰：「年月日，孝子某，❷《開元禮》小祥祝文猶稱「孤哀子」，按《士虞禮》祔祭已稱孝子，吉祭而已。❸敢昭告於先考某官。妣言某氏。❹來日小祥，栗主既成，伏惟尊靈，捨舊從新，是憑是依。」祝興，主人再拜，哭盡哀。

明日夙興，執事者設玄酒一瓶，酒一缾，刀子、拭布、酒盞注於卓子上，在東階之上，西向。設香卓子於靈前堂中央，置香爐、香合、香匙於其上。裝灰餅，❺設火爐、湯瓶、火筯於西階上。對酒瓶，設盥盆二於西階下，一盆有臺，供親戚，一盆供執事者。各有帨，東上。乃具饌，陳於堂門外之東。

質明，主人倚杖於門外，《喪服小記》：「虞，杖不入於室；祔，杖不升於堂。」注：「然則練杖不入門，明矣。」入，與期親各服其服，坐立哭於靈前，如虞祭之位，若大功已下有來預祭者，釋去華盛之服，同叙坐、立，亦如虞祭之位。大祥、禫准此。哭盡哀。主人及期親出就次，易練服及吉服，復入，就

❶「出」下，孫校加「主人之左東向跪」七字。
❷「孝」上，孫校加「子」。
❸「吉」上，孫校加「如」；「已」下，加「則祥禮可知」五字。
❹「言」，孫校塗改作「曰先妣」；「氏」，塗改作「封」。
❺「灰」，孫校塗改作「炭」。

位哭。頃之，祝止哭者。主人盥手焚香，❶如虞祭，帥衆丈夫設肉食，主婦帥衆婦女設麵食、米食，如卒哭。執事者開酒，主人斟、酹酒，如虞祭。祝執辭，❷讀曰：「年月日，孝子某，❸敢昭告於先考某官。妣云「某封」。❹日月不居，奄及小祥。夙興夜處，小心畏忌。不惰其身，哀慕不寧。敢用柔毛，嘉薦普淖，明齊溲酒，薦此常事於先考某官。妣如前。尚饗！」祝興，主人再拜，❺退復位，哭止。亞、終獻闔門、啓門、復入就位，皆如虞祭。祝東向，告利成，如卒哭。祝斂栗版，韜藉匣之，置靈座，主人以下哭拜，出就次。執事者徹饌，如虞祭。祝取桑版匣，帥執事者徹東向坐，❻埋桑主匣於屏處潔地。

❶「人」下，孫校加「降」。
❷「辭」下，孫校加「出主人之左，東向跪」八字。
❸「孝」上，孫校加「子」。
❹「云」下，孫校加「先妣」二字。
❺「人」下，孫校加「哭」。
❻「坐」，孫校塗改作「座」。

大祥

再期而大祥。於二十三月之末，主人卜，❶如小祥禮。丈夫、婦人各設次於别所，置禫服其中。今世丈夫禫服，垂脚黲紗幞頭，皂布衫，脂皮爁鐵帶，❷或布裹角帶。未大祥間，出詣人家，亦假而服之。婦人可以冠梳假髻，以鵝黄、青碧、皂、白爲衣履，其金銀珠玉紅繡皆不可用。❸《開元禮》云「備内外受服，禫祭」，云「仍祥服」，又云「著禫服」。按：世俗無受服，謂大祥爲除服，即着禫服。今從衆。其日夙興，執事者設酒饌、香火、盥器，❹皆如小祥。

質明，主人與未除服者入，就位於靈前，❺立哭盡哀，已除服者若來預祭，亦哭於故位，如小祥。出就次，易禫服，復入，就位哭。頃之，祝止哭者。主人降，盥手焚香，如虞祭，帥衆男設

❶「卜」下，孫校加「筮日」。
❷「帶」上，孫校加「腰」，下句「帶」下同。
❸「紅」右側，孫校加「錦」。
❹「盥器」之間，孫校加「滌」。
❺「前」下，孫校加「後坐」二字。

肉食，主婦帥衆婦女設麪、米食，❶如卒哭。執事者開酒，主人斟、酹酒，如虞祭。改小祥祝詞，云「奄及大祥」，又曰「薦此祥事」，惟不改題栗主，埋桑主外，其餘如小祥之儀。祭畢，遷影堂及祠匣於影堂，❷徹靈座，斷杖弃之屏處。

禫祭

大祥後，間一月，禫祭。《士虞禮》「中月而禫」，鄭注云：「猶間也。禫，祭名也。自喪至此，凡二十七月。」按：魯人有朝祥而暮歌者，子路笑之，夫子曰：「踰月則其善也。」孔子既祥五日，彈琴而不成聲，十日而成笙歌。《檀弓》曰：「祥而縞。」注：「縞，冠素紕也。」又曰：「禫，徙月樂。」❸《三年問》曰：「三年之喪，二十五月而畢。」然則所謂「中月而禫」者，蓋禫祭在祥月之中也。歷代多從鄭説。今律勑三年之喪皆二十七月而除，不可違也。紕，避支切。是月之中，隨便擇一日，設亡者一位於中堂。祝奉祠版匣，置於座，出之，藉以褥。主人以下不改服，入就位，俱立哭。祝止哭，❹主人降，盥手焚香，如虞

❶「麪」下，孫校加「食」。
❷「祠匣」之間，孫校加「版」。
❸「禫」上，孫校加「是月」二字。
❹「祝」上，孫校加「頃之」二字。

祭，帥衆設食，亦同卒哭禮。❶ 執事開酒，❷主人斟，❸亦如虞祭禮。拜，不哭，改大祥祝詞，云「奄及禫祭」，又云「祇薦禫事」。亞、終獻闔門、啓門、復入就位，❹皆如虞祭，而不哭。祝東向，告利成，主人以下應拜者再拜，❺哭盡哀。祝匣祠版，奉之還於影堂，主人以下從至影堂，不哭，退。執事者徹饌。

居喪雜儀

《檀弓》曰：「始死，充充如有窮；既殯，瞿瞿如有求而弗得；既葬，皇皇如有望而弗至。練而慨然，祥而廓然。」又顔丁居喪，❻「始死，皇皇焉如有求而弗得；及殯，望望焉如有從而弗及；既葬，慨焉如有不及其反而息」，❼《雜記》：「孔子曰：『大連、少連善居喪，三日而不

❶「亦同」，孫校圈删，加「主婦帥衆婦女設麵食米食如」十二字。
❷「事」下，孫校加「者」。
❸「斟」下，孫校加「酹酒」二字。
❹「亞」下，孫校加「獻」。
❺「再」上，孫校加「皆」。
❻「丁」下，孫校加「善」。按：《檀弓》原文有「善」。
❼「有」，孫校圈删，按：《檀弓》原文無「有」。

怠，三月不解，期悲哀，三年憂。』」《喪服四制》曰：「仁者可以觀其愛焉，知者可以觀其理焉，强者可以觀其志焉。禮以治之，義以正之，孝子、弟弟、正婦，❶皆可得而察焉。」《曲禮》曰：「居喪未葬，讀喪禮；既葬，讀祭禮；喪復常，讀樂章。」《檀弓》：「大功廢業。或曰：大功誦，可也。」居喪但勿讀樂章，❷可也。《雜記》：「三年之喪，言而勿語，對而不問。」言，言己事也。爲人說爲語。《喪大記》：「父母之喪，非喪事不言。既葬，與人立，君言王事，不言國事；大夫、士言公事，不言家事。」《檀弓》：「高子皐執親之喪，未嘗見齒。」言笑之微。《雜記》：「疏衰之喪，既葬，人請見之則見，不請見人；小功，請見人可也。」

又凡喪，小功以上，非虞、祔、練、祥，無沐浴。《曲禮》：「頭有瘡則沐，身有瘍則浴。」《喪服四制》：「百官備，百物具，不言而事行者，扶而起；言而後事行者，杖而起；身自執事而後行者，面垢而已。」凡此皆古禮，今之賢孝君子必有能盡之者。自餘相時量力而行之，可也。

❶ 「正」右側，孫校加「貞」。
❷ 「居」上，孫校加「今」。

訃　告　書

尊卑長幼，如常日書儀。粗生紙直書其事，勿爲文飾。

致賻襚狀

具位姓某，某物若干，右謹專送上某人靈筵，聊備賻儀。財物曰賻儀，衣服曰襚儀，香酒曰奠儀。伏惟　歆納，謹狀。年月日、具位，依常式。

封皮狀上某官，靈筵。具位某謹封。此是亡者官尊，其儀乃如此。若平交及降等，即狀内無「年」，封皮用面簽，題曰「某人靈筵」，下云「狀謹封」。

謝賻襚書

今三年之喪，未卒哭，不發書，多令姪、孫及其餘親發謝書。

具位某，某物若干。　右伏蒙　尊慈以某發書者名。某親違世，大官云「薨没」。特賜賻儀。襚奠隨事。下誠不任哀感之至，謹具狀上　謝。謹狀。　年月　日，具位　某　狀　上

某位。　某謹封。此與尊儀也。如平交，即改「尊慈」爲「仁」，「特賜」爲「貺」，去下「誠」字。後云「謹奉陳謝，謹狀」無「年」，封皮用面簽，餘如前。

慰大官門狀

某位姓某。右某謹詣　門屏，祗　慰　某位，伏聽　處分。謹狀。　年月　日，具位某　狀。

慰　平　交

某位姓某。右某祗　慰　某官。謹狀。

月　日，具位　姓　某　狀。

慰人名紙

形如常，但題其陰面，云「某郡姓名慰」。此與平交已下用之。若平交已下期喪，亦用慰狀；大功已下，用起居狀。相面而見慰。

慰人父母亡疏狀鄭《儀》書止一紙，云「月日名頓首」，末云「謹奉疏，慘愴不次。姓名頓首」。裴《儀》看前人稍尊，即作複書，一紙月日名頓首，一紙無月日，末云「謹奉疏，慘愴不次，郡姓名頓首」。封時取月日者向上，如敵體，即此單書。劉《儀》短疏、覆疏、長疏，三幅書，凡六紙。考其詞理，重複如一。今參取三本，但尊卑之間，語言輕重差異耳。若别有情事，自當更作手簡，别幅述之。若慰嫡孫承重者，如父母法。

某頓首再拜言。不意凶變，先某位奄弃　榮養。承　訃告，驚怛不能已已。伏惟　孝心純至，思慕號絶，何以堪居？此上尊官也。平交已下，止云「頓首」。亡者官尊，改「不意凶變」爲「邦國不幸」；無官，有素契，改「先某位」爲「先丈」，無素契，爲「先府君」。母亡，云「先太夫人」、「先太君」；無封邑者，止云「先夫人」。亡者官尊，即改「奄弃侍養」爲「奄捐館舍」；無官，止云「奄違色養」。平交，云「恭惟」；降等，「緬惟」。下倣此。日月流速，遽踰旬朔，或云「流邁」，或云「不居」，或云「遽及孟仲季春」。若已葬，則云「遽經安厝」。卒哭，則云「遽及卒哭」。小祥、大祥、禫祭，各隨其時。哀痛奈何！罔極奈何！不審自罹荼毒，父在母亡，即云「憂苦」。氣力何如？伏乞平交云「伏願」，降等云「惟冀」。强加餰粥，已葬，則云「蔬食」。俯從　禮制。某事役所縻，在官，即云「職業有守」。未由奔　慰，其於憂戀，無任下誠。平交已下，但云「未由奉慰，悲慘增深」。謹奉疏，平交已下，改爲「狀」。伏惟　鑒察。

降等，不用此。不備。謹疏。平交已下，云「不宣」，鄭、裴用「不次」。自非有喪，恐不當稱。月日，具位姓某疏上平交已下，可稱郡望，并改「疏」爲「狀上」。某位大孝。苫前。日月遠，云「哀前」；平交已下，云「哀次」。劉岳《書儀》：「百日内，苫前；百日外，云『服次』、『服前』。」

封皮疏上某位，苫前。具位姓某謹封。平交已下，用面簽，云「某位苫次」。稍尊，用粗衔；平交已下，用「郡望姓名狀謹封」。

重封疏上某所某位。尊長，以小紙帖姓；平交已下，直書姓、某官。具位某謹封。

父母亡答人狀於所尊稱「疏」，於平交已下稱「狀」。

某稽顙再拜言。平交已下，只去「言」字，蓋稽顙而後拜，三年之禮也。古者受弔必拜之，不問幼賤。某罪逆深重，不自死滅，禍延先考。母云「先妣」，承重祖父云「先祖考」，祖母云「先祖妣」。攀號擗踊，五内分崩，叩地叫天，無所逮及。日月不居，奄踰旬朔。或云「遽及孟仲季」，安厝、卒哭、大小祥、禫除，隨時。酷罰罪苦，父在母亡，即曰「偏罰罪深」；父先亡，則母與父同。無望生全。即日蒙恩，稍尊云「免」，平交去此二字。祗奉几筵，苟存視息。伏承　尊慈，俯賜　慰問，哀感之至，不任下誠。平交，云「仰承仁恩，特垂慰問。哀感之情，言不能盡」；降等，云「遠蒙眷私，曲加慰問。哀感之深，非言可論」。凡遭父母喪，知舊不以書來弔問，是無相恤閔之心，於禮不當先發書。若不得已，須至先發，當刪此四句。餘親，彼雖無書弔問，己因書亦當言之，但不特發書耳。未由號訴，不勝隕絶。謹扶力奉疏，荒迷不次。謹疏。　月日，孤子姓某疏上平交已下，云「奉狀謹狀」。父在母亡，稱「哀子」；父先亡，母與父同。承重者稱「孤孫」，女云「孤女」。平交云「狀上」。某位。座前、閣下，並如常。謹空。平交無此。

封皮疏上某位。孤子姓某謹封。餘如前平交者封皮。重封。亦如内封皮。

與居憂人啓狀

某啓。日月流邁，奄踰旬朔。安厝、卒哭、大祥、禫除，隨時。伏惟平交已下，同前。孝心追慕，沈痛難居。孟春猶寒，隨時。起居支福。支者，言其毁瘠，僅及支梧也。稱尊，云「動止支勝」；平交，云「所履」；降等，云「支宜」、「支福」、「支和」；重，「支祐」；小重，「支宜」、「支適」、「小輕」、「支立大輕」。某即日　蒙恩，稱尊，云「免」。伏乞平交已下，同前。節哀順變，俯從　禮制。某事役所縻，在官，如前。未由拜　慰。稱尊，云「造」；平交，云「奉」，或云「展」；降等，云「叙」。其於憂戀，無任下誠。平交已下，但云「悲慘增深」。謹奉狀，伏惟　鑒察。降等，即不用此二句。不備。稱尊已下，云「不宣」。謹狀。

月　日，具位姓某狀上某位。服前。餘皆如前。

居憂中與人疏狀

某叩頭泣血言。稱尊已下，改「言」爲「啓」。日月流速，屢更晦朔。奄及大小祥、禫，隨時。攀慕號絶，不自勝堪。孟春猶寒，伏惟某位尊體起居萬福。降等，無「尊體」字，但云「動止」，餘如前。某酷罰罪苦，父在母亡，則云「偏罰罪深」。無復生理，即日蒙恩，稱尊云「免」，平交無此二字。祇奉几筵。苟存視息，未由號訴，隕咽倍深。謹扶力奉疏。云云，餘如前式。

慰人父母在、祖父母亡啓狀若已慰其父，則更不慰其子，可也。

某啓。禍無故常，　尊祖考　某位，無官有契即云「幾丈」，無契即云「尊祖考府君」。祖母云「尊祖妣某封」，無封云「尊祖妣夫人」。奄忽違世，亡者官尊，云「奄捐館舍」。承　訃驚怛，不能已已。伏惟恭、緬，如前。孝心純至，哀慟摧裂，何可勝任！孟春猶寒，未審　尊體何似？平交已下，云「所履」。伏乞　深自寬抑，以慰慈念。某事役所縻，在官，如前。未由趍慰。其於憂想，無任下誠。平交，如前。謹奉狀。云云，如前式。○若其人父母已亡，則此慰祖父母狀改「痛毒罔極」爲「痛苦」，改「荼毒憂苦」爲「凶變」，改「强加餰粥」爲「深自抑割」，去「大孝」、「至孝」字，改「苫前」爲「座前」，謹空「苫次」爲「足下」。

祖父母亡答人啓狀

某啓。不圖凶禍，先祖考奄忽弃背。祖母云「先祖妣」。痛苦摧裂，不自勝堪。專介臨門，伏蒙　尊慈，特賜　書尺慰問，哀感之至，不任下誠。仁恩、眷私，隨等。孟春猶寒，亦隨時。伏惟　某位尊體起居萬福。平交如前。某即日　侍奉，幸免他苦，未由詣左右展洩，徒增哽塞。謹奉狀上　謝。不宣。極尊，云「不備」。謹狀。

慰人伯叔父母、姑亡

某啓。不意凶變，　尊伯父某位，伯母、叔父母、姑，隨時。降等，改「尊」爲「賢」。奄忽傾逝。亡者官尊，云「奄捐館舍」。承　訃驚怛，不能已已。伏惟　親愛敦隆，哀慟沈痛，何可堪勝！孟春猶寒，　尊體何如？伏乞　深自　寬抑，以慰遠誠。某事役。云云，如前式。

伯叔父母、姑亡答人慰

某啓。家門不幸，　幾伯父伯叔母准此，姑曰「幾家姑」，不言封。奄忽弃背。摧痛酸楚，不自堪忍。伏蒙　尊慈。云云，如前式。〇無父母者，不云「侍奉」。

慰人兄弟姊妹亡

比「慰人伯叔父母亡」啓狀，但改「尊伯父」爲「尊兄」，亦曰「令兄」，❶弟曰「令弟」，姊曰「令姊」，妹曰「令妹」。平交已下，改爲「賢」。若彼有兄弟姊妹數人，須言行第或官封。姊妹無封者，稱其夫姓，云「某宅令姊妹」。「親愛」爲「友愛」。餘並同。

兄弟姊妹亡答人慰

比「伯父母亡答人」狀，但改「幾伯父」爲「家兄」，弟曰「舍弟」，姊曰「家姊」，妹曰「小妹」。有數人者，須言行第，不必言封。改「弃背」爲「喪逝」。餘並同。

慰人妻亡

比「慰人伯叔父母亡」狀，但改「尊伯父」爲「夫人郡縣君」，無封，即云「賢閫」。即改「傾逝」爲「薨逝」，改「驚怛」爲「驚愕」，改「親愛敦隆」爲「伉儷伉音亢，儷音麗。義重」，改「哀慟」爲「悲悼」。餘並同。

❶「亦」，宋本、四庫本同，學津本作「兄」。

妻亡答人

比「伯叔父母亡答人」，但改「家門」爲「私家」，「幾伯父奄忽弃背」爲「室人奄忽喪逝」，「摧痛」爲「悲悼」。餘並同。

慰人子、姪、孫亡

某啓。伏承平交已下，爲「切承」。令子某位，姪曰「令姪」，孫曰「令孫」。平交已下爲「賢」，無官者稱「秀才」。若有數人，須言行第。遽爾夭没，不勝驚怛。伏惟恭、緬，同前。慈愛隆深，悲慟沈痛，何可堪勝！餘並同「慰人伯叔父母」狀，改「寬抑」爲「抑割」。

子孫亡答人狀

比「妻亡答人慰」啓，但改「私家」爲「私門」，「室人奄忽喪逝」爲「小子某亡者名也。姪曰「少姪」，孫曰「幼孫」。遽爾夭折」，改「悲悼」曰「悲念」。餘並同。自伯叔父母已下，今人多只用平時往來狀，止於小簡言之。雖亦可行，但裴、鄭有此式，古人風義敦篤，當如此。裴、鄭又有慰外祖父母、舅、姨、妻父母、外甥、三殤及僧尼，并親戚相弔等書，今並删去。

司馬氏書儀卷第十

喪儀　六

祭

凡祭，用仲月。《王制》「大夫士有田則祭，無田則薦」，注：「祭以首時，薦以仲月。」今國家惟享太廟孟月，自周六廟、濮王廟皆用仲月，以此私家不敢用孟月。主人即日在此男家長也。《曲禮》：「支子不祭。」《曾子問》：「宗子爲士，庶子爲大夫，以上牲祭於宗子之家。」古者諸侯、卿大夫宗族聚於一國，故可以如是。今兄弟仕宦，散之四方，雖支子亦四時念親，安得不祭也？及弟、子、孫皆盛服親臨，筮日於影堂外。《少牢饋食禮》「日用丁、己」，又「主人曰『來日丁亥』」，注：「丁未必亥也，直舉一日以言之耳。禘於太廟禮曰：『日用丁亥。不得丁亥，則己亥、辛亥亦用之。無，則苟有亥焉可也。』」孟説《家祭儀》用二至二分，然今仕宦者職業殊繁，但時至事暇，可以祭，則卜筮，亦不必亥日及分、至也。若不暇卜日，則止依孟《儀》用分、至，於事亦便也。〇仁宗時，嘗有詔聽太子少保以上皆立家廟，而有司終不爲之定制度，惟文潞公立廟於西京，佗人皆莫之立，故今但以影堂言之。主人西向立，衆男在其後，共爲一列，以長幼爲叙，皆北上。置卓子於主人之前，設香爐、香合及蓍於其上。

主人搢笏進，焚香薰而命之，曰：「某將以某日，諏此歲事，適其祖考。尚饗！」乃退立，以蓍授筮者，令西向筮。不吉，則更命日。或無能筮者，則以环珓代之。❶ 既得吉日，乃入影堂，主人北向，子孫在其後，如門外之位，西上。主人搢笏，進焚香，退立。祝懷辭書辭於紙。出於主人之左，東向，搢笏，出辭，跪讀之，曰：「孝孫具官無官，則但稱名。某，將以某日祗薦歲事於先祖考妣。占既得吉，敢告。」卷辭懷之，執笏興，復位。主人再拜，皆出。古者四時之祭，習以爲常，故筮日、宿尸、賓而不告祖考。今始變時俗，筮日而祭，故不得不告，蓋人情當然。

前期三日，主人帥諸丈夫致齊於外，男十歲以上，皆居宿於外。主婦帥諸婦女致齊於內。雖得飲酒而不至亂，亂，謂改其常度。食肉不茹葷，葷，謂葱、韭、蒜之類，有臭氣之物。不弔喪，不聽樂。凡凶穢之事，皆不得預，專致思於祭祀。《祭義》曰：「齋之日，思其居處，思其笑語，思其志意，思其所樂，思其所嗜。齋三日，乃見所爲齋者。」

前期一日，主人帥衆丈夫及執事者洒掃祭所，影堂迫隘，則擇廳堂寬潔之處以爲祭所。滌濯

❶「环」，宋本同，四庫本作「抷」，學津本作「杯」，當是。

祭器，主人縱不親滌，亦須監視，務令蠲潔。設倚卓，考妣並位，皆南向，西上。古者祭於室中，故神坐東向。自後漢以來，公私廟皆同堂異室，南向西上。所以西上者，神道向右故也。主婦主人之妻也。禮，舅没則姑老，不與於祭。主人、主婦，必使長男及婦爲之。若或自欲預祭，則特位於主婦之前。參神畢，升立於酒壺之北，監視禮儀。或老疾不能久立，則休於他所，俟受胙，復來受胙辭神而已。帥衆婦女滌釜鼎，具祭饌，往歲，士大夫家婦女皆親造祭饌。近日，婦女驕倨，鮮肯入庖廚。凡事父母、舅姑，雖有使令之人，必身親之，所以致其孝恭之心。今縱不能親執刀匕，亦須監視庖廚，務令精潔。未祭之物，勿令人先食之，及爲猫、犬及鼠所盜污。《開元禮》六品以下，祭亦有省牲、陳祭器等儀。按：士大夫家祭其先者，未必皆殺牲。又簠簋、籩豆、鼎俎、罍洗，皆非私家所有，今但能别置椀楪等器，專供祭祀，平時收貯，勿供他用，已善矣。時蔬、時菓各五品，膾、今紅生。炙、今炙肉。羹、今炒肉。殽、今骨頭。軒、今白肉，音獻。脯、今乾脯。醢、今肉醬。庶羞、猪羊之外，珍異之味。麪食、如薄餅、油餅、胡餅、蒸餅、棗餻、環餅、捻頭、餺飥之類是也。米食，謂黍、稷、稻、粱、粟所爲飯及粢、餻、團、粽、餳之類，皆是也。共不過十五品。若家貧，或鄉土異宜，或一時所無，不能辦此，則各隨其所有，蔬、果、肉、麪、米食各數品，可也。執事者設盥盆，有臺於阼階東南，帨巾有架，在其北。盥，濯手也。帨，手巾也。此主人以下親戚所盥。又設盥盆、帨巾無臺架者於其東。此執事者所盥。《少牢饋食禮》：「設洗於阼階東南。設罍水於洗東，有料。設篚於洗西，南肆。」《開元禮》倣此。又云：「贊禮者無阼階，則以階之東偏爲阼階，西偏爲西階。

引主人詣罍洗，執罍者酌水，執洗者取盤承水。主人盥手，執篚者受巾。遂進爵，主人詣酒樽所，執樽者舉冪。」私家乏人，恐難備。今但設盥盆、帨巾，使自盥手、帨手，以從簡易。

明日夙興，主人以下皆盛服，丈夫有官者，具公服靴笏；無官者，幞頭衫帶。婦人大袖裙帔，各隨其所應服之盛者。主人、主婦帥執事者詣祭所，於每位設蔬果，各於卓子南端；酒盞、匕筯、茶盞托、醬楪，實以醬、鹽、醯。於卓子北端。禮，主婦薦籩豆，設黍稷；主人舉鼎，設俎。今使主婦帥婦女薦蔬果、粢盛，主人帥衆男薦肉，亦倣此。執事者設玄酒一瓶，其日，取井華水充。酒一瓶，於東階上，西上。别以卓子設酒注、酒盞、刀子、拭布於其東，設香卓於堂中央，置香爐、香合於其上。裝灰餅，設火爐、湯瓶、香匙、火筯於西方。對餅，實水於盥盆。

質明，庖者告饌具，主人、主婦共詣影堂。二執事者舉祠版笥，主人前導主婦，主婦從後。衆丈夫在左，衆婦女在右，從至祭所，置於西階上火爐之西向。主人、主婦盥手帨手，各奉祠版，置於其位，先考，妣後。主人帥衆丈夫共爲一列，長幼以叙，立於東階下，北向西上；主婦帥衆婦女，如衆丈夫之叙，婦以夫之長幼，不以身之長幼。立於西階下，北向東上。執事者立於其後，共爲一列，亦西上。位定，俱再拜。此參神也。《少牢饋食禮》：「將祭，主人朝服，即位於阼階東，西面。祝告利成，主人立於阼階上，西面。尸出入，主人降，立於阼階東，西面。」此皆主人之正位也。「卒胥，祝盥於洗，升自西階。主人盥，升自阼階。祝先入，南面，主人從，户内西面。祝酌奠，主人西面，再拜稽首。」皆爲几筵之在西也。「尸升筵，主人西面，立於户内，拜妥尸。尸醋主人，主人西面，奠爵拜。」皆爲尸之在西也。《開元禮》贊禮者設主人之位於東階下，西面。亞獻、終獻位於主人東南，掌事者位終獻東南，俱重行，西向北上。設子孫之位於庭，重行，北面西上。設贊唱者位於終獻西南。西南亨曰參神，皆就此位。按：今民間祠祭，必向神位而拜，無神在此而西向拜者，故此皆北向，向神而立及拜。胥，諸應切。醋音胙。

主人升自阼階，立於香卓之南，搢笏，焚香，古之祭者不知神之所在，故灌用鬱鬯，臭陰達於淵泉；蕭合黍稷，臭陽達於牆屋，所以廣求其神也。今此禮既難行於士民之家，故但焚香、酹酒以代之。再拜，降復位。祝及執事者皆盥手帨手，執事者一人升，開酒，拭瓶口，實酒於注子，取盞斟酒，西向酹。庖人先用飯牀陳饌於盥帨之東，衆丈夫盥手帨手，主人帥之，脱笏，奉肉食。主人升自阼階，衆丈夫升自西階，以設次於曾祖考妣、祖考妣、考妣神座前蔬果之北。降，執笏，復位。衆婦女盥手帨手，主婦帥之，奉麵食，升自西階，以次設於肉食之北。降，奉米食，升自西階，以次設於麵食之北，降復位。

主人升自阼階，詣酒注所，西向立。執事者一人，左手奉曾祖考酒盞，右手奉曾祖妣酒盞。一人奉祖考、妣酒盞，一人奉考、妣酒盞，皆如曾祖考、妣之次，就主人所。主人搢笏，執注，以次斟酒。執事者奉之徐行，反置故處。主人出笏，詣曾祖考、妣神座前，北向。執事者一人奉曾祖考酒盞，立於主人之左；一人奉曾祖妣酒盞，立於主人之右。主人搢笏，跪取曾祖考酒，酹之，授執事者盞，返故處。主人出笏，俛伏，興，少退立。祝懷辭，出主人之左，東向，搢笏出辭，跪讀之，曰：「維年月日，孝子曾孫具位某，敢用柔毛，牲用彘，則曰「剛鬣」。嘉薦普淖，用薦歲事於曾祖考某官府君，曾祖妣某封某氏配。尚饗！」祝卷辭懷之，執笏興，主人再拜。次詣祖考妣、考妣神座，皆如曾祖考妣之儀。祝辭之異者，祖曰「孝孫薦歲事於祖考妣」，父曰「孝子薦歲事於考妣」。獻畢，祝及主人皆降位。次亞獻、終獻以主婦或近親爲之。盥手帨手、若已嘗盥手者，更不盥。升自西階、斟酒、酹酒，皆如上儀，惟不讀祝。

既遍，主人升自東階，脱笏，執注子，徧就斟酒盞，皆滿。執笏退，立於香卓東南，北向。主婦升自西階，執匕扱黍中，西柄，扱，初洽切。正筯，立於香卓西南，北向。主人再拜，主婦四拜。《少牢饋食禮》：七飯，「尸告飽，祝西面於主人之南，獨侑不拜。侑曰：『皇尸未實，侑！』」。勸也。又曰：「尸又食，上佐食，舉肩。尸不飯，告飽。主人不言，拜侑。」注：「祝言而不拜，主人不言而拜，親疏之宜。」今主人斟酒，主婦扱匕、正筯而拜，亦不言侑食之意也。執事者一人執器，瀝去茶清，一人隨以湯斟之，皆自西始，畢，皆出。祝闔門，主人立於門東，西向，衆丈夫在其後；主婦立於門西，東向，衆婦皆在其後。《特牲饋食》曰「尸謖」，注：「謖，起也。」又曰：「佐食徹尸薦俎敦，設於西北隅，几在南，厞用筵，納一尊。佐食闔牖户，降。」注：「厞，隱也。不知神之所在，或遠諸人乎？尸謖而改饌爲幽闇，所以爲厭飫。此所謂當室之白爲陽厭，尸未入之前爲陰厭。」《祭義》曰：「祭之日，入室，僾然必有見乎其位；周旋出户，肅然必有聞乎其容聲；出户而聽，愾然必有聞乎歎息之聲。」鄭曰：「無尸者闔户，若食間。」此則孝子廣求其親，庶或享之，忠愛之至也。今既無尸，故須設此儀。若老弱羸疾不能久立，則更休他所。當留親者一兩人，侍立於門外，可也。謖，所六切。敦音對。厞，扶米切。僾音愛。愾，開大切。

如食間，祝升，當門外，北向，告啓門，三。《士虞禮》「祝聲三，啓户」，注：「聲者，噫歆也。將啓户，驚覺神也。」乃啓門，執事者席於玄酒之北，主人入就席，西向立。祝升自西階，就曾祖位前，搢笏，舉酒徐行，詣主人之右，南向授主人，搢笏跪授，祭酒啐酒。執事者授祝以器，祝受器，取匕抄諸位之黍各少許，置器中。祝執黍行，詣主人之左，北向，嘏於主人，曰：「祖考命工祝，承致多福於汝孝孫。來汝孝孫！使汝受禄於天，宜稼於田，眉壽永年。勿替引之。」主人置酒於席前，執笏，俛伏，興，再拜。搢笏，跪受黍，嘗之，實於左袂。執事者一人，立於主人之右，主人授執事者器，挂袂於手指，取酒卒飲。執事者一人，立於主人之右，受盞，置酒注。旁一人立於主人之左，執盤，置於地，主人寫袂中之黍於盤，執事者授以出。主人執笏，俛伏，興，立於東階上，西向。於主人之受黍也，祝執笏，退立於西階上，東向。主人既就位，祝告利成，降復位。於是在位者皆再拜，主人不拜。此受胙也。主人降，與在位者皆再拜。此辭神也。主人、主婦皆升，奉祠版納於櫝笥，妣先考後。執事者二人舉之，導從歸於影堂，如來儀。主婦還，監徹，酒盞不酹者，及注中餘酒，皆入於壺，封之，所謂「福酒」。執事者徹祭饌，返於廚，傳於宴器。主婦監滌祭器，藏之。主人監分祭饌，爲胙盤，品取少許，同置於合，并福酒皆緘之。貴於神餘，不貴豐腆。遣僕執書，歸胙於親友之好禮者。書辭在後。

執事者設餕席，男女異座，主人與衆丈夫坐於堂，主婦與衆婦女坐於室。設倚卓、蔬果、醯醢、醬、酒盞、匕筯畢，入酒於注。庖者温祭饌。男尊長就坐，衆男獻壽，若主人、主婦之上更有尊長，則主人帥衆男、主婦帥婦女以獻壽。叙立向尊長，如祭所之位，而男女皆以右爲上。如尊長南向，則以東爲上，是也。衆丈夫以長者或弟，或子。少進，執事者一人執酒注，立於右，一人執酒盞，立於左。長男即衆丈夫之長也。搢笏跪，右手執注，左手執盞，斟酒。祝曰：「祀事既成，祖考嘉饗。伏願備膺五福，保族宜家。」執注者退，執盞者置酒於尊長之前。長男俛伏，興，退復位，與衆丈夫俱再拜，興立。尊長命執事者取酒注及長男酒盞，置於前，自斟之。祝曰：「祀事克成，五福之慶，與汝曹共之。」執事者以盞致於長男，長男搢笏跪受，以授執事者，置其位，俛伏，興立。

尊者命執事者偏斟衆丈夫酒，畢，長男及衆丈夫皆再拜，尊者命坐，乃就坐。衆女獻女尊長於室，女尊長酢衆婦女，立斟，立授，不跪，餘皆如衆丈夫之儀。飲畢，執事者獻肉食畢，衆婦女詣堂，獻男尊長壽。婦女執事不能祝者，默斟而已。及尊長酢長女，或妹，或女。長女立斟，立受，不跪，婦長，則使執事者就酢。餘皆如衆丈夫之儀。衆丈夫詣室獻女尊長壽，如堂上之儀。執事者薦麪食，衆執事者獻男女尊長壽，如婦女，而不酢。執事者薦米食，時候泛行酒，間以祭饌，盞數惟尊長之命。禮，祭事既畢，兄弟及賓迭相獻酬，有無算爵，所以因其接會，使之交恩定好，優勸之。今亦取此儀。

凡歸胙及餕，若酒不足，則和以他酒；饌不足，則繼以他饌。既罷，據所酒饌，主人頒胙於外僕，主婦頒胙於內執事者，徧及微賤，其日皆盡。孔子祭於公，不宿肉，不敢留神惠也。

凡祭，主於盡愛敬之誠而已。疾則量筋力而行之，少壯者自當如儀。

影堂雜儀

主人以下皆盛服，男女左右叙立，如常儀。主人、主婦親出祖考，置於位，焚香，主人以下俱再拜。執事者斟祖考前茶酒，以授主人。主人搢笏跪，酹茶、酒；執笏，俛伏，興，帥男女俱再拜。次酹祖妣以下，皆徧。納祠版，出徹。月望，不設食，不出祠版，餘如朔儀。影堂門無事常閉。每旦，子孫詣影堂前唱喏，出外歸亦然。出外再宿以上，歸則入影堂，每位各再拜。將遠適及遷官大事，則盥手焚香，以其事告，退，各再拜。有時新之物，則先薦於影堂。遇水火盗賊，則先救先公遺文，次祠版，次影，然後救家財。

歸胙於所尊書

某惶恐啓。今月某日，有事於祖考，謹遣歸　胙於執事。伏惟　尊慈俯賜　容納。某惶恐再拜　某人。執事。

復　書

某咨。吾子孝享祖考，不專有其　福，施及老夫，感慰良深。某咨　某人。

平　交　書

某啓。今月某日，有事於祖考，謹遣歸　胙。伏惟　留納。某再拜　某人。左右。

復　書

某啓。伏承某人孝享祖考，不專有其　福，施及賤交，不勝感戢。某再拜　某人。左右。

降　等　書

某咨。今月某日，有事於祖考，今遣致　胙。某咨　某人。

復　書

某惶恐啓。伏承　某人孝享祖考，欲廣　其　福，辱及賤子，過蒙　恩私，不勝感戴之至。

某惶恐再拜　某人。執事。

封皮如常日啓狀儀。

汪郯跋

言禮家有圖與儀注，予所見宋聶氏崇義、楊氏復、苗氏昌言諸圖，率鉅細畢舉。若儀注善本，文公《家禮》外，必數温公《書儀》。無論劉氏岳以坐鞍事貽譏，其他可知，并翼之《吉凶書儀》似亦不逮。即當時程氏、張氏、吕氏、高氏、韓氏，並與此書參用。《家禮》中獨一家之酌古斟今，悠然見朱子言外，宜展讀一過，洵若古服古器之可寶歟？家嚴以雕本既罕，命伯兄校正付梓，將使與《家禮》並陳，宛若玉佩參錯紳韠，左光照右，右光照左，或亦言禮家所許也。

雍正甲辰二月朔日，後學汪郯謹書。

汪祁跋

《書儀》爲温公考諸《儀禮》，通以後世可行者。文公定《家禮》，於冠禮多取之，婚與喪、祭參用不一，觀信齋楊氏之言可見。若夫禮，莫大於婚、喪，《通考》所載，疑温公以婦入門已拜先靈，去三月之廟見，及祔用卒哭、不用練。

祁按：《士昏禮》：「舅姑既没，婦入，三月乃奠菜。」《曾子問》：「三月廟見，稱來婦也。」崔靈恩謂「舅姑偏有存没，厥明，盥饋存者，三月廟見亡者」，是謂温公去三月之見未合可已。今改三月爲三日，猶是用婦入門時也。《檀弓》「殷練而祔，周卒哭而祔。孔子善殷」，而云「周已戚」，夫周之祔，有《儀禮》自始死以後之節文度數，至此可祔，非殷之比。温公雖知孔子善殷，卒從周制，亦謂喪禮敬爲上也。況祔而遷者，是主高、曾、祖、考之宗子，身死而致四世蒸嘗久缺，庶惟卒哭之祔，有以體死者之不安。祔祭爲不敢緩，衛正叔謂不若且從《儀禮》，温公有以也。適梓是書，而繹《通考》條列陳氏、朱子諸説，附識之。

雍正甲辰上巳日，後學汪祁謹跋。

家範

〔北宋〕司馬光 撰
萬義廣
李 倩 校點
温樂平

校點説明

《家範》十卷，北宋司馬光撰。司馬光（一〇一九—一〇八六），字君實，謚文正，卒贈温國公，故後世多稱司馬温公，陝州夏縣（今山西夏縣）涑水鄉人，世稱涑水先生。歷仕仁宗、英宗、神宗、哲宗四朝，卒贈太師、温國公，是北宋乃至中國歷史上有重大影響的政治家和史學家。《宋史》有傳。司馬光著述宏富，尤以主持編纂編年體通史《資治通鑑》聞名於世。此外，尚有《稽古録》、《類篇》、《涑水記聞》、《潛虚》、《家範》、《書儀》、《温國文正司馬公文集》等作品傳世。另外還注解過漢代揚雄的《太玄》。

《家範》是一部蒙學教育題材的作品。晁公武云：「取經史所載賢聖修身齊家之法，分十九門，編類訓子孫。」《四庫總目提要》歸納是書「似較《小學》更切於日用，且大旨歸於義理」，「觀於是編，猶可見一代偉人修己型家之梗概也」。可見，在古人看來，《家範》是輯録經史所載，選擇從祖、父到婦、妾、乳母等十八類家庭成員的典範故事，立足於培養孩童在家庭生活中高尚的道德情操，放眼於治國平天下的大義，體現「修身、齊家、治國、平天下」理想的著作。但以今天的道德觀念來考察，我們看到的《家範》，其中有些部分似有虧前人的謷美之辭，也與一個偉大的歷史學家的身份不符。例如本書所載有些孝道、婦女守節之類的故事近乎病態。該書板片明萬曆以前幾無遺存，今所見《家範》或已非温公原帙，或部分内容經後人竄入。行文結構方面，也有次序不盡合理的地方，尤其是「兄弟」一門，先序兄，後序弟，但錯亂顛倒之處不少。

《家範》，晁公武《郡齋讀書志》、馬端臨《文獻通考·經籍考》均著録爲十卷，鄭樵《通志·藝文略》著録爲六卷，《宋史·藝文志》著録爲四卷，而《文獻通考》所引後溪劉氏則云「《温公家範》十有二卷」。現存《家範》版本最早者爲明萬曆三年（一五七五）陳世寶刻本。萬曆七年，陳氏巡視東南河道，又囑東昌知府莫與齊梓而行之，前有莫氏序，是爲萬曆七年本。萬曆二十四年沈節甫忠恕堂輯刻《家範》等十三種書爲《先正由醇録》。萬曆十五年司馬祉刻、萬曆三十五年司馬露增修本叢書《涑水司馬氏源流集略》收入《家範》。天啓六年（一六二六）司馬光十八世孫露及十九世孫嘌等重刊，所據本當爲萬曆本。入清以後，《家範》先由高安朱軾於康熙五十八年（一七一九）刊刻，乾隆間又收入朱氏藏書。乾隆四十二年（一七七七）纂修《四庫全書》，亦收有此書，顯係據朱氏刻本抄録。而光緒元年（一八七五）夔州李氏刻本、解梁書院刻本，也都據朱氏刻本重刊。而民國吴興劉氏留餘草堂刻本直接源於明天啓本。此次校點，由於萬曆七年本現藏南京圖書館，無由複製，故採用天啓六年刻本爲底本。天啓本源於萬曆本，糾正了萬曆七年本的一些誤刻，也産生了新的錯誤，但總體上仍勝於萬曆七年本。以萬曆七年刻本、文淵閣《四庫全書》本、吴興劉氏留餘草堂刻本爲校本，並參考天津古籍出版社一九九五年出版的注釋本進行校點。又根據中國國家圖書館藏萬曆七年刻本縮微製品，抄録序跋作爲附録收入。

司馬温公家範序

夏后氏之故封，爲先生桑梓，里奉先生遺像而尸祝之者，依然昔日遮道聚觀、礬衣奠哭之人心也。余于役平水，過其里，瞻謁其祠。高山景行，無射于人。斯又從先生之裔孫露，得盡覩先生遺編，曰：

嗟乎！是乃先生之所爲無射也哉！顧其最夷易、最切實者，則有《家範》一書。諄諄亹亹，揔爲齊家示訓。夫經首誠意而極之治平，先後本末昭昭，而其出身加民，則于家庭見端，故曰：「其本亂而末治者，否矣。」「其所厚者薄而所薄者厚，未之有也。」先生之學，惟誠惟一，足以感人主，孚夷虜，薄海内外，無不舉手加額，欣欣戴司馬相公者，此其身先之範，固自不言而喻。且夷考當年立朝大節，如預請建儲，抗議濮禮，與夫因災異而陳慈孝，矢謨洋洋，一本修齊，真如布帛菽粟，别無吊詭奇異之譚可以炫飾聽聞，而一時傾注者，亡慮識與不識，何者？誠故也。余竊怪世之好爲吊詭奇異者，于夷易切實之旨，一切厭薄爲不足道。獨不觀轉大木于河滸者乎？前呼「輿謣」，後者應之。斯時，即有齊謳郢調、吴歈越吟，與激羽流商之曲，皆侈而無當，則知夷易切實之有關于世教也。噫！是可以測《家範》矣。余故願附一言而授諸先生之裔孫。奉勑提督山西學政苕溪後學吴時亮書于平水之衡文公署。

温公家範跋

先文正公《家範》，事擷古今，義兼述作，上自卿士，下逮庶人，凡家行隆美，可爲世法者，罔不備載。如冶人鎔金，陶人埴，圜觚方直，一聽之于範，不少差僭。顧家之本在身，而身之主宰在心。求之吾心，取《家範》所載佳言懿行，以證吾心，决吾嚮往，則範自我立，化自我行。己真己僞皆由己，而由人乎？先大父邵武公刻之于閩，板毁無存，未得傳世。先大人孝廉公未仕，早殁，亦不克成所志。露家徒四壁，無力梓行。荷蒙當道名公崇賢重道，所賜俸金，露授梓人，永垂懿範，傳之海宇。允可範俗，足爲聖明風化之助，又不獨爲寒家之範已也。時天啓丙寅端陽日十八世孫露頓首謹識。

家範卷之一

十八世孫露十九世孫嶸嵩嶧巖崘岐梓

《周易》：☲離下巽上家人，利女貞。

《彖》曰：「家人，女正位乎内，謂二也。男正位乎外。謂五也。

家人之義，以内爲本，故先説女也。

「男女正，天地之大義也。家人有嚴君焉，父母之謂也。父父、子子、兄兄、弟弟、夫夫、婦婦，而家道正。正家而天下定矣。」

《象》曰：「風自火出，家人。

由内以相成熾也。

「君子以言有物而行有恒。」

家人之道，修於近小而不妄也。故君子以言必有物而口無擇言，行必有恒而身無擇行。

初九，閑有家，悔亡。

凡教在初，而法在始。家瀆而後嚴之，志變而後治之，則悔矣。處家人之初，爲家人之始，故宜必以閑有家，然後悔亡也。

《象》曰：「閑有家，志未變也。」

六二，無攸遂，在中饋，貞吉。

居内處中，履得其位，以陰應陽，盡婦人之正義，無所必遂，職乎中饋，巽順而已，是以貞吉也。

《象》曰：「六二之吉，順以巽也。」

九三，家人嗃嗃，悔厲，吉。婦子嘻嘻，終吝。

以陽處陽，剛嚴者也。處下體之極，爲一家之長者也。行，與其慢，寧過乎恭；家，與其瀆，寧處乎嚴。是以《家人》雖「嗃嗃，悔厲」，猶得其道。「婦子嘻嘻」，乃失其節也。

《象》曰：「家人嗃嗃，未失也。婦子嘻嘻，失家節也。」

六四，富家，大吉。

能以其富，順而處位，故大吉也。若但能富其家，何足爲大吉？體柔居巽，履得其位，明於家道，以近至尊，❶能富其家也。

《象》曰：「富家大吉，順在位也。」

九五，王假有家，勿恤，吉。

---

❶ 「近至」，原倒，今據草堂本及宋刻《周易》乙正。

假，至也。履正而應，處尊體巽，王至斯道，以有其家者也。居於尊位而明於家道，則下莫不化矣。父父、子子、兄兄、弟弟、夫夫、婦婦六親和睦，交相愛樂而家道正，正家而天下定矣。故「王假有家」，則勿恤而吉。

《象》曰：「王假有家，交相愛也。」

上九，有孚，威如，終吉。

處家人之終，居家道之成，刑於寡妻，以著於外者也，故曰「有孚」。凡物以猛爲本者，則患在寡恩；以愛爲本者，則患在寡威。故家人之道，尚威嚴也。家道可終，唯信與威。身得威敬，人亦如之。反之於身，則知施於人也。

《象》曰：「威如之吉，反身之謂也。」

《大學》曰：「古之欲明明德於天下者，先治其國；欲治其國者，先齊其家；欲齊其家者，先修其身；欲修其身者，先正其心；欲正其心者，先誠其意；欲誠其意者，先致其知。致知在格物。物格而後知至，知至而後意誠，意誠而後心正，心正而後身修，身修而後家齊，家齊而後國治，國治而後天下平。自天子以至於庶人，一是皆以修身爲本。其本亂而末治者，否矣。其所厚者薄而其所薄者厚，未之有也。此謂知本，此謂知之至也。所謂治國必先齊其家者，其家不可教而能教人者無之。故君子不出家而成教於國。孝者，所以事君也；弟者，所以事長也；慈者，所以使衆也。《詩》云：『桃之夭夭，其葉蓁蓁。之子于歸，宜其家人。』宜其家人，而後可以教國人。《詩》云：『宜兄宜弟。』宜兄宜弟，而後可以教國人。《詩》云：『其儀不忒，正是四國。』

其爲父子、兄弟足法，而後民法之也。此謂治國在齊其家。」

《孝經》曰：「閨門之内，具禮矣乎？❶

宫中之門，其小者謂之閨。禮者，所以治天下之法也。閨門之内，其治至狹，然而治天下之法，舉在是矣。

「嚴父嚴兄，

事君、事長之禮也。

「妻子、臣妾，猶百姓、徒役也。」

徒役，皁牧也。妻子猶百姓，臣妾猶皁牧，御之必以其道，然後上下相安。

昔四岳薦舜於堯，曰：「瞽子，父頑、母嚚、象傲。

無目曰瞽。舜父有目，不能分别好惡，故時人謂之瞽。配字曰瞍。瞍，無目之稱。心不則德義之經爲頑。

象，舜弟之字，傲慢不友。言並惡。

「克諧以孝。烝烝乂，不格姦。」

諧，和。烝，進也。言能以至孝和諧頑嚚昏傲，使進進以善自治，不至於姦惡。

帝曰：「我其試哉。」

言欲試舜，觀其行跡。

---

❶「具」，原作「其」，今據四庫本、草堂本改。

女于時，觀厥刑于二女。

女，妻。刑，法也。堯於是以二女妻舜，觀其法度，接二女以治家。❶

釐降二女于嬀汭，嬪于虞。

降，下。嬪，婦也。舜爲匹夫，能以義理下帝女之心，於所居嬀水之汭，使行婦道於虞氏。

帝曰：「欽哉！」

歎舜能修己行敬以安人，則其所能者大矣。

《詩》稱文王之德曰：「刑於寡妻，至於兄弟，以御于家邦。」此皆古聖人正家以正天下者也。降於後世，爰自卿士以至匹夫，亦有家行隆美可爲人法者。今采集以爲《家範》。

治家

衛石碏曰：「君義、臣行、父慈、子孝、兄愛、弟敬，所謂六順也。」齊晏嬰曰：「君令臣共、父慈子孝、兄愛弟敬、夫和妻柔、姑慈婦聽，禮也。」君令而不違，臣共而不貳，父慈而教，子孝而箴，兄愛而友，弟敬而順，夫和而義，妻柔而正，姑慈而從，婦聽而婉，禮之善物也。夫治家莫如禮。男女之别，禮之大節也，故治家者必以爲先。《禮》：「男女不雜坐，不同椸枷，不同巾櫛，不親授受。嫂叔不通問，諸母不漱裳。外言不入於梱，内言

❶ 「家」下，草堂本有「觀治國」三字。

不出於梱。女子許嫁，纓。非有大故，不入其門。姑、姊、妹、女子子，已嫁而反，兄弟弗與同席而坐，弗與同器而食。」

皆爲重别也。不雜坐，謂男子在堂，女子在房也。椸，可以枷衣者。通問，謂相稱謝也。諸母，庶母也。漱，澣也。庶母賤，可使漱衣，不可使漱裳，裳賤。尊之者，亦所以遠别也。外言、内言，男女之職也。不出入者，不以相問也。梱，門限也。女子許嫁繫纓，有從人之端也。大故，宫中有災變若疾病，乃後入也。❶女子有宫者，亦謂由命士以上也。《春秋傳》曰：「群公子之舍，則已卑矣。」❷女子十年而不出，嫁及成人可以出矣，猶不與男子共席而坐，亦遠别也。

「男女非有行媒，不相知名。

見媒往來，傳婚姻之言，乃相知姓名。

「非受幣，不交不親。

重别有禮，乃相纏固。

「故日月以告君，

《周禮》凡取判妻入子者，媒氏書之以告君，謂此也。

---

❶「乃」，四庫本作「然」。

❷「卑」，原作「畢」，今據《禮記注疏》及《春秋公羊注疏》（清阮刻《十三經注疏》本）改。

「齋戒以告鬼神，

婚禮，凡受女之禮，皆於廟爲神席，以告鬼神，謂此也。

「爲酒食以召鄉黨僚友，

會賓客也。

「以厚其別也。」

厚，重慎也。

又：❶「男女非祭非喪，不相受器。

祭嚴喪遽，不嫌也。

「其相授，則女受以篚。其無篚，則皆坐奠之而後取之。

奠，停地也。

「外内不共井，不共湢浴，不通寢席，不通乞假。男子入内，不嘯不指；❷夜行以燭，無燭則止。

嘯，讀謂叱。叱，嫌有隱使也。

「女子出門，必擁蔽其面；夜行以燭，無燭則止。

❶「又」，原作「文」，今據萬曆七年本、四庫本、草堂本改。

❷「嘯」，原作「笑」，今據草堂本及《禮記注疏》改，下「嘯」字同。

擁，猶障也。❶

「道路，男子由右，女子由左。」

地道尊右。

又：「子生七歲，男女不同席，不共食。

蚤其別也。❷

「男子十年，出就外傅，居宿於外，

外傅，教學之師。

「女子十年不出。」

恒居内也。

又：「婦人送迎不出門，見兄弟不踰閾。」

閾，限也。

又：「國君夫人，父母在則有歸寧，没則使卿寧。」

魯公父文伯之母如季氏，

❶「猶」，原作「獨」，今據四庫本、草堂本改。

❷「蚤」，原作「厚」，今據草堂本及《禮記注疏》改。

如，之也。

康子在其朝，

自其外朝也。

與之言，弗應。從之，及寢門，弗應而入。

入康子之家也。

康子辭於朝而入見，

辭其家臣，入見敬姜也。

曰：「肥也不得聞命，無乃罪乎？」曰：「寢門之內，婦人治其業焉，上下同之。

寢門，正室之門也。上下，天子已下也。

「夫外朝，子將業君之官職焉；内朝，子將庀季氏之政焉。

庀，治也。

「皆非吾所敢言也。」

公父文伯之母，季康子之從祖叔母也。康子往焉，闖門而與之言，皆不踰閾。仲尼聞之，以爲别於男女之禮矣。

闖，闢也。門，寢門也。

漢萬石君石奮，無文學，恭謹舉無與比。奮長子建，次甲，次乙，次慶，皆以馴行孝謹，官至二千石。於是景帝曰：「石君及四子皆二千石，人臣尊寵，乃舉集其門。」故號奮爲萬石君。孝景季年，萬石君以上大夫禄歸老于家，子孫爲小吏，來歸謁，萬石君必朝服見之，不名。子孫有過失，不誚讓，爲便坐，對案不食。然後諸子相責，因長老肉袒固謝罪，改之，乃許。子孫勝冠者在側，雖燕必冠，申申如也。僮僕訢訢如也，唯謹。其執喪哀戚甚，子孫遵教亦如之。萬石君家以孝謹聞乎郡國，雖齊、魯諸儒質行，皆自以爲不及也。建元二年，郎中令王臧以文學獲罪皇太后。太后以爲儒者文多質少，今萬石君家不言而躬行，乃以長子建爲郎中令，少子慶爲内史。建老白首，萬石君尚無恙。每五日洗沐歸謁親，入子舍，竊問侍者，取親中帬厠牏，身自澣灑，復與侍者，不敢令萬石君知之，以爲常。萬石君徙居陵里。内史慶醉歸，入外門不下車。萬石君聞之，不食。慶恐，肉袒謝罪，不許。舉宗及兄建肉袒。萬石君讓曰：「内史貴人，入閭里，里中長老皆走匿，而内史坐車自如，固當！」乃謝罷慶。慶及諸子入里門，趨至家。萬石君元朔五年卒。建哭泣哀思，杖乃能行。歲餘，建亦死。諸子孫咸孝，然建最甚。

甚孝於萬石君。

樊重，字君雲。世善農稼，好貨殖。重性温厚，有法度。三世共財，子孫朝夕禮敬，常若公家。其經營産業，物無所棄。課役童隸，各得其宜。故能上下勠力，財利歲倍，❶乃至開廣田土三百餘頃。其所起廬舍，皆重堂高閣，陂渠灌注。又池魚牧畜，有求必給。嘗欲作器物，先種梓漆，時人嗤之。然積以歲月，皆得其用。

---

❶「歲」，原作「遂」，今據四庫本及《後漢書》改。

向之笑者，咸求假焉。貲至巨萬，而賑贍宗族，恩加鄉閭。外孫何氏兄弟争財，重耻之，以田二頃解其忿訟。縣中稱美，推爲三老。年八十餘終。其素所假貸人間數百萬，遺令焚削文契。債家聞者皆慙，争往償之。諸子從敕，竟不肯受。

南陽馮良，志行高潔，遇妻子如君臣。

宋侍中謝弘微，從叔混以劉毅黨見誅。混妻晉陽公主改適琅邪王練。公主雖執意不行，而詔與謝氏離絶，公主以混家事委之弘微。混仍世宰相，一門兩封，田業十餘處，僮役千人。唯有二女，年並數歲。弘微經紀生業，事若在公，一錢尺帛，出入皆有文簿。宋武受命，晉陽公主降封東鄉君，節義可嘉，聽還謝氏。自混亡至是九年，而室宇修整，倉廩充盈，門徒不異平日。田疇墾闢，有加於舊。東鄉歎曰：「僕射生平重此一子，可謂知人，僕射爲不亡矣。」中外親姻、道俗義舊，❶見東鄉之歸者，入門莫不歎息，或爲流涕，感弘微之義也。弘微性嚴正，舉止必修禮度，婢僕之前不妄言笑，由是尊卑大小敬之若神。及東鄉君薨，遺財千萬，園宅十餘所，及會稽、吴興、琅邪諸處，太傅安、司空琰時事業奴僮猶數百人。公私或謂：「室内資財，宜歸二女；田宅僮僕，應屬弘微。」弘微一物不取，自以私禄營葬。混女夫殷叡，素好樗蒲，聞弘微不取財物，乃濫奪其妻妹及伯母兩姑之分，以還戲債。内人皆化弘微之讓，一無所争。弘微舅子領軍將軍劉湛，謂弘微曰：「天下事宜有裁衷，卿此不問，何以居官？」弘微笑而不答。或有譏以謝氏累世財産充殷君一朝戲債，

---

❶ 「道俗義」，四庫本作「里黨故」。

譬棄物江海以爲廉耳。弘微曰：「親戚争財，爲鄙之甚。今内人尚能無言，豈可道之使争？今分多共少，不至有乏。身死之後，豈復見關？」

劉君良，瀛州樂壽人。累世同居，兄弟至四從，皆如同氣。尺布斗粟，相與共之。隋末，天下大飢，盜賊群起。君良妻欲其異居，乃自取庭樹鳥雛交置巢中，❶於是群鳥大相與鬬，舉家怪之。妻乃説君良曰：「今天下大亂，争鬬之秋，群鳥尚不能聚居，而况人乎？」君良以爲然，遂相與析居。月餘，君良乃知其謀，夜攬妻髮罵曰：「破家賊，乃汝耶。」悉召兄弟，哭而告之，立逐其妻，復聚居如初。鄉里依之，以避盜賊，號曰「義成堡」。宅有六院，共一厨，子弟數十人，皆以禮法。貞觀六年，詔旌表其門。

張公藝，鄆州壽張人。九世同居，北齊、隋、唐皆旌表其門。麟德中，高宗封泰山，過壽張，幸其宅。召見公藝，問所以能睦族之道。公藝請紙筆以對，乃書「忍」字百餘以進。其意以爲宗族所以不協，由尊長衣食或有不均，卑幼禮節或有不備，更相責望，遂成乖争。苟能相與忍之，則常睦雍矣。

唐河東節度使柳公綽，在公卿間最名有家法。中門東有小齋，自非朝謁之日，每平旦輒出至小齋，諸子仲、郢等皆束帶晨省於中門之北。公綽決公私事，接賓客，與弟公權及群從弟再食，自旦至暮，不離小齋。燭至，則以次命子弟一人執經史立燭前，即讀一過畢，❷乃講議居官治家之法，或論文，或聽琴，至人定鐘，然

---

❶「自」，四庫本作「密」。

❷「即」，四庫本作「躬」。

後歸寢。諸子復昏定於中門之北。凡二十餘年，未嘗一日變易。其遇飢歲，則諸子皆蔬食，曰：「昔吾兄弟侍先君，爲丹州刺史，以學業未成不聽食肉，吾不敢忘也。」姑姊妹姪有孤嫠者，雖疏遠，必爲擇婿嫁之，皆用刻木粧奩、纈文絹爲資裝。常言：「必待資粧豐備，何如嫁不失時！」及公綽亡，仲、郢一遵其法。

國朝公卿能守先法久而不衰者，唯故李相昉家。子孫數世二百餘口，猶同居共爨。田園邸舍所收及有官者俸禄，皆聚之一庫，計口日給餅飯。婚姻喪葬所費皆有常數。分命子弟掌其事，其規模大抵出於翰林學士宗諤所制也。

夫人爪牙之利，不及虎豹；膂力之强，不及熊羆；奔走之疾，不及麋鹿；飛颺之高，不及燕雀。苟非群聚以禦外患，則反爲異類食矣。是故聖人教之以禮，使人知父子、兄弟之親。人知愛其父，則知愛其兄弟矣；愛其祖，則知愛其宗族矣。如枝葉之附於根榦，手足之繫於身首，不可離也。豈徒使其粲然條理，以爲榮觀哉！乃實欲更相依庇，以扞外患也。吐谷渾阿豺有子二十人，病且死，謂曰：「汝等各奉吾一隻箭，將玩之。」俄而命母弟慕利延曰：❶「汝取十九隻箭折之。」慕利延不能折。阿豺曰：「汝曹知否？單者易折，衆者難摧。戮力一心，然後社稷可固。」言終而死。彼戎狄也，猶知宗族相保以爲强，况華夏乎！聖人知一族不足以獨立也，故又爲之甥舅婚媾姻婭以輔之。猶懼其未也，故又愛養百姓以衛之。故愛親者，所以愛其身也；愛民者，所以愛其親也。如是，則其身安若泰山，壽如箕翼，他人安得而侮之哉！故自古聖賢未有

❶「曰」下，四庫本有「汝取一隻箭折之，慕利延折之，又曰」十四字。

不先親其九族，然後能施及他人者也。彼愚者則不然，棄其九族，遠其兄弟，欲以專利其身。殊不知身既孤，人斯戕之矣，於利何有哉！昔周厲王棄其九族，詩人刺之曰：「懷德惟寧，宗子惟城。毋俾城壞，毋獨斯畏。」苟爲獨居，斯可畏矣。

宋昭公將去群公子，樂豫曰：「不可。公族，公室之枝葉也。若去之，則本根無所庇廕矣。葛藟猶能庇其根本，故君子以爲比，况國君乎？此諺所謂『庇焉而縱尋斧焉』者也，必不可。君其圖之。親之以德，皆股肱也，誰敢攜貳！若之何去之？」昭公不聽，果及於亂。

華亥欲代其兄合比爲右師，譖於平公而逐之。❶左師曰：「汝亥也必亡。汝喪而宗室，於人何有！人亦於汝何有！」既而華亥果亡。

孔子曰：「不愛其親而愛他人者，謂之悖德；不敬其親而敬他人者，謂之悖禮。以順則逆，民無則焉。不在於善，而皆在於凶德，雖得之，❷君子不貴也。」故欲愛其身而棄其宗族，烏在其能愛身也。

孔子曰：「均無貧，和無寡，安無傾。」善爲家者，盡其所有而均之，雖糲食不飽，敝衣不完，人無怨矣。夫怨之所生，生於自私及有厚薄也。

漢世諺曰：「一尺布，尚可縫；一斗粟，尚可舂。」言尺布可縫而共衣，斗粟可舂而共食。譏文帝以天下之富，

❶「平」，原作「十」，今據萬曆七年本、四庫本及《春秋左傳正義》（清阮刻《十三經注疏》本）改。

❷「得」，原作「謂」，今據四庫本及《孝經注疏》（清阮刻《十三經注疏》本）改。

不能容其弟也。

梁中書侍郎裴子野家貧，妻子常苦飢寒。中表貧乏者皆牧養之。❶ 時逢水旱，以二碩米爲薄粥，僅得徧焉，躬自同之，曾無厭色。此謂睦族之道者也。

❶「牧」，四庫本、草堂本皆作「收」。

家範卷之二

十八世孫露十九世孫嶾嵩嶧巘崘岐梓

祖

爲人祖者，莫不思利其後世，然果能利之者鮮矣。何以言之？今之爲後世謀者，不過廣營生計以遺之。田疇連阡陌，邸肆跨坊曲，粟麥盈囷倉，金帛充篋笥，慊慊然求之猶未足，施施然自以爲子子孫孫累世用之莫能盡也。然不知以義方訓其子，以禮法齊其家。自於數十年中勤身苦體以聚之，而子孫於時歲之間奢靡游蕩以散之，反笑其祖考之愚，不知自娱；又怨其吝嗇，無恩於我而厲虐之也。始則欺紿攘竊以充其欲；不足，則立約舉債於人，❶俟其死而償之。觀其意，惟患其考之壽也。甚者至於有疾不療，陰行酖毒亦有之矣。然則曏之所以利後世者，適足以長子孫之惡而爲身禍也。頃嘗有士大夫，其先亦國朝名臣也，家甚富而尤吝嗇，斗升之粟、尺寸之帛，必身自出納，鎖而封之。晝則佩鑰於身，夜則置鑰於枕下。病甚，困絶不知人，子孫竊其鑰，開藏室，發篋笥，取其財。其人後蘇，即捫枕下，求鑰不得，憤怒遂卒。其子孫不哭，相與争

❶「約」，四庫本作「券」。

匿其財，遂致鬭訟。其處女亦蒙首執牒，自訐於府庭，以争嫁資，爲鄉黨笑。蓋由子孫自幼及長，惟知有利，不知有義故也。夫生生之資，固人所不能無，然勿求多餘，多餘希不爲累矣。使其子孫果賢邪，豈蔬糲希褐不能自營，至死於道路乎？若其不賢邪，雖積金滿堂，奚益哉？多藏以遺子孫，吾見其愚之甚也。然則聖賢皆不顧子孫之匱乏邪？曰：何爲其然也！昔者聖人遺子孫以德以禮，賢人遺子孫以廉以儉。舜自側微積德至於爲帝，子孫保之，享國百世而不絶。周自后稷、公劉、太王、王季、文王積德累功，至於武王而有天下。其詩曰：「詒厥孫謀，以燕翼子。」言豐德澤，明禮法，以遺後世而安固之也。故能子孫承統八百餘年，其支庶猶爲天下之顯諸侯，棋布於海内。其爲利豈不大哉！

孫叔敖爲楚相，將死，戒其子曰：「王數封我矣，吾不受也。我死，王則封汝，必無受利地。楚越之間有寢丘者，此其地不利而名甚惡，可長有者唯此也。」孫叔敖死，王以美地封其子。其子辭，請寢丘，累世不失。

漢相國蕭何，買田宅必居窮僻處，爲家不治垣屋，曰：「令後世賢，師吾儉；不賢，無爲世家所奪。」

太子太傅疏廣，乞骸骨歸鄉里，天子賜金二十斤，太子贈以五十斤。廣日令家具設酒食，請族人、故舊、賓客，相與娛樂。數問其家金餘尚有幾何，趣賣以共具。居歲餘，廣子孫竊謂其昆弟老人廣所信愛者曰：「子孫冀及君時頗立産業基址，今日飲食費且盡，宜從大人所勸，説君買田宅。」老人即以閑暇時爲廣言此計。廣曰：「吾豈老誖，不念子孫哉！顧自有舊田廬，令子孫勤力其中，足以共衣食，與凡人齊。今復增益之，以爲贏餘，但教子孫怠惰耳。賢而多財則損其志，愚而多財則益其過。且夫富者，衆之怨也。吾既亡以教化子孫，不欲益其過而生怨。」

涿郡太守楊震，性公廉，子孫常蔬食步行。故舊長者或欲公爲開産業。❶震不肯，曰：「使後世稱爲清白吏子孫，以此遺之，不亦厚乎！」

南唐德勝軍節度使兼中書令周本好施。或勸之曰：「公春秋高，宜少留餘貲以遺子孫。」本曰：「吾繫草履事吴武王，位至將相，誰遺之乎？」

近故張文節公爲宰相，所居堂室不蔽風雨，服用飲膳與始爲河陽書記時無異。其所親或規之曰：「公月入俸禄幾何，而自奉儉薄如此。外人不以公清儉爲美，反以爲有公孫布被之詐。」文節歎曰：「以吾今日之禄，雖侯服王食，何憂不足？然人情由儉入奢則易，由奢入儉則難。此禄安能常恃？一旦失之，家人既習於奢，不能頓儉，必至失所，曷若無失其常！吾雖違世，家人猶如今日乎！」聞者服其遠慮。此皆以德業遺子孫者也，所得顧不多乎？

晉光禄大夫張澄當葬父。郭璞爲占墓地曰：「葬某處，年過百歲，位至三司，而子孫不蕃。某處，年幾减半，位裁卿校，而累世貴顯。」澄乃葬其劣處，位止光禄，年六十四而亡。其子孫昌熾，公侯將相，至梁、陳不絶。雖未必因葬地而然，足見其愛子孫厚於身矣。

先公既登侍從，常曰：「吾所得已多，當留以遺子孫。」處心如此，其顧念後世不亦深乎！

---

❶「公爲」，草堂本作「爲公」，《後漢書》本傳作「令爲」。

家範卷之三

十八世孫露十九世孫嶸嵩嶧巘崘岐梓

父

陳亢問於伯魚曰：「子亦有異聞乎？」對曰：「未也。嘗獨立，鯉趨而過庭。曰：『學《詩》乎？』對曰：『未也。』『不學《詩》，無以言。』鯉退而學《詩》。他日又獨立，鯉趨而過庭。曰：『學禮乎？』對曰：『未也。』『不學禮，無以立。』鯉退而學禮。聞斯二者。」陳亢退而喜曰：「問一得三：聞《詩》，聞禮，又聞君子之遠其子也。」

遠者，非疏遠之謂也。謂其進見有時，接遇有禮，不朝夕嘻嘻相褻狎也。

曾子曰：「君子之於子，愛之而勿面，使之而勿貌，遵之以道而勿强。」言心雖愛之，不形於外，常以嚴莊涖之，不以辭色悦之也。不遵之以道，是棄之也。然强之或傷恩，故以日月漸磨之也。

北齊黄門侍郎顏之推《家訓》曰：❶父子之嚴，不可以狎；骨肉之愛，不可以簡。簡則慈孝不接，狎則怠慢生焉。由命士以上父子異宫，此不狎之道也。抑搔癢痛，懸衾篋枕，此不簡之教也。

---

❶「之」，原作「子」，今據四庫本改。

石碏諫衛莊公曰：「臣聞：愛子，教之以義方，弗納於邪。驕奢淫泆，所自邪也。四者之來，寵禄過也。」自古知愛子不知教，使至於危辱亂亡者，可勝數哉！夫愛之，當教之使成人。愛之而使陷於危辱亂亡，烏在其能愛子也？人之愛其子者多曰：「兒幼，未有知耳，俟其長而教之。」是猶養惡木之萌芽，曰「俟其合抱而伐之」，其用力顧不多哉？又如開籠放鳥而捕之，解轠放馬而逐之，曷若勿縱勿解之爲易也！

《曲禮》：「幼子常視毋誑。

小未有所知，常示以正物，以正教之，毋誑欺。

「立必正方，不傾聽。

習其自端正。

「長者與之提携，則兩手奉長者之手。

習其扶持。尊者提携，謂牽將行。

「負劍辟咡詔之，

負謂置之於背，劍謂挾之於傍，辟咡詔之謂傾頭與語。口旁曰咡。

「則掩口而對。」

習其鄉尊者屏氣也。

《内則》：「子能食食，教以右手。能言，男唯女俞。男鞶革，女鞶絲。

俞，然也。鞶，小囊盛帨巾者。男用革，女用繒，有飾緣之。

「六年，教之數與方名。

方名，東西南北之類。

「七年，男女不同席，不共食。

早其別也。

「八年，出入門户及即席飲食，必後長者，始教之讓。

視以廉耻。

「九年，教之數日。

知朔望與六甲也。

「十年，出就外傅，居宿於外，學書計。十有三年，學樂，誦《詩》，舞《勺》。成童舞《象》，學射御。」

成童，十五以上。

曾子之妻出外，兒隨而啼。妻曰：「勿啼，吾歸爲爾殺豕。」妻歸，以語曾子。曾子即烹豕以食兒，曰：「毋教兒欺也。」

賈誼言：古之王者，太子始生，固舉以禮。使士負之，過闕則下，過廟則趨，孝子之道也。故自爲赤子而教固已行矣。提孩有識，三公、三少固明孝、仁、義、禮，以道習之。逐去邪人，不使見惡行。於是皆選天下之端士、孝弟、博聞有道術者，以衛翼之，使與太子居處出入。故太子乃生而見正事，聞正言，行正道，左右前後皆正人也。夫習與正人居之，不能毋正，猶生長於齊不能不齊言也。習與不正人居之，不能毋不正，猶生長於楚不能不楚言也。

《顏氏家訓》曰：古者聖王，子生咳㖒，❶師保固明仁、孝、禮、義道習之矣。凡庶縱不能爾，當及嬰稚識人顏色、知人喜怒，便加教誨，使爲則爲，使止則止。比及數歲，可省笞罰。父母威嚴而有慈，則子女畏慎而生孝矣。吾見世間無教而有愛，每不能然。飲食運爲，❷恣其所欲，宜誡翻奬，應呵反笑，至有識知，謂法當爾。憍慢已習，方乃制之，捶撻至死而無威，忿怒日隆而增怨。逮于長成，終爲敗德。孔子云「少成若天性，習慣如自然」是也。諺云：「教婦初來，教兒嬰孩。」誠哉斯言！

凡人不能教子女者，亦非欲陷其罪惡，但重於訶怒傷其顏色，不忍楚撻慘其肌膚爾。當以疾病爲喻，安得不用湯藥針艾救之哉？又宜思勤督訓者，豈願苛虐於骨肉乎？誠不得已也。

王大司馬

梁大司馬王僧辨也。

母衛夫人，性甚嚴正。王在湓城，爲三千人將，年踰四十，少不如意，猶楚撻之，故能成其勳業。梁元帝時，有一學士，聰敏有才，❸少爲父所寵，失於教義。一言之是，徧於行路，終年譽之；一行之非，掩藏

---

❶「咳㖒」，四庫本作「孩提」。

❷「運」，原作「連」，今據四庫本及《顏氏家訓》（《四部叢刊》景明本）改。

❸「才」，原作「寸」，今據四庫本、草堂本及《顏氏家訓》改。

文飾，冀其自改。年登婚宦，暴慢日滋，竟以語言不擇爲周逖抽腸釁鼓云。然則愛而不教，適所以害之也。《傳》稱「鳲鳩之養其子，❶朝從上下，暮從下上，平均如一」。至於人，或不能然。《記》曰：父之於子也，「親賢而下無能」。使其所親果賢也，所下果無能也，則善矣。其溺於私愛者，往往親其無能而下其賢，則禍亂由此而興矣。

《顏氏家訓》曰：❷「人之愛子，罕亦能均。自古及今，此弊多矣。賢俊者自可賞愛，頑魯者亦當矜憐。有偏寵者，雖欲以厚之，更所以禍之。共叔之死，母實爲之。趙王之戮，父實使之。劉表之傾宗覆族，袁紹之地裂兵亡，可謂靈龜明鑑。」此通論也。

曾子出其妻，終身不取妻。其子元請焉，曾子告其子曰：「高宗以後妻殺孝己，尹吉甫以後妻放伯奇。吾上不及高宗，中不比吉甫，庸知其得免於非乎？」

後漢尚書令朱暉，年五十失妻。昆弟欲爲繼室。暉歎曰：「時俗希不以後妻敗家者。」遂不娶。今之人年長而子孫具者，得不以先賢爲鑑乎？

《內則》曰：「子婦未孝未敬，勿庸疾怨，庸之言用也。

❶ 「傳」，原作「恃」，今據四庫本改。草堂本作「詩」。

❷ 「顏」，原作「剖」，今據四庫本、草堂本改。

「姑教之。若不可教，而後怒之。

怒，譴責也。

「不可怒，子放婦出，而不表禮焉。」

表，猶明也。猶爲之隱，不明其犯禮之過也。

君子之所以治其子婦，盡於是而已矣。今世俗之人，其柔懦者，子婦之過尚小，則不能教而嘿藏之。及其稍著，又不能怒而心怨之。❶至於惡積罪大，不可禁遏，則喑嗚鬱悒，至有成疾而終者。如此，有子不若無子之爲愈也。其不仁者，則縱其情性，殘忍暴戾，或聽後妻之讒，或用嬖寵之計，捶朴過分，棄逐凍餒，必欲寘之死地而後已。《康誥》稱：「子弗祗服厥父事，大傷厥考心。于父不能字厥子，乃疾厥子。」謂之元惡大憝。蓋言不孝不慈，其罪均也。

母

爲人母者，不患不慈，患於知愛而不知教也。古人有言曰：「慈母敗子。」愛而不教，使淪於不肖，陷於大惡，入於刑辟，歸於亂亡。非他人敗之也，母敗之也。自古及今，若是者多矣，不可悉數。

周大任之娠文王也，目不視惡色，耳不聽淫聲，口不出傲言。文王生而明聖，卒爲周宗。君子謂大任能胎

❶「怨」，四庫本作「恨」。

教。古者婦人妊子，寢不側，坐不邊，立不蹕，不食邪味，割不正不食，席不正不坐，目不視邪色，耳不聽淫聲，夜則令瞽誦詩，道正事。如此，則生子形容端正，才藝博通矣。彼其子尚未生也，固已教之，況已生乎？

孟軻之母，其舍近墓。孟子之少也，嬉戲爲墓間之事，踊躍築埋。孟母曰：「此非所以居之也。」乃去。舍市傍，其嬉戲爲衒賣之事。❶孟母又曰：「此非所以居之也。」乃徙學宫之傍，其嬉戲乃設俎豆、揖讓、進退。孟母曰：「此真可以居子矣。」遂居之。孟子幼時問東家殺猪何爲？母曰：「欲啖汝。」既而悔曰：❷「吾聞古有胎教，今適有知而欺之，是教之不信。」乃買猪肉食。既長就學，遂成大儒。彼其子尚幼也，固已慎其所習，況其長乎！

漢丞相翟方進繼母隨方進之長安，織履以資方進遊學。晉太尉陶侃，早孤貧。爲縣吏，番陽孝廉范逵常過侃，時倉卒無以待賓，其母乃截髮，得雙髮以易酒肴。❸逵薦侃於廬江大守，召爲督郵，由此得仕進。

後魏鉅鹿魏緝母房氏，緝生未十旬，父溥卒。母鞠育，不嫁，訓道有母儀法度。緝所交遊，有名勝者則身具酒饌，有不及己者輒屏卧不餐，須其悔謝乃食。

唐侍御史趙武孟少好田獵，嘗獲肥鮮以遺母。母泣曰：「汝不讀書而田獵，如是，吾無望矣。」竟不食其膳。

❶ 「衒」，原作「術」，今據萬曆七年本、四庫本及《列女傳》（《四部叢刊》景明本）改。
❷ 「而」，原作「曰」，今據萬曆七年本、四庫本、草堂本改。
❸ 「髮」，原作「髲」，今據四庫本及《晉書》改。

武孟感激勸學，遂博通經史，舉進士，至美宦。

天平節度使柳仲郢母韓氏常粉苦參黄連，和以熊膽，以授諸子。每夜讀書，使噙之以止睡。

太子少保李景讓母鄭氏，性嚴明。早寡，家貧，親教諸子。久雨，宅後古墻頽陷，得錢滿缸。奴婢喜，走告鄭。鄭焚香祝之曰：「天蓋以先君餘慶，愍妾母子孤貧，賜以此錢。然妾所願者，諸子學業有成，他日受俸，此錢非所欲也。」亟命掩之。此唯患其子名不立也。

齊相田稷子受下吏金百鎰，以遺其母。母曰：「夫爲人臣不忠，是爲人子不孝也。不義之財，非吾有也。不孝之子，非吾子也。子起矣。」稷子遂慚而出，反其金而自歸於宣王，請就誅。宣王悦其母之義，遂赦稷子之罪，復其位，而以公金賜母。

漢京兆尹雋不疑每行縣録囚徒還，其母輒問不疑有所平反，活幾何人也。不疑多有所平反，母喜，笑爲飲食，言語異於它時。或無所出，母怒，爲不食。故不疑爲吏，嚴而不殘。吴司空孟仁嘗爲監魚池官，自結網捕魚作鮓寄母。母還之曰：「汝爲魚官，以鮓寄母，非避嫌也！」

晉陶侃爲縣吏，嘗監魚池，以一蚶鮓遺母。母封鮓責曰：「爾以官物遺我，不能益我，乃增吾憂耳。」

隋大理寺卿鄭善果母崔氏夫鄭誠討尉遲迥戰死。❶ 母年二十而寡，父欲奪其志。母抱善果曰：「鄭君雖

❶「崔」，原作「翟」，今據草堂本及《隋書》改。

死，❶幸有此兒。棄兒爲不慈，背死夫爲無禮。」遂不嫁。善果以父死王事，年數歲拜持節大將軍，襲爵開封縣公。年四十授沂州刺史，尋爲魯郡太守。母性賢明，有節操，博涉書史，通曉政事。每善果出聽事，母輒坐胡床，於鄣後察之。聞其剖斷合理，歸則大悦，即賜之坐，相對談笑。若行事不允，或妄嗔怒，母乃還堂，蒙袂而泣，終日不食。善果伏於床前不敢起。母方起，謂之曰：「吾非怒汝，乃慙汝家耳。吾爲汝家婦，獲奉洒掃，知汝先君忠勤之士也，守官清恪，未嘗問私，以身狥國，繼之以死。吾亦望汝副其此心。汝既年小而孤，吾寡耳，有慈無威，使汝不知禮訓，何可負荷忠臣之業乎？汝自童稚襲茅土，汝今位至方岳，豈汝身致之邪？不思此事而妄加嗔怒，心緣驕樂，墮於公政。内則墜爾家風，或失亡官爵；外則虧天子之法，以取辜戾。吾死日，何面目見汝先人於地下乎？」母恒自紡績，每至夜分而寢。善果曰：「兒封侯開國，位居三品，秩俸幸足，母何自勤如此？」答曰：「吁！汝年已長，吾謂汝知天下理，今聞此言，故猶未也。至於公事，何由濟乎？今此秩俸，乃天子報汝先人之狥命也。當散贍六姻，爲先君之惠，奈何獨擅其利以爲富貴乎？又絲枲紡績，婦人之務，上自王后，下及大夫士妻，各有所製。若墮業者，是爲驕逸。吾雖不知禮，其可自敗名乎？」自初寡，便不御脂粉，常服大練。性又節儉，非祭祀、賓客之事，酒肉不妄陳其前。静室端居，未嘗輒出門閤。内外姻戚有吉凶事，但厚加贈遺，皆不詣其門。非自手作及庄園禄賜所得，雖親族禮遺，悉不許入門。善果歷任州郡，内自出饌，於衙中食之。公廨所供皆不許受，悉用修理公宇及分僚佐。善

❶ 「雖死」，原倒，今據四庫本、草堂本乙正。

果亦由此克己，號爲清吏，考爲天下最。

唐中書令崔玄暐初爲庫部員外郎，母盧氏嘗戒之曰：「吾嘗聞姨兄辛玄馭云：『兒子從官於外，有人來言其貧窶不能自存，此吉語也。言其富足，車馬輕肥，此惡語也。』吾常重其言。比見中表仕宦者多以金帛獻遺其父母，父母但知之忻悦，不問金帛所從來。若以非道得之，此乃爲盜而未發者耳，安得不憂而更喜乎？汝今坐食俸禄，苟不能忠清，雖日殺三牲，吾猶食之不下咽也。」玄暐由是以廉謹著名。

李景讓宦已達，髮斑白，小有過，其母猶撻之。景讓事之，終日常兢兢。及爲浙西觀察使，有左右都押牙迕景讓意，景讓杖之而斃。軍中憤怒，將爲變，母聞之。景讓方視事，母出坐廳事，立景讓於庭下而責之曰：「天子付汝以方面，國家刑法豈得以爲汝喜怒之資，妄殺無罪之人乎？萬一致一方不寧，豈惟上負朝廷，使垂年之母銜羞入地，❶何以見汝先人乎？」命左右褫其衣坐之，將撻其背。將佐皆至，爲之請。不許。將佐拜且泣，久乃釋之。軍中由是遂安。此惟恐其子之入於不善也。

漢汝南功曹范滂坐黨人被收，其母就與之訣曰：「汝今得與李、杜齊名，死亦何恨？既有令名，復求壽考，可兼得乎？」滂跪受教，再拜而辭。

魏高貴鄉公將討司馬文王，以告侍中王沈、尚書王經、散騎常侍王業。沈、業出走告文王，經獨不往。高貴鄉公既薨，經被收。辭母，母顏色不變，笑而應曰：「人誰不死，但恐不得死所。以此并命，何恨之有？」

---

❶「年」，四庫本作「老」。

唐相李義甫專横，侍御史王義方欲奏彈之，先白其母曰：「義方爲御史，視奸臣不糾則不忠，糾之則身危而憂及於親，爲不孝。二者不能自决，奈何？」母曰：「昔王陵之母殺身以成子之名。汝能盡忠以事君，吾死不恨。」此非不愛其子，惟恐其子爲善之不終也。然則爲人母者，非徒鞠育其身使不罹水火，又當養其德使不入於邪惡，乃可謂之慈矣。

漢明德馬皇后無子，賈貴人生肅宗。顯宗命后母養之，謂曰：「人未必當自生子，但患愛養不至耳。」后於是盡心撫育，勞悴過於所生。肅宗亦孝，性淳篤，恩性天至。母子慈愛始終，無纖介之間。古今稱之，以爲美談。

隋番州刺史陸讓母馮氏，性仁愛，有母儀。讓即其孽子也，坐贜當死。將就刑，馮氏蓬頭垢面詣朝堂，數讓罪。於是流涕嗚咽，親提盃粥勸讓食。❶既而上表求哀詞，情甚切。上愍然爲之改容，於是集京城士庶於朱雀門，遣舍人宣詔曰：「馮氏以嫡母之德，足爲世範。慈愛之道，義感人神。特宜矜免，用奬風俗。讓可減死，除名。」復下詔褒美之，賜物五百段，集命婦與馮相識，以旌寵異。

齊宣王時，有人鬭死於道，吏訊之。有兄弟二人立其傍，吏問之。兄曰：「我殺之。」弟曰：「非兄也，乃我殺之。」期年吏不能决，言之於相。相不能决，言之於王。王曰：「今皆舍之，❷是縱有罪也；皆殺之，是誅無辜

---

❶「提」，萬曆七年本、四庫本作「持」。

❷「舍」，草堂本作「赦」。

也。寡人度其母能知善惡，試問其母，聽其所欲殺活。」相受命，召其母問曰：「母之子殺人，兄弟欲相代死，吏不能決，言之於王，王有仁惠，故問母何所欲殺活？」其母泣而對曰：「殺其少者。」相受其言，因而問之曰：「夫少子者，人之所愛，今欲殺之，何也？」其母曰：「少者，妾之子也。長者，前妻之子也。其父疾且死之時屬於妾曰：『善養視之。』妾曰：『諾。』今既受人之託，許人以諾，豈可忘人之託而不信其諾也？❶且殺兄活弟，是以私愛廢公義也。背言忘信，是欺死者也。失言忘約，已諾不信，何以居於世哉？予雖痛子，❷獨謂行何？」泣下沾襟。相入，言之於王。王美其義，高其行，皆赦。不殺其子，而尊其母，號曰「義母」。

魏芒慈母者，孟楊氏之女，芒卯之後妻也，有三子。前妻之子有五人，皆不愛慈母。遇之甚異，猶不愛慈母。乃令其三子不得與前妻之子齊，衣服、飲食、進退、起居甚相遠。前妻之子猶不愛。於是，前妻中子犯魏王令，當死。慈母憂戚悲哀，帶圍減尺，朝夕勤勞，以救其罪。人有謂慈母曰：「子不愛母至甚矣，何爲憂懼勤勞如此？」慈母曰：「如妾親子，雖不愛妾，妾猶救其禍而除其害，獨假子而不爲，何以異於凡人？且其父爲其孤也，使妾而繼母。繼母如母，爲人母而不能愛其子，可謂慈乎？親其親而偏其假，可謂義乎？不慈且無義，何以立於世？彼雖不愛妾，妾可以忘義乎？」遂訟之。魏安釐王聞之，高其義，曰：「慈母如此，可不赦其子乎？」乃赦其子而復其家。自此之後，五子親慈母，雍雍若一。慈母以禮義漸之，率導八子咸爲魏

---

❶「也」，四庫本作「耶」。

❷「予」，原作「矛」，今據萬曆七年本、四庫本、草堂本改。

大夫卿士。❶

漢安衆令漢中程文矩妻李穆姜，有二男。而前妻四子，以母非所生，憎毁日積。而穆姜慈愛温仁，撫字益隆，衣食資供，皆兼倍所生。或謂母曰：「四子不孝甚矣，何不别居以遠之？」對曰：「吾方以義相導，使其自遷善也。」及前妻長子興疾困篤，母惻隱，親自爲調藥膳，恩情篤密。興疾久乃瘳，於是呼三弟謂曰：「繼母慈仁，出自天愛。吾兄弟不識恩養，禽獸其心，雖母道益隆，我曹過惡亦已深矣。」遂將三弟詣南鄭獄，陳母之德，狀己之過，乞就刑辟。縣言之於郡，郡守表異其母，蠲除家徭，遣散四子，許以修革。自後訓導愈明，並爲良士。

今之人，爲人嫡母而疾其孽子，爲人繼母而疾其前妻之子者，聞此四母之風，亦可以少愧矣。

魯師春姜嫁其女，三往而三逐。春姜問其故，以輕侮其室人也。春姜召其女而笞之，曰：「夫婦人以順從爲務，貞慤爲首。今爾驕溢不遜以見逐，曾不悔前過。吾告汝數矣，而不吾用，爾非吾子也。」笞之百，而留之三年，乃復嫁之。女奉守節義，終知爲人婦之道。今之爲母者，女未嫁不能誨也。既嫁，爲之援，使挾己以陵其婿家。及見棄逐，則與婿家鬬訟，終不自責其女之不令也。如師春姜者，豈非賢母乎？

❶ 「率」，草堂本作「卒」。

家範卷之四

十八世孫露十九世孫嶸嵩嶧巘崘岐梓

子上

《孝經》曰：「夫孝，天之經也，地之義也，民之行也。天地之經而民是則之。」又曰：「不愛其親而愛他人者，謂之悖德。不敬其親而敬他人者，謂之悖禮。以順則逆，民無則焉。不在於善，而皆在於凶德，雖得之，君子不貴也。」又曰：「五刑之屬三千，而罪莫大於不孝。」孟子曰：「不孝有五：惰其四肢，❶不顧父母之養，一不孝也；博奕好飲酒，不顧父母之養，二不孝也；好貨財，私妻子，不顧父母之養，三不孝也；從耳目之欲，以爲父母戮，四不孝也；好勇鬬狠，以危父母，五不孝也。」夫爲人子而事親或虧，雖有他善累百不能掩也，可不慎乎！

經曰：「君子之事親也，居則致其敬，

恭己之身，不近危辱。

---

❶「惰」，原作「隋」，今據萬曆七年本、四庫本、草堂本改。

「養則致其樂，

樂親之志。

「病則致其憂，喪則致其哀，祭則致其嚴。」

嚴，有恭也。

孔子曰：「今之孝者，是謂能養。至於犬馬，皆能有養。不敬，何以别乎？」《禮》：「子事父母，雞初鳴，咸盥漱，盛容飾，以適父母之所。」「父母之衣、衾、簟、席、枕、几不傳，杖、履祇敬之，勿敢近。

傳，移也。

「敦、牟、卮、匜，非餕莫敢用。」

卮、匜，酒漿器。敦、牟，黍稷器。

「在父母之所，有命之，應唯敬對。進退周旋慎齊，

齊，莊也。

「升降、出入、揖遜不敢噦噫、嚏咳、欠伸、跛倚、睇視，不敢唾洟。

睇，傾視也。

「寒不敢襲，癢不敢搔。

襲，謂重衣。

「不有敬事，不敢袒裼。❶

父黨無容。

「不涉不撅。」

撅，揭衣也。

「夫爲人子者，出必告，反必面。

告、面同耳。反言面者，從外來，宜知親之顔色安否。

「所遊必有常，所習必有業，

緣親之意欲知之。

「恒言不稱老。」

廣敬。

又：「爲人子者，居不主奥，坐不中席，行不中道，立不中門。

謂與父同宫者也，不敢當其尊處。室中西南隅謂之奥。道有左右。中門，謂棖、闑之中央。《内則》曰：

「命士以上，父子皆異宫。」

「食饗不爲槩，

❶「袒」，原誤作「祖」，今據四庫本、草堂本及《禮記注疏》改。

槩，量也。不制待賓客饌具之所有。

「祭祀不爲尸。

尊者之處，爲其失子道，然則尸卜筮無父者。

「聽於無聲，視於無形。

恒若親之，將有教使然。

「不登高，不臨深，不苟呰，不苟笑。

爲近于危辱也。❶人之性不欲見毁呰，不欲見笑，君子樂然後笑。

「孝子不服闇，不登危，

服，事也。不闇冥之中從事，爲有非常且嫌失禮也。

「懼辱親也。」

宋武帝即大位，春秋已高，每旦朝繼母蕭太后，未嘗失時刻。彼爲帝王尚如是，况士民乎？

梁臨川静惠王宏兄懿爲齊中書令，爲東昏侯所殺，諸弟皆被收。僧慧思藏宏，得免。宏避難潛伏，與太妃異處，每遣使參問起居。或謂逃難須密，不宜往來。宏銜淚答曰：「乃可無我，此事不容暫廢。」彼在危難尚如是，况平時乎？

---

❶「于」，萬曆七年本、四庫本作「其」。

爲子者，不敢自高貴，故在禮：三賜不及車馬，三賜，三命也。凡仕者，一命而受爵，再命而受衣服，三命而受車馬，而身所以尊者備矣。卿大夫、士之子不受，不敢以成尊比踰於父。天子諸侯之子不受，自卑遠於君。不敢以富貴加於父兄。

國初，平章事王溥父祚有賓客，溥常朝服侍立。客坐不安席。祚曰：「豚犬不足爲之起。」此可謂居則致其敬矣。

《禮》：「子事父母，雞初鳴而起，左右佩服，以適父母之所。及所，下氣怡聲，問衣燠寒，疾痛疴癢，而敬抑搔之。

怡，悦也。疴，疥。抑，按。搔，摩也。

「出入則或先或後，而敬扶持之。

先後之隨時便也。

「進盥，少者奉槃，長者奉水，請沃盥，卒授巾。

槃，承盥水者。巾，以帨手。

「問所欲而敬進之，柔色以温之。

温，籍也。

「父母之命，勿逆勿怠。

侍其孝敬之愛，則或違觶。

「若飲之食之，雖不嗜，必嘗而待。

請後命而去也。❶

「加之衣服，雖不欲，必服而待。」

待後命釋藏也。

又：「子婦無私貨，無私畜，無私器，不敢私假，不敢私與。」

家事統于尊也。

又：「爲人子之禮，冬温而夏凊，昏定而晨省，

安定其床衽也，省問其安否何如。

「在醜夷不争。」

醜，衆也。夷，猶儕也。

孟子曰：「曾子養曾晳，必有酒肉。將徹，必請所與。問有餘，必曰有。曾晳死，曾元養曾子，必有酒肉。將徹，不請所與。問有餘，曰亡矣。將以復進也。此所謂養口體者也。若曾子，則可謂養志也。事親若曾子者可也。」

❶「請」，《禮記注疏》作「待」。

老萊子孝奉二親，行年七十，作嬰兒戲，身服五采斑斕之衣。嘗取水上堂，詐跌仆卧地，爲小兒啼，弄雛于親側，欲親之喜。

漢諫議大夫江革少失父，獨與母居。遭天下亂，盜賊並起。革負母逃難，備經險阻。常採拾以爲養，遂得俱全於難。革轉客下邳，貧窮裸跣，行傭以供母，便身之物，莫不畢給。建武末年，與母歸鄉里。每至歲時，縣當案比，

案驗以比之，猶今兒閲也。

革以母老不欲摇動，❶自在轅中輓車，不用牛馬。由是鄉里稱之曰「江巨孝」。

晉西河人王延事親色養，夏則扇枕席，冬則以身温被，隆冬盛寒，體無全衣，而親極滋味。

宋會稽何子平爲楊州從事吏，月俸得白米，輒貨市粟麥。人曰：「所利無幾，何足爲煩？」子平曰：「尊老在東，不辨得米，何心獨饗白粲？」每有贈鮮殺者，若不可寄至家，則不肯受。後爲海虞令，縣禄唯供養母一身，不以及妻子。人疑其儉薄。子平曰：「希禄本在養親，不在爲己。」問者慙而退。

同郡郭原平，養親必以己力，傭賃以給供養。性甚巧，每爲人傭作，止取散夫價。❷主人設食，原平自以家貧，父母不辨有肴味，唯飡鹽飯而已。若家或無食，則虚中竟日，義不獨飽。須日暮作畢，受直歸家，於里糴

---

❶「母老」，四庫本作「老母」。

❷「夫」，原作「夫」，今據萬曆七年本、四庫本及《宋書》、《南史》改。

買，然後舉轝。

唐曹成王皋爲衡州刺史，遭誣在治。念太妃老，將驚而戚，出則囚服就辟，❶入則擁笏垂魚，坦坦施施。貶潮州刺史，以遷入賀。既而事得直，復還衡州，然後跪謝告實。此可謂養則致其樂矣。

《禮》：「父母有疾，冠者不櫛，行不翔，

憂不爲容也。

「言不惰，

憂不在私好。惰，不正之言。

「琴瑟不御。❷

憂不在樂。

「食肉不至變味，飲酒不至變貌，

憂不在味。

「笑不至矧，怒不至詈。

憂在心，難變也。齒本曰矧，大笑則見。

❶「辟」，唐韓愈所撰《曹成王碑》作「辯」。

❷「琴」，原作「本」，今據萬曆七年本、四庫本、草堂本及《禮記注疏》改。

「疾止復故。」

「文王之爲世子，朝於王季日三。

三皆曰朝，以其禮同。

「雞初鳴而衣服，至於寢門外，問内竪之御者曰：『今日安否何如？』

内竪，小臣之屬，掌内外之通命者。御，如小史直日矣。

「内竪曰：『安。』文王乃喜。

孝子恒兢兢。

「及日中又至，亦如之。

又，復也。

「及莫又至，亦如之。

莫，夕也。

「其有不安節，則内竪以告文王，文王色憂，行不能正履。

節，謂居處故事。履，蹈地也。

「王季復膳，

飲食安也。

「然後亦復初。

憂解。

「武王帥而行之，不敢有加焉。

庶幾程式之。帥，循也。

「文王有疾，武王不脱冠帶而養。

言常在側。

「文王一飯亦一飯，文王再飯亦再飯。

欲知氣力箴藥所勝。

「旬有二日，乃間。」

間，猶瘳也。

漢文帝爲代王時，薄太后常病。三年，文帝目不交睫，不解衣，❶湯藥非口所嘗，弗進。

晉范喬父粲，仕魏爲太宰中郎。齊王芳被廢，粲遂稱疾。闔門不出，陽狂不言。寢所乘車，足不履地。子孫常侍左右，候其顔色，以知其旨。如此三十六年，終於所寢之車。喬與二弟並棄學業，絶人事，侍疾家庭。至粲没，足不出里邑。

❶「不解衣」，四庫本作「衣不解帶」。

南齊庾黔婁爲孱陵令，❶到縣未旬，父易在家遘疾。黔婁忽心驚，舉身流汗，即日棄官歸家。家人悉驚其忽至。時易病始二日。醫云：「欲知瘥劇，❷但嘗糞甜苦。」易泄利，黔婁輒取嘗之。味轉甜滑，心愈憂苦。至夕，每稽顙北辰，求以身代。俄聞空中有聲，曰：「徵君壽命盡，不可延。汝誠禱既至，改得至月末。」晦，而易亡。

後魏孝文帝，幼有至性。年四歲時，獻文患癰，帝親自吮膿。

北齊孝昭帝，性至孝。太后不豫，出居南宫。帝行不正履，容色憔悴，衣不解帶，殆將四旬。殿去南宫五百餘步，雞鳴而出，辰時方還。來去徒行，不乘輿輦。太后病苦小增，便即寢伏閤外。食飲藥物，盡皆躬親。太后每常心痛，不自堪忍。帝立侍帷前，以爪掐手心，血流出袖。此可謂病則致其憂矣。

經曰：「孝子之喪親也，哭不偯，❸

氣竭而息，聲不委曲。

「禮無容，

觸地無容。

---

❶ 「孱陵」，原作「陵川」，今據四庫本及《梁書》、《南史》改。

❷ 「劇」，原作「則」，今據四庫本及《梁書》、《南史》改。

❸ 「偯」，原作「哀」，今據《孝經注疏》（清阮刻《十三經注疏》本）改。

「言不文，

不爲文飾。

「服美不安，

不安美飾，故服衰麻。

「聞樂不樂，

悲哀在心，故不樂也。

「食旨不甘，

旨，美也。不甘美味，故蔬食水飲。

「此哀戚之情也。三日而食，教民無以死傷生，毁不滅性，此聖人之政也。

不食三日，哀毁過情，滅性而死，虧孝道。故聖人制禮施教，不令至于殞滅。

「喪不過三年，示民有終也。

三年之喪，天下達禮。使不肖企及，賢者俯從。夫孝子有終身之憂，聖人以三年爲制者，使人有終竟之限也。

「爲之棺椁衣衾而舉之，

周尸爲棺，周棺爲椁。衣謂斂衣。衾，被也。舉謂舉尸内於棺也。

「陳其簠簋而哀慼之，

簠簋，祭器也。陳奠素器而不見親，故哀慼之。

「擗踊哭泣，哀以送之，

男踊女擗，祖載送之。

「卜其宅兆而安厝之，

宅，墓穴也。兆，塋域也。葬事大，故卜之。

「爲之宗廟，以鬼享之。

立廟祔祖之後，則以鬼禮享之。

「春秋祭祀，以時思之。

寒暑變移，益用增感，以時祭祀，展其孝思也。

「生事敬愛，死事哀慼，生民之本盡矣，死生之義備矣，孝子之事親終矣。」君子之於親喪，固所以自盡也，不可不勉。喪禮備在方册，不可悉載。

孔子曰：「少連、大連善居喪，三日不怠，三月不解，期悲哀，三年憂。東夷之子也。」

高子皋執親之喪也，

子皋，孔子弟子，名柴。

泣血三年，

言泣無聲，如血出。

未嘗見齒，

言笑之微。

君子以爲難。

顔丁善居喪。

顔丁，魯人。

始死，皇皇焉如有求而弗得。及殯，望望焉如有從而弗及。既葬，慨焉如不及，其反而息。

從，隨也。慨，憊貌。

唐太常少卿蘇頲遭父喪，睿宗起復爲工部侍郎，頲固辭。上使李日知諭旨，日知終坐不言而還，奏曰：「臣見其哀毁，不忍發言，恐其殞絶。」上乃聽其終制。

左庶子李涵爲河北宣慰使，會丁母憂。起復本官而行，每至州縣郵驛，公事之外，未嘗啓口。蔬飯飲水，席地而息。使還，請罷官，終喪制。代宗以其毁瘠，許之。自餘能盡哀竭力以喪其親，孝感當時，名光後來者，世不乏人。此可謂喪則致其哀矣。

孔子曰：❶「祭如在。」君子事死如事生，事亡如事存。齋三日，乃見其所爲齋者。

思之熟也。

---

❶ 「孔」上，四庫本有「古之祭禮詳矣，不可徧舉」十字。

祭之日，樂與哀半。饗之必樂，已至必哀。外盡物，内盡志。入室，僾然必有見乎其位。周還出户，肅然必有聞乎其容聲。❶

周還出户，謂薦設時也。無尸者，闔户若食間，則有出户而聽之。

是故先王之孝也，色不忘乎目，聲不絶乎耳，心志嗜欲不忘乎心。致愛則存，致慤則著，著存不忘乎心，夫安得不敬乎？

存著則謂其思念也。

齊齊乎其敬也，愉愉乎其忠也，勿勿諸其欲其饗之也。

勿勿，猶勉勉也。

《詩》曰：「神之格思，不可度思，矧可斁思。」

格，至也。矧，况也。斁，厭也。言孝子之享親，盡其敬愛之心而已矣，安知神之所處於彼乎？於此乎？况敢有厭怠之心乎？

此其大畧也。

孟蜀太子賓客李鄲年七十餘，享祖考猶親滌器。人或代之，不從，以爲無以達追慕之意。此可謂祭則致其嚴矣。

❶「聲」下，四庫本有「出户而聽，愾然必有聞乎其歎息之聲」十五字。

經曰：「身體髮膚受之父母，不敢毀傷，孝之始也。」

曾子有疾，召門弟子曰：「啓予足！啓予手！

鄭曰：啓，開也。曾子以爲身體受於父母，不敢毀傷，故使弟子開衾而視之。

《詩》云：『戰戰兢兢，如臨深淵，如履薄冰。』

孔曰：言此詩者，喻己常慎，恐有毀傷。

「而今而後，吾知免夫！小子。」

樂正子春下堂而傷足，數月不出，猶有憂色。門弟子曰：「夫子之足瘳矣，數月不出，猶有憂色，何也？」樂正子春曰：「善！如爾之問也！善！如爾之問也！吾聞諸曾子，曾子聞諸夫子曰：『天之所生，地之所養，惟人爲大。父母全而生之，子全而歸之，可爲孝矣。不虧其體，不辱其身，可謂全矣。』

曾子聞諸夫子，述曾子所聞於孔子之言。

「故君子頃步而弗敢忘孝也。今予忘孝之道，予是以有憂色也。一舉足而不敢忘父母，一言出而不敢忘父母。一舉足而不敢忘父母，是故道而不徑，舟而不游，不敢以先父母之遺體行殆。一出言而不敢忘父母，是故惡言不出於口，忿言不反於身。不辱其身，不羞其親，可謂孝矣。」

徑，步邪趨疾也。

或曰：「親有危難則如之何？亦憂身而不救乎？」曰：「非謂其然也。孝子奉父母之遺體，平居一毫不敢傷也。及其狥仁蹈義，雖赴湯火無所辭，况救親於危難乎？古以死狥其親者多矣。」

晉末烏程人潘綜遭孫恩亂，攻破村邑。綜與父驃共走避賊。驃年老行遲，賊轉逼。驃語綜：「我不能去，汝走可脱，幸勿俱死。」驃困乏坐地，綜迎賊叩頭曰：「父年老，乞賜生命。」賊至，驃亦請賊曰：「兒小，❶自能走，今爲老子不去。老子不惜死，可活此兒。」賊因斫驃，綜乃抱父於腹下。賊斫綜頭面，凡四創，綜當時悶絶。有一賊從傍來會，曰：「卿舉大事，此兒心一死救父，❷云何可殺？殺孝子不祥。」賊乃止。父子並得免。

齊射聲校尉庾道愍所生母，漂流交州，道愍尚在繈褓。❸及長，知之。求爲廣州綏寧府佐。至府，而去交州尚遠，乃自負擔，冒嶮自達。及至州，尋求母，經年不獲。日夜悲泣。嘗入村，日暮雨驟，乃寄止一家。有嫗負薪自外還，道愍心動，因訪之，乃其母也。於是俯伏號泣，遠近赴之，莫不揮淚。

梁湘州主簿吉翂孚云切。父天監初爲原鄉令，❹爲吏所誣，逮詣廷尉。翂年十五，號泣衢路，祈請公卿。行人見者皆爲隕涕。其父理雖清白，而耻爲吏訊，乃虚自引咎，罪當大辟。翂乃撾登聞鼓，乞代父命。武帝嘉異

---

❶「小」，萬曆七年本、四庫本作「少」。
❷「心」，四庫本作「以」。
❸「繈」，原作「攝」，今據四庫本及《南史》改。
❹「原」，原作「平」，今據四庫本及《梁書》、《南史》改。

之，尚以其童稚，疑受教於人，敕廷尉蔡法度嚴加脅誘，取其欵實。❶法度乃還寺，盛陳徽纆，❷厲色問曰：「爾求代父死，敕已相許，便應伏法。然刀鋸至劇，審能死不？且爾童孺，志不及此，必人所教，姓名是誰？若有悔異，亦相聽許。」對曰：「囚雖蒙弱，豈不知死可畏憚？顧諸弟幼藐，唯囚爲長，不忍見父極刑，自延視息，所以内斷胸臆，上干萬乘。今欲狥身不測，委骨泉壤，此非細故，奈何受人教也？」法度知不可屈撓，乃更和顔誘語之曰：「主上知尊侯無罪，行當釋亮。觀君神儀明秀，足稱佳童，今若轉辭，幸父子同濟，奚以此妙年苦求湯鑊？」𨶒曰：「凡鯤鮞螻蟻尚惜其生，况在人斯？豈顧虀粉？但父挂深劾，必正刑書。故思殞仆，冀延父命。」𨶒初見囚，獄掾依法備加桎梏。法度矜之，命脱其二械，更令着一小者。𨶒弗聽，曰：「𨶒求代父死，死囚豈可減乎？」竟不脱械。法度以聞，帝乃宥其父子。丹陽尹王志求其在廷尉故事并諸鄉居，欲於歲首舉充純孝。𨶒曰：「異哉王尹，何量𨶒之薄也！夫父辱子死，斯道固然。若𨶒有靦面目，當其此舉，則是因父買名，一何甚辱！」拒之而止。此其章章尤著者也。

❶「欵」，原作「疑」，今據四庫本及《南史》改。

❷「纆」，原作「纆」，今據四庫本及《南史》改。

家範卷之五

十八世孫露十九世孫嶸嵩嶧巘崘岐梓

子　下

《書》稱舜「烝烝乂，不格姦」，何謂也？」曰：「言能以至孝和頑嚚昏傲，使進進以善自治，不至於大惡也。」

曾子耘瓜，誤斬其根。晳怒，挺大杖以擊其背。❶曾子仆地而不知人。久之乃蘇，欣然而起，進於曾晳曰：「嚮也，參得罪於大人，用力教參，得無疾乎？」退而就房，援琴而歌，欲令曾晳聞之，知其體康也。孔子聞之而怒，告門弟子曰：「參來，勿内。」曾參自以爲無罪，使人請於孔子。孔子曰：「汝不聞乎？昔舜之事瞽瞍，欲使之，未嘗不在於側。索而殺之，未嘗可得。小捶則待過，大杖則逃走。故瞽瞍不犯不父之罪，而舜不失烝烝之孝。今參事父，委身以待暴怒，殪而不避，身既死而陷父于不義，其不孝孰大焉！汝非天子之民乎？殺天子之民，❷其罪奚若？」曾參聞之，曰：「參罪大矣。」遂造孔子而謝過。此之謂也。

---

❶「挺」，萬曆七年本、四庫本作「建」。

❷「殺」，原脱，今據四庫本及《孔子家語》（《四部叢刊》景明翻宋本）補。

或曰：「孔子稱『色難』。色難者，觀父母之志趣，不待發言而後順之者也。然則經何以貴於諫争乎？」曰：「諫者，爲救過也。親之命可從而不從，是悖戾也。不可從而從之，則陷親於大惡。然而不諫是路人，故當不義則不可不争也。」或曰：「然則争之能無拂親之意乎？」曰：「所謂争者，順而止之，志在於必從也。孔子曰：『事父母幾諫。

包曰：幾，微也。當微諫，❶納善言于父母。

『見志不從，又敬不違，勞而不怨。』」

包曰：見父母，❷父母志有不從己諫之色，則又當恭敬，不違父母意而遂己之諫。

《禮》：「父母有過，下氣怡色，柔聲以諫。諫若不入，起敬起孝，説則復諫。

起，猶更也。

「不説，則與其得罪於鄉黨州閭，寧孰諫。

子從父之命，不可謂孝也。

「父母怒，不悦而撻之流血，不敢疾怨，起敬起孝。」又曰：「事親有隱而無犯。」又曰：「父母有過，諫而不逆。」又曰：「三諫而不聽，則號泣而隨之。」言窮無所之也。或曰：「諫則彰親之過，奈何？」曰：「諫諸内，隱諸外

❶「諫」，原作「練」，今據萬曆七年本、四庫本、草堂本改。

❷「見父母父母」，四庫本作「諫父母者見」，何晏《論語集解》（清阮刻《十三經注疏》本）作「見父母」。

者也。諫諸内則親過不遠，隱諸外故人莫得而聞也。且孝子善則稱親，過則歸己。《凱風》曰：『母氏聖善，我無令人。』其心如是，夫又何過之彰乎？」

或曰：「子孝矣，而父母不愛，如之何？」曰：「責己而已。昔舜，父頑、母嚚、象傲，日以殺舜爲事。舜往于田，日號泣于旻天、于父母。

仁覆愍下謂之旻天。❶言舜初耕於歷山之時，爲父母所疾，日號泣于旻天及父母，克己自責，不責于人。

「負罪引慝，祗載見瞽瞍，夔夔齋慄。瞽瞍亦允若。誠之至也！如瞽瞍者，猶信而順之，況不至是者乎？」

慝，惡。載，事也。夔夔齋慄，敬懼之貌。言舜負罪引惡，敬以事見于父，慄懼齋莊，父亦信順之。言能以至誠感頑父。

曾子曰：「父母愛之，喜而不忘；父母惡之，懼而弗怨。」

漢侍中薛包好學篤行。喪母，以至孝聞。及父娶後妻而憎包，分出之。包日夜號泣，不能去，至被毆杖。不得已，廬於舍外，❷旦入而洒掃。父怒，又逐之。乃廬于里門，昏晨不廢。積歲餘，父母慚而還之。

晉太保王祥至孝，早喪親。繼母朱氏不慈，數譖之，由是失愛於父。每使掃除牛下，祥愈恭謹。父母有疾，

---

❶「旻」，原作「昊」，今據《尚書注疏》（清阮刻《十三經注疏》本）改。下「旻」字同。

❷「廬於」，原作「於廬」，今據四庫本及《後漢書》改。

衣不解帶，湯藥必親嘗。有丹柰結實，母命守之。每風雨，祥輒抱樹而泣。其篤孝純至如此。母終，居喪毀悴，❶杖而後起。

西河人王延九歲喪母，泣血三年，幾至滅性。每至忌月，則悲泣三旬。繼母卜氏，遇之無道，恒以蒲穰及敗麻頭與延貯衣。其姑聞而問之，延知而不言，事母彌謹。卜氏嘗盛冬思生魚，敕延求而不獲，杖之流血。延尋汾凌而哭，忽有一魚長五尺，踊出冰上，延取以進母。卜氏心悟，撫延如己生。

齊始安王諮議劉渢父紹，仕宋，位中書郎。渢母早亡，紹被敕納路太后兄女爲繼室。渢年數歲，路氏不以爲子，奴婢輩捶打之，無期度。渢母亡日輒悲啼不食，彌爲婢輩所苦。路氏生溓，渢怜愛之，不忍捨，常在床帳側，輒被驅捶，終不肯去。路氏病經年，渢晝夜不離左右，每有增加，輒流涕不食。路氏病瘥，感其意，慈愛遂隆。路氏富盛，一旦爲渢立齋宇筵席，不減侯王。

唐宣歙觀察使崔衍父倫，爲左丞。繼母李氏不慈于衍。衍時爲富平尉，倫使于吐蕃，久方歸。李氏衣敝衣以見倫，倫問其故，李氏稱倫使于蕃中，衍不給衣食。倫大怒，召衍責詬，命僕隸拉於地，袒其背，將打之。❷衍泣涕，終不自陳。倫弟殷聞之，趨往，以身蔽衍，杖不得下，因大言曰：「衍每月俸錢皆送嫂處，殷所具知，何忍乃言衍不給衣食？」倫怒乃解。由是倫遂不聽李氏之譖。及倫卒，衍事李氏益謹。李氏所生次子郃，

---

❶「毀悴」，原倒，今據四庫本及《晉書》乙正。

❷「打」，四庫本作「鞭」。

每多取母錢，使其主以書契徵負于衍。衍歲爲償之。故衍官至江州刺史，而妻子衣食無所餘。子誠孝而父母不愛，則孝益彰矣，何患乎？

或曰：「妻子失親之意，則如之何？」曰：「《禮》：『子甚宜其妻，父母不説，出。子不宜其妻，父母曰是善事我，子行夫婦之禮焉，没身不衰。』」

宜猶善也。

漢司隸校尉鮑永事後母至孝。妻常于母前叱狗，永去之。

齊征北司徒記室劉瓛音桓。母孔氏，甚嚴明。瓛年四十餘，未有婚對。建元中，高帝與司徒褚彦回爲瓛娶王氏女。王氏穿壁挂履，土落孔氏床上，孔氏不悦，瓛即出其妻。

唐鳳閣舍人李迥秀母氏庶賤，其妻崔氏嘗叱媵婢，母聞之不悦，迥秀即時出妻。或止之曰：「賢室雖不避嫌疑，然過非出狀，何遽如此？」迥秀曰：「娶妻本以養親，今違忤顔色，何敢留也？」竟不從。

後漢郭巨家貧，養老母。妻生一子，三歲，母常減食與之。巨謂妻曰：「貧乏不能供給，共汝埋子。子可再有，母不可再得。」妻不敢違，巨遂掘坑二尺餘，忽黄金一釜。❶ 或曰：「郭巨非中道。」曰：「然以此教民，民猶厚於慈而薄于孝。」

或曰：「五母在禮律皆同服。凡人事嫡、繼、慈、養之情，烏能比于所生？或者疑于僞與？」曰：「是何言之

❶「忽」，四庫本作「得」。

悖也？在《禮》：『爲人後者斬衰三年。』傳曰：『何以三年也？受重者必以尊服服之。何如而可爲之後？同宗則可爲之後。如何而可以爲人後？❶支子可也。爲所後者之祖父母、妻，妻之父母昆弟，昆弟之子，若子。』

若子者，謂所爲後之子如親子。

「『繼母如母。』傳曰：『繼母何以如母？繼母之配父，與因母同，故孝子不敢殊也。』

因猶親也。

「『慈母如母。』傳曰：『慈母者何也？妾之無子者，妾子之無母者，父命妾曰：「以爲子。」命子曰：「女以爲母。」若是，則生養之，終其身如母，死則喪之三年，如母。貴父之命也。』況嫡母，子之君也，其尊至矣。」

梁中軍田曹行參軍庾沙彌，嫡母劉氏寢疾。沙彌晨昏侍側，衣不解帶。或應針灸，輒以身先試。及母亡，水漿不入口累日。初進大麥薄飲，經十旬，方爲薄粥，終喪不食鹽酢。冬日不衣綿纊，夏日不解衰絰。不出廬户，晝夜號慟，鄰人不忍聞。所坐薦，淚霑爲爛。墓在新林，忽有旅松百許株，枝葉鬱茂，有異常松。劉好敭甘蔗，沙彌遂不復食之。

漢丞相翟方進既富貴，後母猶在，進供養甚篤。

太尉胡廣年八十，繼母在堂，朝夕瞻省，旁無几杖，言不稱老。

---

❶「何」，原漫漶不清，草堂本闕，今據萬曆七年本、四庫本補。

漢顯宗命馬皇后母養肅宗，肅宗孝性純篤，母子慈愛，始終無纖介之間。帝既專以馬氏爲外家，故所生賈貴人不登極位。賈氏親宗，無受寵榮者。及太后崩，乃策書加貴人王赤綬而已。

古人有丁蘭者，母早亡，不及養，乃刻木而事之。彼賢者，孝愛之心發于天性，失其親而無所施，至于刻木，猶可事也，況嫡、繼、慈、養之存乎！聖人順賢者之心而爲之禮，豈有聖人而教人爲僞者乎？

葬者，人子之大事。死者以窀穸爲安宅，兆而未葬，猶行而未有歸也。是以孝子雖愛親，留之不敢久也。古者，天子七月，諸侯五月，大夫三月，士踰月。誠由禮物有厚薄，奔赴有遠近，不如是不能集也。國家諸令，❶王公以下皆三月而葬，蓋以非同位外姻無會葬者，❷適時之宜，更爲中制也。《禮》：「未葬不變服，啜粥，居倚廬，寢苫枕塊，既虞而後有變。」蓋孝子之心，以爲親未獲所安，已不敢即安也。

漢蜀郡太守廉范，❸王莽大司徒丹之孫也。父遭喪亂，客死于蜀漢，范遂流寓西州。西州平，歸鄉里。年五十，辭母西迎父喪。蜀郡太守張穆，丹之故吏，重資送范。范無所受，與客步負喪歸葭萌。載船觸石破没，范抱持棺柩，遂俱沉溺。衆傷其義，鉤求得之，療救僅免于死，卒得歸葬。

宋會稽賈恩母亡未葬，爲鄰火所逼，恩及妻栢氏號哭奔救。鄰近赴助，棺櫬得免，恩及栢氏俱燒死。有司

---

❶「諸」，疑爲「著」之誤，司馬光《葬論》曰：「今世著令自王公以下皆三月而葬。」

❷「非」，四庫本作「待」；「無」，四庫本作「之」。

❸「廉范」，原倒，今據四庫本及《後漢書》乙正。

奏，改其里爲「孝義里」，蠲租布三世，追贈恩顯親左尉。

會稽郭原平父亡，爲塋壙，凶功不欲假人，己雖巧而不解作墓，乃訪邑中有塋墓者。助之運力，經時展勤，久乃閑練。又自賣丁夫以供衆費。窀穸之事，儉而當禮，性無學術，❶因心自然。葬畢，詣所買主，執役無懈，與諸奴分務，讓逸取勞。主人不忍使，每遣之。原平伏勤未嘗暫替。❷傭賃養母，有餘聚以自贖。

海虞令何子平母喪去官，哀毁踰禮，每至哭踊，頓絶方蘇。屬大明末，❸東土飢荒，繼以師旅，八年不得塋葬。❹晝夜號哭，常如袒括之日，冬不衣絮，暑不就清凉，一日以數合米爲粥，不進鹽菜，所居屋敗，不蔽風日。兄子伯興欲爲葺理，子平不肯，曰：「我情未伸，天地一罪人耳，屋何宜覆？」蔡興宗爲會稽太守，甚加矜賞，爲營冢壙。❺

新野庾震喪父母，居貧無以葬，賃書以營事，至手掌穿，❻然後成葬事。賢者于葬，何如其汲汲也。今世俗信術者妄言，以爲葬不擇地及歲月日時，則子孫不利，禍殃總至。乃至終喪除服，或十年，或二十年，或終

❶「學術」，四庫本作「術學」，當是。
❷「伏」，四庫本作「服」。
❸「明」，原作「周」，今據四庫本及《宋書》改。
❹「塋」，四庫本作「營」，當是。
❺「營」下，原衍「葬」字，今據四庫本删。
❻「手」，原作「乎」，今據四庫本及《南史》改。

身，或累世猶不葬，至爲水火所漂焚，他人所投棄，失亡尸柩，❶不知所之者，豈不哀哉！人所貴有子孫者，爲死而形體有所付也。而既不葬，則與無子孫而死道路者奚以異乎？《詩》云：「行有死人，尚或墐之。」況爲人子孫，乃忍棄其親而不葬哉！

唐大常博士吕才叙《葬書》曰：「《孝經》云：『卜其宅兆而安厝之。』蓋以窀穸既終，永安體魄，而朝市遷變，泉石交侵，不可前知，故謀之龜筮。近代或選年月，或相墓田，以爲一事失所，禍及死生。按《禮》，天子、諸侯、大夫，葬皆有月數，則是古人不擇年月也。《春秋》：『九月丁巳葬定公，❷雨，不克葬。戊午日中乃克葬。』是不擇日也。鄭葬簡公，❸司墓之室當路，毁之則朝而窆，不毁則日終而窆。子産不毁，是不擇時也。古之葬者，皆于國都之北，域有常處，是不擇地也。今葬者，以爲子孫富貴貧賤夭壽，皆因卜所致。夫子文爲令尹而三已，柳下惠爲士師而三黜，計其丘壠，❹未常改移。而野俗無識，妖巫妄言，遂於擗踊之際，擇葬地而希官爵；荼毒之秋，❺選葬時而規財利。」斯言至矣。夫死生有命，富貴在天，固非葬所能移。就使能移，孝子

❶「尸」，原作「户」，今據萬曆七年本、四庫本改。
❷「定」，原字迹磨滅，今據萬曆七年本、四庫本及《春秋左傳正義》定公十五年經（清阮刻《十三經注疏》本）補。
❸「葬」，原脱，今據《資治通鑑》（《四部叢刊》景宋本）補。
❹「計」，原作「討」，今據《資治通鑑》改。
❺「荼」，原作「茶」，今據萬曆七年本、四庫本、草堂本改。

何忍委其親不葬而求利于己哉？ 世又有用羌胡法，自焚其柩，收燼骨而葬之者，人習爲常，恬莫之怪。嗚呼！ 詭俗誖戾，乃至此乎？ 或曰：「旅宦遠方，貧不能致其柩，不焚之，何以致其就葬？」曰：「如廉范輩，豈其家富也？ 延陵季子有言：『骨肉歸復于土，命也。 魂氣則無不之也。』舜爲天子，巡狩至蒼梧而殂，葬于其野。 彼天子猶然，況士民乎！ 必也無力不能歸其柩，即所亡之地而葬之，不猶愈于毁焚乎？」或曰：「『生，事之以禮；死，葬之以禮，祭之以禮。』具此數者，可以爲大孝乎？」曰：「未也。 天子以德教加于百姓、刑于四海爲孝，諸侯以保社稷爲孝，卿大夫以守宗廟爲孝，士以保其禄位爲孝。 皆謂能成先人之志，不墜其業者也。」

晉庾衮父戒衮以酒，衮嘗醉，自責曰：「予廢先人之戒，其何以訓人？」乃于父墓前，自杖三十。 可謂能不忘訓辭矣。

《詩》云：「題彼鶺鴒，載飛載鳴。 我日斯邁，而月斯征。 夙興夜寐，無忝爾所生。」

經曰：「立身行道，揚名于後世，以顯父母，孝之終也。」又曰：「事親者，居上不驕，爲下不亂，在醜不争。 居上而驕則亡，爲下而亂則刑，在醜而争則兵。 三者不除，雖日用三牲之養，猶爲不孝也。」

《内則》曰：「父母雖没，將爲善，思貽父母令名，必果。 將爲不善，思貽父母羞辱，必不果。」

貽，遺也。 果，决也。

公明儀問于曾子曰：「夫子可以爲孝乎？」曾子曰：「是何言歟？ 是何言歟？ 君子之所謂孝者，先意承志，諭父母于道。 參直養者也，安能爲孝乎？」

曾子曰：「身也者，父母之遺體也。行父母之遺體，敢不敬乎？居處不莊非孝也，事君不忠非孝也，涖官不敬非孝也，朋友不信非孝也，戰陳無勇非孝也，五者不備，❶非及其親，❷敢不敬乎？亨熟羶薌，❸嘗而薦之，非孝也。君子之所謂孝也，國人稱願然曰：『幸哉，有子如此！所謂孝也已。』爲人子能如是，可謂之孝有終矣。」

---

❶「備」，《禮記注疏》作「遂」。
❷「非」，《禮記注疏》作「烖」，四庫本據改。
❸「亨」，原作「享」，今據四庫本及《禮記注疏》改。

家範卷之六

十八世孫露十九世孫嶸嵩峄巘崳岐梓

女　孫　伯叔父　姪

女

《禮》:「女子十年不出,

恒居内也。

「姆教婉娩聽從,

婉謂言語也,娩謂容貌也。

「執麻枲,治絲繭,織紝組紃,學女事,以供衣服。

紃,條。

「觀于祭祀,納酒漿、籩豆、菹醢,禮相助奠。

當及女時而知。

「十有五年而笄，
　謂應年許嫁者。女子許嫁，笄而字之。其未許嫁，二十則笄。
「二十而嫁。」「古者，婦人先嫁三月，祖廟未毁，教于公宫；祖廟既毁，教于宗室。教以婦德、婦言、婦容、婦功，教成祭之。牲用魚，芼之以蘋藻，所以成婦順也。」
　謂與天子諸侯同姓者也。嫁女者，必就尊者教成之。教之者，女師也。祖廟，女所出之祖也。公，君也。宗室，宗子之家也。婦德，貞順也。婦言，辭令也。婦容，婉娩也。婦功，麻絲也。祭之，祭其所出之祖也。魚、蘋藻皆水物，陰類也。魚爲俎實，蘋藻爲羹菜。祭無牲牢，告事耳，非正祭也。其祭盛用黍云。君使有司告之。宗子之家，若其祖廟已毁，則爲壇而告焉。
曹大家《女戒》曰：「今之君子徒知訓其男，檢其書傳，殊不知夫主之不可不事，禮義之不可不存，但教男而不教女，不亦蔽於彼此之教乎！❶《禮》：『八歲始教之書，十五而志於學矣。』獨不可依此以爲教哉！夫云婦德，不必才明絶異也；婦言，不必辯口利辭也；婦容，不必顔色美麗也；婦功，不必功巧過人也。清閑貞静，守節整齊，❷行己有耻，動静有法，是謂婦德。擇辭而説，不道惡語，❸時然後言，不厭於人，是謂婦言。

❶「教」，《後漢書》作「數」。
❷「齊」，草堂本作「飭」。
❸「語」，原漫漶不清，今據萬曆七年本、四庫本、草堂本補。

盥浣塵穢，服飾鮮潔，沐浴以時，身不垢辱，是謂婦容。專心紡績，不好戲笑，潔齊酒食，以奉賓客，是謂婦功。此四者，女之大德，而不可乏者也。然爲之甚易，唯在存心耳。」凡人不學則不知禮義，不知禮義則善惡是非之所在皆莫之識也。於是乎有身爲暴亂而不自知其非也，禍辱將及而不知其危也。然則爲人皆不可以不學，豈男女之有異哉！是故女子在家不可以不讀《孝經》、《論語》及《詩》、《禮》，畧通大義。其女功，則不過桑麻織績、制衣裳、爲酒食而已。至于刺繡華巧，管絃歌詩，皆非女子所宜習也。古之賢女無不好學，左圖右史，以自儆戒。

漢和熹鄧皇后，六歲能《史書》，

《史書》，周宣王太史籀所作大篆十五篇也。《前漢書》曰：「教學童之書也。」

十二通《詩》、《論語》。諸兄每讀經傳，輒下意難問。

下意，猶出意也。

志在典籍，不問居家之事。母常非之曰：「汝不習女工，以供衣服，乃更務學，寧當舉博士邪？」后重違母言，晝修婦業，暮誦經典，家人號曰「諸生」。其餘班婕妤、曹大家之徒，以學顯當時、名垂後來者多矣。

漢珠崖令女名初，年十三。珠崖多珠，繼母連大珠以爲係臂。及令死，當送葬。❶ 法，珠入於關者死。繼母棄其係臂珠。其男年九歲，好而取之，置母鏡奩中，皆莫之知。遂與家室奉喪歸。至海關，海關候吏搜索，

❶「送」，四庫本作「還」。

得珠十枚於鏡奩中。吏曰：「嘻！此值法，無可奈何。誰當坐者？」初在左右，心恐繼母去置奩中，乃曰：「初坐之。」吏曰：「其狀如何？」初對曰：「君子不幸，夫人解係臂去之。初心惜之，取置夫人鏡奩中，夫人不知也。」吏將初劾之。繼母意以爲實，然憐之，因謂吏曰：「願且待，幸勿劾兒。兒誠不知也。兒珠，妾之係臂也。君不幸，妾解去之，心不忍棄，且置鏡奩中。迫奉喪，忽然忘之。妾當坐之。」初固曰：「實初取之。」繼母又曰：「兒但讓耳，實妾取之。」因涕泣不能自禁。女亦曰：「夫人哀初之孤，强名之以活初身，夫人實不知也。」又因哭泣，泣下交頸。送喪者盡哭哀動，❶傍人莫不爲酸鼻揮涕。關吏執筆劾，不能就一字。關候垂泣，終日不忍決，乃曰：「母子有義如此，吾寧坐之，不忍加文。母子相讓，安知孰是？」遂棄珠而遣之。既去，乃知男獨取之。

宋會稽寒人陳氏，有女無男。祖父母年八九十，老無所知。父篤癃疾，母不安其室。遇歲饑，三女相率于西湖採菱蓴，更日至市貨賣，未嘗虧怠。鄉里稱爲義門，多欲娶爲婦。長女自傷煢獨，誓不肯行。祖父母尋相繼卒，三女自營殯葬，爲菴舍居墓側。

又諸暨東湾里屠氏女，父失明，母痼病，親戚相棄，鄉里不容。女移父母遠住紵舍，晝採樵，夜紡績，以供養。父母俱卒，親營殯葬，負土成墳。鄉里多欲娶之，女以無兄弟，誓守墳墓不嫁。

唐孝女王和子者，徐州人。其父及兄爲防秋卒，戍涇州。元和中，吐蕃寇邊，父兄戰死。無子，母先亡。和

❶「動」，萬曆七年本作「痛」，四庫本作「慟」。

子年十七，聞父兄没于邊，披髮徒跣縗裳，獨往涇州。行丐取父兄之喪，歸徐營葬，植松栢。剪髮壞形，盧于墓所。節度使王智興以狀奏之，詔旌表門閭。

此數女者，皆以單惸事其父母，生則能養，死則能葬，亦女子之英秀也。

唐奉天竇氏二女，雖生長草野，幼有志操。永泰中，群盜數千人剽掠其村落。二女皆有容色，長者年十九，幼者年十六，匿巖穴間。盜曳出之，驅逼以前，臨壑谷，深數百尺。其姊先曰：❶「吾寧就死，義不受辱。」即投崖下而死。盜方驚駭，其妹從之自投，折足敗面，血流被體，盜乃捨之而去。京兆尹第五琦嘉其貞烈，奏之。詔旌表門閭，永蠲其家丁役。二女遇亂，守節不渝，視死如歸，又難能也。

漢文帝時，有人上書齊大倉令淳于意有罪，當刑。詔獄逮繫長安。意有五女，隨而泣。意怒罵曰：「生女不生男，緩急無可使者。」於是少女緹縈傷父之言，乃隨父西，上書曰：「妾父爲吏，齊中稱其廉平。今坐法當刑，妾切痛死者不可復生，而刑者不可復贖，❷雖欲改過自新，其道莫由，終不可得。妾願入身爲官婢，以贖父刑罪，使得改行自新也。」書聞，上悲其意。此歲中亦除肉刑法。緹縈一言而善，天下蒙其澤，後世賴其福，所及遠哉。

後魏孝女王舜者，趙郡人也。父子春與從兄長忻不協。齊亡之際，長忻與其妻同謀，殺子春。舜時年七歲，

❶ 「姊」，原作「娣」，今據四庫本、草堂本改。

❷ 「贖」，四庫本作「屬」。

又二妹，粲年五歲，璠年二歲，並孤苦，寄食親戚。舜撫育二妹，恩義甚篤。而舜陰有復讎之心，長忻殊不備。姊妹俱長，親戚欲嫁，輒拒不從。乃密謂二妹曰：「我無兄弟，致使父讎不復。吾輩雖女子，何用生爲？我欲共汝報復。何如？」二妹皆垂泣曰：「唯姊所命。」夜中，姊妹各持刀踰墻入，手殺長忻夫婦，以告父墓。因詣縣請罪，姊妹争爲謀首，州縣不能决。文帝聞而嘉歎，原罪。《禮》：「父母之讎，不與共戴天。」舜以幼女，藴志發憤，卒袖白刃以揕讎人之胸，❶豈可以壯男子反不如哉！

孫

《書》曰：「辟不辟，忝厥祖。」《詩》云：「無念爾祖，聿修厥德。」然則爲人而怠于德，是忘其祖也，豈不重哉！

晉李密，犍爲人。父早亡，母何氏改醮。密時年數歲，感戀彌至，烝烝之性，遂以成疾。祖母劉氏躬自撫養。密奉事以孝謹聞，劉氏有疾，則泣側息，❷未嘗解衣。飲膳湯藥，必先嘗後進。仕蜀爲郎。蜀平，泰始初詔徵爲太子洗馬。密以祖母年高，無人奉養，遂不應命。上疏曰：「臣無祖母，無以至今日。祖母無臣，無以終餘年。母孫二人更相爲命，是以私情區區，不敢棄遠。臣密今年四十有四，祖母劉氏今年九十有六，是臣盡節于陛下之日長，而報養劉氏之日短也。烏鳥私情，乞願終養。」武帝矜而許之。

---

❶「揕」，原作「椹」，今據四庫本改。
❷「泣」上，《晉書》有「涕」字。

齊彭城郡丞劉瓛音桓。有至性，祖母病疽經年，手持膏藥，漬指爲爛。❶

後魏張元，芮城人，世以純至爲鄉里所推。元年六歲，其祖以其夏中熱，欲將元就井浴，元固不肯。謂其貪戲，乃以杖擊其首曰：❷「汝何爲不肯浴？」元對曰：「衣以蓋形爲覆其褻。元不能褻露其體於白日之下。」祖異而捨之。年十六，其祖喪明。三年，元恒憂泣，晝夜讀佛經禮拜，以祈福祐。每言：「天人師乎？元爲孫不孝，使祖喪明。今願祖目見明，元求代闇。」夜夢見一老翁以金鎞療其祖目，于夢中喜躍，遂即驚覺，乃偏告家人。三日，祖目果明。其後，祖卧疾再周，元恒隨祖所食多少，衣冠不解，旦夕扶侍。及祖没，號踊，絶而後蘇。❸隨其父，水漿不入口三日。鄉里咸歎異之。縣博士楊輒等二百餘人上其狀，有詔表其門閭。此皆爲孫能養者也。

唐僕射李公名訥。有居第在長安修行里，其密鄰即故日南陽相也。名收。丞相早歲與之有舊。及登庸，權傾天下。相君選妓數輩，以宰府不可外館，棟宇無便事者，獨書閣東鄰乃李公冗舍也，意欲吞之。垂涎少俟，且遲遲於發言。忽一日，謹致一函，以爲必遂。及復札，大失所望。又踰月，召李公之吏得言者，欲以厚價購之。或曰：「水竹别墅交質。」李公復不許。又逾月，乃授公之子弟官，冀其稍動初意，竟亡迴命。有王處

❶「漬」，原作「潰」，今據《南齊書》、《南史》改。
❷「首」，四庫本及《北史》作「頭」。
❸「後」，四庫本作「復」。

士者，知書善棋，加之敏辯，李公寅夕與之同處。丞相密召，以誠告之，託其諷諭。❶王生忭奉其旨，勇于展効。然以李公褊直，伺良便者久之。一日，公遘病，生獨侍前。公謂曰：「筋衰骨虛，風氣因得乘間而入，所謂空穴來風，枳枸來巢也。」生對曰：「然，向聆西院，梟集樹杪，某心憂之，果致微恙。空院之來妖禽，猶枳枸來巢矣。且如齎器換緡，❷未如鬻之，以贍醫藥。」李公卞慧，❸揣知其意，怒髮上植，厲聲曰：「男子寒死，餒死，❹鵬窺而死，亦其命也。先人之敝廬，不忍爲權貴優笑之地。」揮手而別。自是，王生及門，不復接矣。

平盧節度使楊損，初爲殿中侍御史，家新昌里，與路巖第接。巖方爲相，欲易其廄以廣第。損宗族仕者十餘人議曰：「家世盛衰，繫權者喜怒，不可拒也。」損曰：「今尺寸土，皆先人舊物，非吾等所有，安可奉權臣耶！窮達，命也！」卒不與。巖不悦，使損按獄黔中，餘年還。❺彼室宅，尚以家世舊物，不忍棄失，況諸侯之于社稷，大夫之于宗廟乎？爲人孫者，可不念哉！

---

❶「諭」，原作「誦」，今據四庫本改。
❷「如」，萬曆七年本、四庫本作「知」。
❸「慧」，四庫本作「急」，是。
❹「餒」，原作「餧」，今據草堂本改。
❺「餘年」，四庫本作「年餘」，《新唐書》作「踰年」。

伯叔父

禮服，兄弟之子猶子也。蓋聖人緣情制禮，非引而進之也。

漢第五倫性至公。或問倫曰：「公有私乎？」對曰：「吾兄子嘗病，一夜十往，退而安寢。吾子有病，雖不省視，而竟夕不眠。若是者，豈可謂無私乎？」伯魚賢者，豈肯厚其兄子不如其子哉？直以數往視之，故心安。終夕不視，故心不安耳。而伯魚更以此語人，益所以見其公也。

宗正劉平。更始時天下亂，平弟仲爲賊所殺。其後賊復忽然而至，平扶侍其母奔走逃難。仲遺腹女始一歲，平抱仲女而棄其子。母欲還取，平不聽，曰：「力不能兩活，仲不可以絶類。」遂去而不顧。

侍中淳于恭兄崇卒，恭養幼孤，教誨學問，有不如法，輒反杖用自杖箠以感悟之。兒慙而改過。

侍中薛包，弟子求分財異居，包不能止，乃中分其財。奴婢引其老者，曰：「與我共事久，若不能使也。」田廬取其荒頓頓，猶廢也。者，曰：「吾少時所理，意所戀也。」器物取朽敗者，曰：「我素所服食，身口所安也。」弟子數破其產，輒復賑給。

晉右僕射鄧攸。永嘉末，石勒過泗水，攸以牛馬負妻子而逃。又遇賊，掠其牛馬。步走，擔其兒及其弟子綏。度不能兩全，乃謂其妻曰：「吾弟早亡，唯有一息，理不可絶，止應自棄我兒耳。幸而得存，我後當有子。」妻泣而從之，乃棄其子而去，卒以無嗣。時人義而哀之，爲之語曰：「天道無知，使鄧伯道無兒。」弟子綏，服攸喪三年。

太尉郄鑒少值永嘉亂，在鄉里甚窮餒。鄉人以鑒名德，傳共飴之。時兄子邁、外甥周翼並小，常攜之就食。鄉人曰：「各自饑困，以君賢，欲共相濟耳，恐不能兼有所存。」鑒于是獨往。食訖，以飯着兩頰邊還，吐與二兒。後並得存，同過江。邁位至護軍，翼爲剡縣令。鑒之薨也，翼追撫育之恩，解職而歸，席苦心喪三年。世有殺其孤規財利者，獨何心哉！

姪

宋義興人許昭先，叔父肇之坐事繫獄，七年不判。子姪二十許人，昭先家最貧薄，專獨料訴，無日在家。餉饋肇之，莫非珍新。資産既盡，賣宅以充之。肇之諸子倦怠，惟昭先無有懈息。如是七載。尚書沈演之嘉其操行，肇之事由此得釋。

唐柳泌叙其父天平節度使仲郢行事云：「事季父太保名公權。如事元公。名公綽。非甚疾，見太保未嘗不束帶。任大京兆鹽鐵使，通衢遇太保，必下馬端笏，候太保馬過，方登車。每暮束帶迎太保馬首，候起居。太保屢以爲言，終不以官達稍改。太保常言于公卿間云：『元公之子事某如事嚴父。』」古之賢者，事諸父如父禮也。

家範卷之七

十八世孫露十九世孫嶔嵩嶧巘崙岐梓

兄　弟　姑姊妹　夫

兄

凡爲人兄不友其弟者，必曰：「弟不恭于我。」自古爲弟而不恭者孰若象？萬章問于孟子曰：「父母使舜完廩，捐階，瞽瞍焚廩。使浚井，出，從而揜之。

完，治。廩，倉。階，梯也。使舜登廩屋而捐去其階，焚燒其廩也。一説旋階。舜即旋從階下，瞽瞍不知其已下，故焚廩也。使舜浚井，舜入而即出，瞽瞍不知已出，從而蓋其井，以爲死矣。

「象曰：『謨蓋都君，咸我績。

象，舜異母弟。謨，謀。蓋，覆也。都，於也。君，舜也。舜有牛羊倉廩之奉，故謂之君。咸，皆。績，功也。象言謀覆于君而殺之者，皆我之功。欲與父母分舜之有，取其善者，故引其功也。

「『牛羊父母，倉廩父母。

欲以牛羊、倉廩與其父母。

「『干戈朕，琴朕，弤朕，二嫂使治朕棲。』弤，都禮切。干，楯。戈，戟也。琴，舜所彈五絃琴也。弤，彫弓也。天子曰彫弓。堯禪舜天下，故賜之彫弓也。棲，床也。二嫂，娥皇、女英。治牀，欲以爲妻也。

「象往入舜宫。舜在床琴，象曰：『鬱陶思君爾。』忸怩。象見舜坐在床鼓琴，愕然，反言曰：❶「我鬱陶思君，故來爾。」辭也。忸怩而慙，是其色也。

「舜曰：『惟兹臣庶，汝其于予治。』兹，此也。象素憎舜，不至其宫也，故舜見來而喜曰：「惟念此臣衆，汝故助我治耳。」

「不識舜不知象之將殺己與？」萬章言：「我不知舜不知象之將殺己與？」爲好言順辭以答象也。

曰：「奚而不知也？象憂亦憂，象喜亦喜。」奚，何也。孟子曰：「舜何爲不知象殺己也，❷仁人愛其弟，憂喜隨之。」象方言思君，故以順辭答之。

曰：「然則舜僞喜者與？」

---

❶「言」，四庫本作「辭」。

❷「殺」，《孟子注疏》（清阮刻《十三經注疏》本）作「惡」。

僞，詐也。萬章言：「如是，則爲舜行至誠，❶而詐喜以悦人矣？」曰：「否。昔者有饋生魚於鄭子産。子産使校人蓄之池。校人烹之，反命曰：『始舍之圉圉焉，少則洋洋焉，攸然而逝。』子産曰：『得其所哉！得其所哉！』

孟子言「否」，云舜不詐喜也。因爲説子産以喻之。子産，鄭國之子公孫僑，大賢人也。校人，主池沼小吏也。圉圉，魚在水羸劣之貌。洋洋，舒緩摇尾之貌。攸然，迅走水趣深處也。故曰得其所哉。重言之，嘉得魚之志也。

「校人出曰：『孰謂子産智？予既烹而食之，曰得其所哉！得其所哉！』故君子可欺以其方，難罔以非其道。彼以愛兄之道來，故誠信而喜之，奚僞焉？」

方，類也。君子可以事類欺，故子産不知校人之食其魚。象以其愛兄之言來向舜，是亦其類也。故誠信之而喜，何僞喜也？

萬章問曰：「象日以殺舜爲事。立爲天子則放之，何也？」

怪舜放之何故。

孟子曰：「封之也，或曰放焉。」

舜封象于有庳，或有人以爲放之。

---

❶「行」，四庫本作「非」。

萬章曰：「舜流共工於幽州，放驩兜于崇山，殺三苗於三危，殛鯀於羽山，四罪而天下咸服，誅不仁也。象至不仁，封之有庳。有庳之人奚罪焉？仁者固如是乎？在他人則誅之，在弟則封之。」

舜誅四佞，以其惡也。象惡亦甚而封之，仁人用心當如是乎？罪在他人當誅之，在弟則封之。

曰：「仁人之於弟也，不藏怒焉，不宿怨焉，親愛之而已矣。親之欲其貴也，愛之欲其富也。封之有庳，富貴之也。身爲天子，弟爲匹夫，可謂親愛之乎？」

孟子言：「仁人於弟不問善惡，親愛之而已。封者欲使富貴耳。身爲天子，弟雖不仁，豈可使爲匹夫也。」

「敢問『或曰放者』何謂也？」

萬章問放之意。

曰：「象不得有爲於其國。天子使吏治其國而納其貢焉，❶故謂之放，豈得暴彼民哉？

象不得施教于其國。天子使吏代其治而納貢賦與之，比諸見放也。有庳雖不得賢君，象亦不侵其民也。

「雖然，欲常常而見之，故源源而來。不及貢，以政接于有庳。

雖不使象得預政事，舜以兄弟之恩欲常常見之無已，故源源而來，如流水之與源通。不及貢者，不待朝貢諸侯常禮乃來也，其間歲歲自至京師，謂若天子以政事接見有庳之君者，實親親之恩也。

「然則弟之不恭，益所以彰兄之友也。」

---

❶「貢」下，四庫本有「賦」字，《孟子注疏》有「税」字。

漢丞相陳平少時家貧，好讀書。有田三十畝，獨與兄伯居，伯常耕田，縱平使游學。平爲人長美色，人或謂陳平：「貧何食而肥若是？」其嫂嫉平之不視家產，曰：「亦食糠覈耳。覈音紇，麥糠中不破者也。有叔如此，不如無有。」伯聞之，逐其婦而棄之。

御史大夫卜式本以田畜爲事，有少弟。弟壯，式脱身出，獨取畜羊百餘，田宅財物盡與弟。式入山牧，十餘年羊致千餘頭，買田宅。而弟盡破其産，式輒復分與弟者數矣。

隋吏部尚書牛弘弟弼好酒酗，嘗醉射殺弘駕車牛。弘還宅，其妻迎謂曰：「叔射殺牛。」弘聞，無所怪問，直答曰：「作脯。」坐定，其妻又曰：「叔忽射殺牛，大是異事。」弘曰：「已知。」顏色自若，讀書不輟。

唐朔方節度使李光進弟河東節度使光顏，先娶婦，母委以家事。及光進娶婦，母已亡。光顏妻籍家財，納管鑰於光進妻。光進妻不受，曰：「娣嘗逮事先姑，且受先姑之命，不可改也。」因相持而泣，卒令光顏妻主之矣。

平章事韓滉有幼子，夫人柳氏所生也。與弟湟戲于堂上，❶誤墜階而死。滉禁約夫人勿悲啼，恐傷叔郎意。爲兄如此，豈妻妾它人所能間哉？

❶「與」，萬曆七年本、四庫本無此字；「堂」，萬曆七年本、四庫本作「掌」。

弟

弟之事兄，主於敬愛。齊射聲校尉劉璡音津。兄瓛夜隔壁呼璡，璡不答。方下床着衣，立，然後應。瓛怪其久。璡曰：「尚束帶未竟。」❶

梁安成康王秀于武帝布衣昆弟。及爲君臣，小心畏敬，過於疏賤者。帝益以此賢之。若此，可謂能敬矣。

後漢議郎鄭均兄爲縣吏，頗受禮遺。均數諫止，不聽，即脱身爲傭。歲餘，得錢帛歸，以與兄曰：「物盡可復得。爲吏坐贓，終身捐棄。」兄感其言，遂爲廉潔。均好義篤實，養寡嫂孤兄，❷恩禮甚至。

晉咸寧中疫潁川，庾衮二兄俱亡，次兄毗復危殆。厲氣方熾，父母諸弟皆出次于外，衮獨留不去。諸父兄强之，乃曰：「衮性不畏病。」遂親自扶侍，晝夜不眠。其間復撫柩哀臨不輟。如此十有餘旬，疫勢既歇，家人乃反。毗病得差，衮亦無恙。父老咸曰：「異哉此子！守人所不能守，行人所不能行，歲寒然後知松栢之後凋，始知疫厲之不相染也。」

右光禄大夫顔含兄畿，咸寧中得疾，就醫自療，遂死於醫家。家人迎喪，旐每繞樹而不可解，引喪者顛仆，稱畿言曰：「我壽命未死，但服藥太多，傷我五臟耳。今當復活，慎無葬也。」其兄祝之曰：「若爾有命復生，豈

---

❶ 「尚」，四庫本、《南齊書》作「向」。
❷ 「兄」，《後漢書》作「兒」。

非骨肉所願，今但欲還家，不爾葬也。」旐乃解。及還，其婦夢之曰：「吾當復生，可急開棺。」婦頗説之。其夕，母及家人又夢之，即欲開棺，而父不聽。含時尚少，乃慨然曰：「非常之事，古則有之。今靈異至此，開棺之痛，孰與不開相負？」父母從之，共乃發棺。❶有生驗，以手刮棺，指爪盡傷。氣息甚微，有亡不分矣。❷飲哺將護，累月猶不能語，飲食所須，託之以夢。闔家營視，頓廢生業，雖在母妻，不能無倦矣。含乃絶棄人事，躬親侍養，足不出户者十有三年。石崇重含淳行，贈以甘旨，含謝而不受。或問其故，答曰：「病者綿昧，生理未全，既不能進噉，又未識人惠。若當苟留，❸豈施者之意也？」畿竟不起。含二親既終，兩兄既没，次嫂樊氏因疾失明，含課勵家人，盡心奉養。日自嘗省藥饌，察問息耗，必簪屨束帶，以至病愈。

後魏正平太守陸凱兄琇，坐咸陽王禧謀反事被收，卒于獄。凱痛兄之死，哭無時節，目幾失明。訴冤不已，備盡人事。至正始初，世宗復琇官爵，凱大喜，置酒集諸親曰：「吾所以數年之中抱病忍死者，顧門户計爾。逝者不追，今願畢矣。」遂以其年卒。

唐英公李勣貴爲僕射，其姊病，必親爲燃火煮粥，火焚其鬚鬢。姊曰：「僕射妾多矣，何爲自苦如是？」勣曰：「豈爲無人耶？顧今姊年老，勣亦老，雖欲久爲姊煮粥，復可得乎？」若此，可謂能愛矣。

❶「共乃」，四庫本、《晉書》作「乃共」。
❷「有」，四庫本、《晉書》作「存」。
❸「苟」，四庫本、《晉書》作「謬」。

夫兄弟至親，一體而分，同氣異息。《詩》云：「凡今之人，莫如兄弟。」又云：「兄弟鬩于墻，外禦其侮。」言兄弟同休戚，不可與它人議之也。若己之兄弟且不能愛，何况它人？己不愛人，人誰愛己？人皆莫之愛，而患難不至者，未之有也。《詩》云「毋獨斯畏」，此之謂也。兄弟，手足也。今有人斷其左足以益右手，庸何利乎？虺一身兩口，争食相齕，遂相殺也。争利而相害，何異于虺乎？

《顔氏家訓》論兄弟曰：「方其幼也，父母左提右挈，前襟後裾，食則同案，衣則傳服，學則連業，遊則共方，雖有悖亂之人，不能不相愛也。及其壯也，各妻其妻，各子其子，雖有篤厚之人，不能不少衰也。娣姒之比兄弟，則疏薄矣。今使疏薄之人而節量親厚之恩，猶方底而圓蓋，必不合也。唯友悌深至，不爲傍人之所移者可免夫！兄弟之際異于他人，望深則易怨，比他親則易弭。❶譬猶居室，一穴則塞之，一隙則塗之，無頹毁之慮。如雀鼠之不卹，風雨之不防，壁陷楹淪，無可救矣。僕妾之爲雀鼠，妻子之爲風雨，甚哉！兄弟不睦，則子姪不愛。子姪不愛，則群從疏薄。群從疏薄，則童僕爲讎敵矣。如此，則行路皆踖其面而蹈其心，誰救之哉？人或交天下之士，皆有懽愛，而失敬于兄者，何其能多而不能少也？人或將數萬之師，得其死力，而失恩於弟者，何其能疏而不能親也？娣姒者，多争之地也。所以然者，以其當公務而就私情，處重責而懷薄義也。若能恕己而行，换子而撫，則此患不生矣。人之事兄不同於事父，何怨愛弟不如愛子乎？是

❶「比他」，《顔氏家訓》王利器校曰：「地，各本作『他』，《温公家訓》作『比他』，宋本、文津本、抱經堂本作『地』，今從之。」

反照而不明也。」

吴太伯及弟仲雍皆周太王之子，而太伯季歷之兄也。❶季歷賢，而有聖子昌。太王欲立季歷以及昌，於是太伯、仲雍二人乃犇荆蠻，文身斷髮，示不可用，以迎季歷。季歷果立，是爲王季，而昌爲文王。太伯之犇荆蠻，自號句吴。荆蠻義之，從而歸之千餘家，立爲吴太伯。孔子曰：「太伯，其可謂至德也已矣。三以天下讓，民無得而稱焉。」

伯夷、叔齊，孤竹君之二子也。父欲立叔齊。及父卒，叔齊讓伯夷。伯夷曰：「父命也。」遂逃去。叔齊亦不肯立而逃之。國人立其中子。

宋宣公捨其子與夷而立穆公。穆公疾，復捨其子馮而立與夷。君子曰：「宣公可謂知人矣，立穆公，其子饗之，命以義夫。」

吴王壽夢卒，有子四人。長曰諸樊，次曰餘祭，次曰夷昧，次曰季札。季札賢，而壽夢欲立之。季札讓不可，於是乃立長子諸樊。諸樊卒，有命授弟餘祭，欲傳以次，必致國於季札而止。季札終逃去不受。

漢扶陽侯韋賢病篤，長子太常丞弘坐宗廟事繫獄，罪未決。室家問賢當爲後者，賢恚恨，不肯言。於是賢門下生博士義倩等與室家計，共矯賢令，使家丞上書言大行，以大河都尉玄成爲後。賢薨，玄成在官聞喪，又言當爲嗣。玄成深知其非賢雅意，即陽爲病狂，卧便利，妄笑語昏亂。徵至長安，既葬，當襲爵，以狂不應

❶「太伯」，《史記・吴世家》作「王」，兩通。

召。大鴻臚奏狀，章下丞相、御史案驗，遂以玄成實不病劾奏之。有詔勿劾，引拜，玄成不得已受爵。宣帝高其節。時上欲淮陽憲王爲嗣，然因太子起於細微，又早失母，故不忍也。久之，上欲感風憲王，輔以禮讓之臣，乃召拜玄成爲淮陽中尉。

陵陽侯丁綝卒，子鴻當襲封，上書讓國于弟成，❶不報。既葬，挂衰絰於冢廬而逃去。❷鴻與九江人鮑駿相友善，及鴻亡封，與駿遇於東海，陽狂不識駿。駿乃止而讓之曰：「春秋之義，不以家事廢王事。今子以兄弟私恩而絶父不滅之基，可謂智乎？」鴻感悟，垂泣歎息，乃還就國。

居巢侯劉般卒，子愷當襲爵，讓於弟憲，遁逃避封久之。章和中，有司奏請絶愷國，肅宗美其義，將優假之，愷猶不出。積十餘歲，至永元十年，有司復奏之。侍中賈逵上書稱：「愷有伯夷之節，宜蒙矜宥，全其先公，以增聖朝尚德之美。」和帝納之，下詔曰：「王法崇善，成人之美，其聽憲嗣爵。遭事之宜，後不得以爲比。」乃徵愷，拜爲郎。

後魏高涼王孤，平文皇帝之弟四子也，多才藝，有志略。烈帝之前元年，國有内難，昭成爲質於後趙。烈帝臨崩，顧命迎立昭成。及崩，群臣咸以新有大故，昭成來未可果，宜立長君。次弟屈，剛猛多變，不如孤之寬

---

❶「成」，《東觀漢記》（清武英殿聚珍版叢書本）、《後漢紀》（《四部叢刊》景明嘉靖刻本）、《資治通鑑》皆作「盛」。

❷「挂」，原作「桂」，今據四庫本、草堂本改。

和柔順。於是大人梁蓋等殺屈，共推孤爲嗣。孤不肯，乃自詣鄴奉迎，請身留爲質。石季龍義而從之。昭成即王位，乃分國半部以與之。然兄弟之際，宜相與盡誠，若徒事形迹，則外雖有愛而内實乖離矣。❶

宋祠部尚書蔡廓，奉兄軌如父，家事大小皆諮而後行。公禄賞賜一皆入軌。有所資須，悉就典者請焉。從武帝在彭城，妻郄氏書求夏服。時軌爲給事中，廓答書曰：「知須夏服，計給事自應相供，無容别寄。」歸使廓從妻言，乃乖離之漸也。

梁安成康王秀與弟始興王憺友愛尤篤，憺久爲荆州刺史，常以所得中分秀。秀稱心受之，不辭多也。若此可謂能盡誠矣。

衛宣公惡其長子伋子，❷使諸齊，使盜待諸莘，將殺之。弟壽子告之，使行。不可，曰：「棄父之命，惡用子矣！有無父之國則可也。」及行，飲以酒。壽子載其旌以先，盜殺之。伋子至，曰：「我之求也！此何罪？請殺我乎！」又殺之。

王莽末，天下亂，人相食。沛國趙孝弟禮爲餓賊所得，❸孝聞之，即自縛詣賊曰：「禮久餓羸瘦，不如孝肥飽。」賊大驚，並放之，謂曰：「且可歸，更持米糒來。」孝求不能得，復往報賊，願就烹。衆異之，遂不害。鄉

---

❶「有」，四庫本作「友」。

❷「伋」，四庫本作「急」。

❸「趙」，原作「張」，今據四庫本及《後漢書》改。

黨服其義。

北漢淳于恭兄崇將爲盜所烹，恭請代，得俱免。又，齊國兒萌、梁郡車成二人，❶兄弟並見執于赤眉，將食之。萌、成叩頭，乞以身代，賊亦哀而兩釋焉。

宋大明五年，發三五丁，彭城孫棘弟薩應充行，坐違期不至。棘詣郡辭列：「棘爲家長，令弟不行，罪應百死，棘以身代薩。」❷薩又辭列自引。太守張岱疑其不實，以棘、薩各置一處。報云：「聽其相代，顔色並悅，甘心赴死。」棘妻許又寄語屬棘：「君當門户，豈可委罪小郎！且大家臨亡，以小郎屬君，竟未妻娶，家道不立。君已有二兒，死復何恨！」岱依事表上。孝武詔特原罪，州加辟命，❸并賜帛二十匹。

梁江陵王玄紹、孝英、子敏兄弟三人特相愛友，所得甘旨新異，非共聚食必不先嘗。孜孜色貌，相見如不足者。及西臺陷没，玄紹以鬚面魁梧爲兵所圍，二弟共抱，各求代死，解不可得，遂并命。

夫賢者之於兄弟，或以天下國邑讓之，或爭相爲死。而愚者爭錙銖之利，一朝之忿，或鬭訟不已，或干戈相攻，至于破國滅家，爲他人所有，烏在其能利也哉？正由智識褊淺，見近小而遺遠大故耳。豈不哀哉！《詩》云：「彼令兄弟，綽綽有裕。不令兄弟，交相爲瘉。」其是之謂歟！子産曰：「直鈞，幼賤有罪。」然則兄

---

❶「車」，原爲空格，今據四庫本及《後漢書》補。

❷「棘」，萬曆七年本、四庫本作「乞」。

❸「州」，原作「勿」，今據四庫本及《宋書》、《南史》改。

弟而及於争，雖俱有罪，弟爲甚矣。世之兄弟不睦者，多由異母，或前後嫡庶更相憎嫉，母既殊情，子亦異黨。

晉太保王祥，繼母朱氏遇祥無道。朱子覽，年數歲，見祥被楚撻，輒涕泣抱持。至于成童，每諫其母。少止凶虐。朱屢以非理使祥，覽輒與祥俱。又虐使祥妻，覽妻亦趨而共之。朱患之，乃止。祥喪父之後，漸有時譽，朱深疾之，密使酖祥。覽知之，徑起取酒。祥疑其有毒，争而不與。朱遽奪，反之。自後，朱賜祥饌，覽先嘗。朱輒懼覽致斃，遂止。覽孝友恭恪，名亞于祥，仕至光禄大夫。

後魏僕射李沖兄弟六人，四母所出，頗相忿鬩。及沖之貴，封禄恩賜，皆與共之，内外輯睦。父亡後，同居二十餘年，更相友愛，久無間然，皆沖之德也。

北齊南汾州刺史劉豐八子俱非嫡妻所生，每一子所生喪，諸子皆爲制服三年。武平、仲暐所生喪，諸弟並請解官，朝廷義而不許。

唐中書令韋嗣立，黄門侍郎承慶異母弟也。母王氏遇承慶甚嚴，每有杖罰，嗣立必解衣請代，母不聽輒私自杖。母察知之，漸加恩貸。兄弟苟能如此，奚異母之足患哉！

姑姊

齊攻魯，至其郊，望見野婦人抱一兒、携一兒而行。軍且及之，棄其所抱，抱其所携而走於山。兒隨而啼，婦人隨行不顧。❶齊將問兒曰：「走者爾母耶？」曰：「是也。」「母所抱者，誰也？」曰：「不知也。」齊將乃追之，軍士引弓將射之曰：「止！不止，吾將射爾。」婦人乃還。齊將問之曰：「所抱者誰也？所棄者誰也？」婦人對曰：「所抱者，妾兄之子也。棄者，妾之子也。見軍之至，將及於追，力不能兩護，故棄妾之子。」齊將曰：「子之於母，其親愛也，痛甚於心。今釋之而反抱兄之子，❷何也？」婦人曰：「己之子，私愛也。兄之子，公義也。夫背公義而向私愛，亡兄子而存妾子，幸而得免，則魯君不吾畜，大夫不吾養，庶民國人不吾與也。夫如是，則脅肩無所容，而累足無所履也。子雖痛乎，獨謂義何？故忍棄子而行義，不能無義而視魯國。」於是齊將案兵而止，使人言於齊君曰：「魯未可伐。乃至於境，山澤之婦人耳，猶知持節行義，不以私害公，而況朝臣士大夫乎？請還。」齊君許之。魯君聞之，賜束帛百端，號曰「義姑姊」。

梁節姑姊之室失火，兄子與己子在室中，欲取其兄子，輒得其子，獨不得兄子。火盛，不得復入。婦人將欲趣火，❸其友止之曰：「子本欲取兄之子，惶恐卒誤得爾子，中心謂何？何至自赴火？」婦人曰：「梁國豈可户告人曉也，被不義之名，何面目以見兄弟國人哉？吾欲復投吾子，爲失父母之恩。吾勢不可以生。」遂竟赴火而死。

---

❶「隨」，四庫本作「疾」。
❷「之而」，草堂本作「己子」。
❸「欲」，四庫本作「自」。

漢郃陽任延壽妻季兒有三子。季兒兄季宗與延壽争葬父事，延壽與其友田建陰殺季宗，建獨坐死。延壽會赦，乃以告季兒。季兒曰：「嘻！獨今乃語我乎？」遂振衣欲去，問曰：「所與共殺吾兄者爲誰？」曰：「與田建。田建已死，獨我當坐之，汝殺我而已。」季兒曰：「殺夫不義，事兄之讎亦不義。」延壽曰：「吾不敢留汝，願以車馬及家中財物盡以送汝，惟汝所之。」季兒曰：「吾當安之？兄死而讎不報，與子同枕席而使殺吾兄，内不能和夫家，外又縱兄之讎，何面目以生而載天履地乎？」❶延壽慙而去，不敢見季兒。季兒乃告其大女曰：「汝父殺吾兄，義不可以留，❷又終不復嫁矣。吾去汝而死，汝善視汝兩弟。」遂以繦自經而死。左馮翊王讓聞之，大其義，令縣復其三子而表其墓。

唐冀州女子王阿足，早孤，無兄弟，唯姊一人。阿足初適同縣李氏，未有子而亡。時年尚少，人多聘之。爲姊年老孤寡，不能捨去，乃誓不嫁，以養其姊。每晝營田業，夜便紡績，衣食所須，無非阿足出者。如此二十餘年。及姊喪，葬送以禮。鄉人莫不稱其節行，競令妻女求與相識。後數歲，竟終於家。

夫

夫婦之道，天地之大義，風化之本原也，可不重歟！《易》：艮下兑上，咸。《彖》曰：「止而説，男下女，故『娶

❶「履」，原作「覆」，今據四庫本及《列女傳》改。

❷「義」上，原衍「又」，今據四庫本及《列女傳》删。

女，吉』也。」巽下震上，恒。《象》曰：「剛上而柔下，雷風相與。」蓋久常之道也。是故《禮》：「壻冕而親迎，御輪三周，所以下之也。既而壻乘車先行，婦車從之，反尊卑之正也。」《家人》：「初六，閑有家，悔亡。」正家之道，靡不在初。初而驕之，至於狼犺，浸不可制，非一朝一夕之所致也。昔舜爲匹夫，耕漁于田澤之中，妻天子之二女，使之行婦道于翁姑，非身率以禮義，能如是乎？

漢鮑宣妻桓氏，字少君。宣嘗就少君父學，父奇其清苦，故以女妻之。裝送資賄甚盛，宣不悦，謂妻曰：「少君生富驕，習美飾，而吾實貧賤，不敢當禮。」妻曰：「大人以先生修德守約，故使賤妾侍執巾櫛。既奉承君子，唯命是從。」宣笑曰：「能如是，是吾志也。」妻乃悉歸侍御服飾，更着短布裳，與宣共挽鹿車歸鄉里。拜姑畢，提甕出汲，修行婦道，鄉邦稱之。

扶風梁鴻，家貧而介潔。勢家慕其高節，多欲妻之，鴻並絶不許。同縣孟氏有女，狀肥醜而黑，力舉石臼，擇對不嫁，行年三十。父母問其故，女曰：「欲得賢如梁伯鸞者。」鴻聞而聘之。女求作布衣麻屨，織作筐筥緝績之具。及嫁，始以裝飾，入門七日而鴻不答。妻乃跪床下請曰：「切聞夫子高義，簡斥數婦，妾亦偃蹇數夫矣。今而見擇，敢不請罪？」鴻曰：「吾欲裘褐之人，可與俱隱深山者爾。今乃衣綺縞，傅粉墨，豈鴻所願哉！」妻曰：「以觀夫子之志爾。妾自有隱居之服。」乃更椎髻，着布衣，操作具而前。鴻大喜，曰：「此真梁鴻妻也，能奉我矣！」字之曰「德曜」，遂與偕隱。是皆能正其初者也。夫婦之際，以敬爲美。

晉臼季使，過冀，見冀缺耨。其妻饁之，敬，相待如賓。與之歸，言諸文公曰：「敬，德之聚也，能敬必有德，德以治民，君請用之。」文公從之，卒爲晉名卿。

漢梁鴻避地於吳，依大家臯伯通，居廡下，爲人賃舂。每歸，妻爲具食，不敢於鴻前仰視，❶舉案齊眉。伯通察而異之，曰：「彼傭，能使其妻敬之如此，非凡人也。」方舍之於家。

晉太宰何曾閨門整肅，自少及長，無聲樂嬖幸之好。年老之後，與妻相見皆正衣冠，相待如賓。己南向，妻北面，再拜上酒，酬酢既畢便出。一歲如此者不過再三焉。若此，可謂能敬矣。

昔莊周妻死，鼓盆而歌。漢山陽太守薛勤喪妻不哭，臨殯曰：「幸不爲夭，夫何恨！」太尉王龔妻亡，與諸子並杖行服，時人兩譏之。晉太尉劉寔喪妻，爲廬杖之制，終喪不御肉。輕薄笑之，寔不以爲意。彼莊、薛棄義，❷而王、劉循理，❸其得失豈不殊哉？何譏笑之？❹

《易·恒》：「六五，恒其德，貞，婦人吉，夫子凶。」《象》曰：「婦人貞吉，從一而終也。夫子制義，從婦凶也。」丈夫生而有四方之志，威令所施，大者天下，小者一官。而近不行於室家，爲一婦人所制，不亦可羞哉！

昔晉惠帝爲賈后所制，廢武悼楊太后于金墉，絶膳而終。囚愍懷太子於許昌，尋殺之。唐肅宗爲張后所制，遷上皇於西内，以憂崩。建寧王倓以忠孝受誅。彼二君者，貴爲天子，制於悍妻，上不能保其親，下不能庇

---

❶「不」，原作「下」，今據萬曆七年本、四庫本、草堂本改。

❷「棄」，原作「弁」，今據四庫本改。萬曆七年本作「弃」。

❸「理」，四庫本作「禮」。

❹「之」，四庫本作「焉」。

其子，況於臣民！自古及今，以悍妻而乖離六親、敗亂其家者，可勝數哉！然則悍妻之爲害太也。故凡娶妻，不可不慎擇也。既娶而防之以禮，不可不在其初也。其或驕縱悍戾，訓厲禁約而終不從，不可以不棄也。夫婦以義合，義絶則離之。今士大夫有出妻者，衆則非之，以爲無行，故士大夫難之。按禮有「七出」，顧所以出之用何事耳。若妻寔犯禮而出之，乃義也。昔孔氏三世出其妻，其餘賢士以義出妻者衆矣，奚虧於行哉？苟室有悍妻而不出，則家道何日而寧乎？

家範卷之八

十八世孫露十九世孫嶸嵩嶧巘崘岐梓

妻　上

太史公曰：「夏之興也以塗山，而桀之放也以妹喜。殷之興也以有娀，而紂之殺也嬖妲己。周之興也以姜嫄及大任，而幽王之擒也淫於褒姒。故《易》基乾坤，《詩》始《關雎》。夫婦之際，人道之大倫也。禮之用，唯婚姻爲兢兢。夫樂調而四時和，陰陽之變，萬物之統也。可不慎歟？」爲人妻者，其德有六：一曰柔順，二曰清潔，三曰不妬，四曰儉約，五曰恭謹，六曰勤勞。夫，天也；妻，地也。夫，日也；妻，月也。夫，陽也；妻，陰也。天尊而處上，地卑而處下。日無盈虧，月有圓缺。陽唱而生物，陰和而成物。故婦人專以柔順爲德，不以强辨爲美也。漢曹大家作《女戒》，其首章曰：「古者生女三日，卧之牀下，明其卑弱，主下人也。謙讓恭敬，先人後己，有善莫名，有惡莫辭，忍辱含垢，常若畏懼。」又曰：「陰陽殊性，男女異行。陽以剛爲德，陰以柔爲用。男以强爲貴，女以柔爲美。故鄙諺有云：『生男如狼，猶恐其尫；生女如鼠，猶恐其虎。』然則修身莫若敬，避强莫若順。故曰：敬順之道，婦人之大禮也。」又曰：「婦人之得意於夫主，由舅姑之愛己也。舅姑之愛己，由叔妹之譽己也。」由此言之，我臧否譽毁，一由叔妹。叔妹之心，誠不可失也。皆知叔妹之不可失，而不能和之以求親，其蔽也哉。自非聖人，鮮能無過，雖以賢女之行，聰哲之性，其能備乎？是故室人和則謗掩，外内離則惡揚，此必然之勢也。夫叔妹者，體敵而名尊，恩疏而義親。若淑媛謙順之人，則能依義以篤好，崇恩以結援，使徽美顯章，而瑕過隱塞。舅姑矜善，而夫主佳美，❶聲譽曜于邑鄰，休光延於父母。若夫蠢愚之人，於叔則託名以自高，於妹則因寵以驕盈。驕盈既施，何和之有？恩義既乖，何譽之臻？是以美隱而過宣，姑忿而夫愠。毁訾布于中外，耻辱集于厥身。進增父母之羞，退益君子之累。斯乃榮辱之本，而顯否之基也，可不慎哉！然則求叔妹之心，固莫尚于謙順矣。謙則德之柄，順則婦之行。兼斯二者，足以和矣。若此可謂能柔順矣。妻者，齊也。一與之齊，終身不改。故忠臣不事二主，貞女不事二夫。《易》曰：「柔順利貞，君子攸行。」又曰：「用六，利永貞。」晏子曰：「妻柔而正。」言婦人雖主于柔，而不可失正也。故后妃踰國，必乘安車輜軿。下堂，必從傅母保阿。進退，則鳴玉環珮。内飾，則結紉綢繆。在内親身衣服也，常結紉以自纏。顔師古曰：「組紐之屬，所以自結故也。」野處，則帷裳擁蔽。所以正心一意，自斂制也。《詩》云：「自伯之東，首如飛蓬。豈無膏沐，誰適爲容。」

適，主也。故婦人夫不在，不爲容飾，禮也。

衛世子共伯早死，其妻姜氏守義。父母欲奪而嫁之，誓而不許，作《柏舟》之詩以見志。

宋共公夫人伯姬，魯人也。寡居三十五年。至景公時，伯姬之宫夜失火。左右曰：「夫人少避火。」伯姬

---

❶「佳」，萬曆七年本、四庫本作「嘉」。

曰：「婦人之義，保傅不具，夜不下堂。待保傅之來也。」保母至矣，傅母未至也。左右又曰：「夫人少避火。」伯姬不從，遂逮於火而死。

楚昭王夫人貞姜，齊女也。王出遊，留夫人漸臺之上而去。王聞江水大至，使使者迎夫人，忘持其符。使者至，請夫人出。夫人曰：「王與宫人約令，召宫人必以符。❶今使者不持符，妾不敢從。」使曰：「今水方大至，還而取符，則恐後矣。」夫人不從。于是使者反取符，未還，則水大至，臺崩，夫人流而死。

蔡人妻，宋人之女也。既嫁而夫有惡疾，其母將改嫁之。❷女曰：「夫人之不幸也，奈何去之？適人之道，一與之醮，終身不改。不幸遇惡疾，彼無大故，又不遣妾，何以得去？」終不聽。

梁寡婦高行，榮於色而美于行。早寡不嫁，梁貴人多争欲娶之者，不能得。梁王聞之，使相聘焉。高行曰：「妾夫不幸早死，妾守養其幼孤，貴人多求妾者，幸而得免。今王又重之。妾聞婦人之義，一往而不改，以全貞信之節。今慕貴而忘賤，棄義而從利，無以爲人。」乃援鏡持刀以割其鼻，曰：「妾已刑矣，所以不死者，不忍幼弱之童孤也。❸王之求妾，以其色也，今刑餘之人，殆可釋矣。」于是相以報王。王大其義而高其行，乃復其身，尊其號曰「高行」。

---

❶「以」，四庫本作「持」。
❷「改」，四庫本作「再」。
❸「童」，四庫本作「重」。

漢陳孝婦，年十六而嫁，未有子。其夫當行戍，夫且行時，屬孝婦曰：「我生死未可知，幸有老母，無他兄弟備養，吾不還，汝肯養吾母乎？」婦應曰：「諾。」夫果死不還。婦乃養姑不衰，慈愛愈固，紡績織紝以爲家業，終無嫁意。居喪三年，父母哀其年少無子而早寡也，將取而嫁之。孝婦曰：「夫行時，屬妾以供老母，妾既許諾之矣。養人老母而不能卒，許人以諾而不能信，將何以立于世？」欲自殺。其父母懼而不敢嫁也，遂使養其姑二十八年。姑八十餘，以天年終。盡賣其田宅財物以葬之，終奉祭祀。淮陽太守以聞，孝文皇帝使使者賜黄金四十斤，復之。終身無所與，號曰「孝婦」。

吴許升妻吕榮。郡遭寇賊，榮踰垣走，賊持刀追之。賊曰：「從我則生，不從我則死。」榮曰：「義不以身受辱寇虜也。」遂殺之。是日疾風暴雨，雷電晦冥。賊惶恐，叩頭謝罪，乃殯葬之。

沛劉長卿妻，五更桓榮之孫也。生男五歲而長卿卒。妻防遠嫌疑，不肯歸寧。兒年十五，晚又夭殁。妻慮不免，乃豫刑其耳以自誓。宗婦相與愍之，共謂曰：「若家殊無他意。假令有之，猶可因姑姊妹以表其誠。何貴義輕身之甚哉！」❶對曰：「昔我先君五更，學爲儒宗，尊爲帝師。五更以來，歷代不替。男以忠孝顯，女以貞順稱。《詩》云：『無忝爾宗，聿修厥德。』是以豫自刑剪，以明我情。」沛相王吉上奏高行，顯其門閭，號曰「行義桓嫠」。縣邑有祀必膰焉。

❶「輕」，原作「輊」，今據四庫本及《後漢書》改。

渡遼將軍皇甫規卒時妻年猶盛而容色美。後董卓爲相國，承其名，❶娉以軿輜百乘，馬四十匹，奴婢錢帛充路。妻乃輕服詣卓門，❷跪自陳請，辭甚酸愴。卓使傅奴侍者，❸悉拔刀圍之，而謂曰：「孤之威教，欲令四海風靡，何有不行于一婦人乎？」妻知不免，乃立罵卓曰：「君羌胡之種，毒害天下猶未足耶？妾之先人，清德奕世。皇甫氏文武上才，爲漢忠臣，君親非其趣使走吏乎？敢欲行非禮于爾君夫人耶？」卓乃引車庭中，以其頭縣軛，鞭撲交下。妻謂持杖者曰：「何不重乎？速盡爲惠！」遂死車下。後人圖畫，號曰「禮宗」云。

魏大將軍曹爽從弟文叔妻，譙郡夏侯文寧之女，名令女。文叔早死。服闋，自以年少無子，恐家必嫁己，乃斷髮以爲信。其後家果欲嫁之。令女聞，即復以刀截兩耳。居止嘗依爽，及爽被誅，曹氏盡死。令女叔父上書，與曹氏絶婚，强迎令女歸。時文寧爲梁相，憐其少執義，又曹氏無遺類，冀其意阻，乃微使人諷之。令女歎且泣曰：「吾亦惟之，❹計之是也。」❺家以爲信，防之少懈。令女于是竊入寢室，以刀斷鼻，蒙被而卧。其母呼與語，不應。發被視之，流血滿床席。舉家驚惶，奔往視之，莫不酸鼻。或謂之曰：「人生世間，如輕

❶「承」，四庫本作「聞」。
❷「輕」，原作「輊」，今據四庫本及《後漢書》改。
❸「傅」，原作「傳」，今據四庫本及《後漢書》改。
❹「惟」，四庫本作「悔」。
❺「計」，四庫本作「許」。

塵棲弱草耳，何至辛苦迺爾？且夫家夷滅已盡，守此欲誰爲哉？」令女曰：「聞仁者不以盛衰改節，義者不以存亡易心。曹氏前盛之時，尚欲保終，况今衰亡，何忍棄之？禽獸之行，吾豈爲乎？」司馬宣王聞而嘉之，聽使乞子，養爲曹氏後。

後魏鉅鹿魏溥妻房氏者，慕容垂貴鄉太守常山房湛女也。幼有烈操。年十六，而溥遇疾且卒，顧謂之曰：「死不足恨，但痛母老家貧，赤子蒙眇，抱怨于黄壚耳。」房垂泣而對曰：「幸承先人餘訓，出事君子，義在偕老。有志不從，蓋其命也。今夫人在堂，弱子襁褓，顧當以身少相感，永深長往之恨。」俄而溥卒。及將大斂，房氏操刀割左耳，投之棺中，仍曰：「鬼神有知，相期泉壤。」流血滂然，喪者哀懼。姑劉氏輟哭而謂曰：「新婦何至于此？」對曰：「新婦少年不幸早寡，實慮父母未量至情，覬持此自誓耳。」聞知者莫不感愴。時子緝生未十旬，鞠育于後房之内，未曾出門。遂終身不聽絲竹，不預坐席。緝年十二，房父母仍存，於是歸寧。父母尚有異議。❶緝竊聞之，以啓其母。房命駕，紿云他行，因而遂歸，其家弗知之也。行數十里方覺，兄弟來追，房哀歎而不反。其執意如此。

滎陽張洪祁妻劉氏者，年十七夫亡。遺腹生一子，二歲又没。其舅姑年老，朝夕養奉，率禮無違。兄矜其少寡，欲奪嫁之。劉自誓不許，以終其身。

陳留董景起妻張氏者，景起早亡，張時年十六，痛夫少喪，哀傷過禮，蔬食長齋。又無兒息，獨守貞操，期以

---

❶「母」，四庫本及《北史》作「兄」。

闔棺。鄉曲高之，終見標異。

隋大理卿鄭善果母崔氏。周末，善果父誠討尉遲迥，力戰死于陳。母年二十而寡，父彦睦欲奪其志。母抱善果曰：「婦人再無適男子之義。且鄭君雖死，幸有此兒。棄兒爲不慈，背夫爲無禮，寧當割耳剪髮，以明素心。違禮滅慈，非敢聞命。」遂不嫁。教養善果至于成名。自初寡，便不御脂粉，常服大練。性又節儉，非祭祀賓客之事，酒肉不妄陳其前。静室端居，未嘗輒出門閭。内外姻戚有吉凶事，但厚加贈遺，皆不詣其家。

韓覬妻于氏父實，周大左輔。于氏年十四適于覬，雖生長膏腴，家門鼎貴，而動遵禮度。躬自儉約，宗黨敬之。年十八，覬從軍没，于氏哀毁骨立，慟感行路。每朝夕奠祭，皆手自捧持。及免喪，其父以其幼少無子，欲嫁之。誓不許，遂以夫孽子世隆爲嗣，身自撫育，愛同己生，訓導有方，卒能成立。自孀居以後，唯時或歸寧。至于親族之家，絶不往來。有尊親就省謁者，送迎皆不出户庭。蔬食布衣，不聽聲樂，以此終身。隋文帝聞而嘉歎，下詔褒美，表其門閭。長安中號爲「節婦閭」。

周虢州司户王凝妻李氏家青、齊之間。凝卒于官，家素貧，一子尚幼。李氏携其子，負其遺骸以歸。東過開封，止旅舍。主人見其婦人獨携一子而疑之，不許其宿。李氏顧天已暮，不肯去。主人牽其臂而出之，李氏仰天慟曰：「我爲婦人，不能守節，而此手爲人執耶，不可以一手并污吾身。」即引斧自斷其臂。路人見者，環聚而嗟之，或爲之泣下。開封尹聞之，白其事於朝官，爲賜藥封瘡，卹李氏而笞其主人。若此，可謂能清潔矣。

家範卷之九

十八世孫露十九世孫嶸嵩峄巘崘岐梓

妻　下

禮自天子至於命士，媵妾皆有數。惟庶人無之，謂之「匹夫匹婦」。是故《關雎》美后妃，樂得淑女以配君子。慕窈窕，思賢才，而無傷淫之心。至於《樛木》、《螽斯》、《桃夭》、《芣苢》、《小星》，皆美其無妬忌之行。文母十子，衆妾百斯男，此周之所以興也。詩人美之。然則婦人之美，無如不妬矣。

晉趙衰從晉文公在狄，取狄女叔隗，生盾。文公返國，以女趙姬妻衰，生原同、屏括、樓嬰。趙姬請逆盾與其母，衰辭而不敢。姬曰：「不可。得寵而忘舊，不義。好新而慢故，❶無恩。與人勤於隘厄，富貴而不顧，無禮。棄此三者，何以使人？必逆叔隗！」及盾來，姬以盾爲才，固請於公，以爲嫡子，而使其三子下之。以叔隗爲内子，而己下之。

楚莊王夫人樊姬曰：「妾幸得備掃除十有一年矣，未嘗不捐衣食，遣人之鄭、衛求美人而進之於王也。妾所

---

❶ 「慢」，原作「漫」，今據四庫本改。

進者九人，今賢于妾者二人，與妾同列者七人。妾知妨妾之愛、奪妾之貴也，妾豈不欲擅王之愛、奪王之寵哉？不敢以私蔽公也。」

宋女宗者，鮑蘇之妻也。既以養姑甚謹。❶鮑蘇去而仕於衛，三年而娶外妻焉。女宗之養姑愈謹，因往來者請問鮑蘇不輟，賂遺外妻甚厚。女宗之姒謂女宗曰：「可以去矣。」女宗曰：「何故？」姒曰：「夫人既有所好，子何留乎？」女宗曰：「婦人以專一爲貞，以善從爲順。貞順者，婦人之所寶，豈以專夫室之愛爲善哉？若抗夫室之好，苟以自榮，則吾未知其善也。夫禮，天子妻妾十二，諸侯九，大夫三，士二。今吾夫固士也，其有二，不亦宜乎？且婦人有七去，七去之道，妒正爲首。姒不教吾以居室之禮，而反使吾爲見棄之行，將安用此？」遂不聽，事姑愈謹。宋公聞而美之，表其閭，號曰「女宗」。

漢明德馬皇后，伏波將軍援之女也。年十三選入太子宮，接侍同列，先人後己，由此見寵。及帝即位，常以皇嗣未廣，每懷憂歎，薦達左右，若恐不及。後宮有進見者，每加慰納，若數所寵引，輒增隆遇。未幾，立爲皇后。是知婦人不妒，則益爲君子所賢。欲專寵自移，❷則愈疏矣。❸由其識慮有遠近故也。

後唐太祖正室劉氏，代北人也。其次妃曹氏，太原人也。太祖封晉王，劉氏封秦國夫人，無子。性賢不妒

❶「以」，四庫本作「入」。
❷「移」，萬曆七年本、四庫本作「私」。
❸「則」，原闕，今據萬曆七年本、四庫本補。

忌，常爲太祖言：「曹氏相，當生貴子，宜善待之。」而曹氏亦自謙退，因相得甚歡。曹氏封晉國夫人，後生子，是謂莊宗。太祖奇之，及莊宗即位，册尊曹氏爲皇太后，而以嫡母劉氏爲皇太妃。太妃往謝太后，太后有慙色。太妃曰：「願吾兒享國無窮，使吾曹獲没于地，以從先君，幸矣。他復何言？」莊宗滅梁入洛，使人迎太后歸洛，居長壽宮。太妃戀陵廟，獨留晉陽。太妃與太后甚相愛，其送太后往洛，涕泣而別，歸而相思慕，遂成疾。太后聞之，欲馳至晉陽視病。及其卒也，又欲自往葬之。莊宗泣諫，群臣交章請留，乃止。而太后自太妃卒，悲哀不飲食，逾月亦崩。莊宗以妾母加於嫡母，劉后猶不愠，况以妾事女君如禮者乎？若此，可謂能不妬矣。

《葛覃》美后妃恭儉節用，服浣濯之衣。然則婦人固以儉約爲美，不以侈麗爲美也。

漢明德馬皇后，常衣大練，裙不加緣。朔望，諸姬主朝請，望見后袍衣粗疏，反以爲綺縠，就視乃笑。后辭曰：「此繒特宜染色，故用之耳。」六宮莫不歎息。性不喜出入遊觀，未嘗臨御窗牖，又不好音樂。上時幸苑囿離宮，希嘗從行。彼天子之后猶如是，况臣民之妻乎？

漢鮑宣妻桓氏，歸侍御服飾，著短布裳，挽鹿車。

梁鴻妻屏綺縞，著布衣、麻履，操緝績之具。

並見夫門。

唐岐陽公主適殿中少監杜悰，謀曰：「上所賜奴婢，卒不肯窮屈。」奏請納之。上嘉歎，許可。因錫其直，悉自市寒賤可制指者。自是閉門，落然不聞人聲。悰爲澧州刺史，主後悰行。郡縣聞主且至，殺牛羊犬馬，數百人供具。主至，從者不過二十人，❶六七婢，乘驢闒茸，約所至不得肉食。駟吏立門外，舁飯食以返。不數日間，聞於京師，衆譁說以爲異事。悰在澧州三年，主自始入後，三年間，不識刺史所屏。彼天子之女猶如是，况寒族乎？若此，可謂能節儉矣。

古之賢婦未有不恭其夫者也。曹大家《女戒》曰：「得意一人，是謂永畢。失意一人，是謂永訖。」由斯言之，夫不可不求其心。然所求者，亦非謂佞媚苟親也。固莫若專心正色，禮義貞潔耳。耳無塗聽，目無邪視，出無冶容，入無廢飾，無聚群輩，無看視門户，此則謂專心正色矣。若夫動静輕脱，視聽陜輸，

陜輸，不定貌。

入則亂髮壞形，出則窈窕作態，説所不當道，觀所不當視，此謂不能專心正色矣。是以冀缺之妻饁其夫，相待如賓；梁鴻之妻饋其夫，舉案齊眉。若此，可謂能恭謹矣。

《易·家人》：「六二，無攸遂，在中饋。」《詩·葛覃》美后妃在父母家志在女工，爲絺綌，服勞辱之事。《采蘋》、《采蘩》美夫人能奉祭祀。彼后、夫人猶如是，况臣民之妻可以端居終日自安逸乎？

魯大夫公父文伯退朝，朝其母。其母方績，文伯曰：「以歜之家而主猶績乎？懼干季孫之怒也，其以歜爲不能事主乎？」母歎曰：「魯其亡乎！❷使僮子備官而未之聞也？王后親織玄紞，

❶「過」，原脱，今據四庫本補。

❷「亡」，原作「忘」，今據萬曆七年本、四庫本及《國語》（《四部叢刊》景明本）、《列女傳》改。

玄紞，冠之垂前後者。一云紞，所以懸瑱當耳者也。

「公侯之夫人加之以紘綖。

既織紞，復加之紘、綖也。紘，纓之無緌者也，❶從下而上，不結。綖，冕上覆之者也。

「卿之内子爲大帶，

卿之適妻曰内子。大帶，緇帶也。

「命婦成祭服，

命婦，大夫之妻也。祭服，玄衣纁裳也。

「列士之妻加之以朝衣，

列士，元士也。既成祭服，又加之以朝服也。朝服，天子之士皮弁素績，諸侯之士玄端委貌。

「自庶士以下皆衣其夫。

庶士，下士也，下至庶人也。

「社而賦事，蒸而獻功，

社，春分祭社也。事，農桑之屬也。冬祭曰蒸，❷蒸而獻五谷、布帛之屬也。

---

❶「緌」，《國語》作「綏」。

❷「冬祭」，草堂本作「名之」。

「男女効績，愆則有辟，古之制也。

辟，罪也。

「今我寡也，爾又在下位，朝夕處事，猶恐忘先人之業，況有怠惰，其何以避辟？吾冀而朝夕修我曰：『必無廢先人耳。』今曰：『胡不自安？』以是承君之官，余懼穆伯之絶嗣也。」

漢明德馬皇后，自爲衣袿，手皆瘃裂。皇后猶爾，况他人乎？曹大家《女戒》曰：「晚寢早作，勿憚夙夜。執務私事，不辭劇易。所作必成，手迹整理。是謂勤也。」若此可謂能勤勞矣。

爲人妻者，非徒備此六德而已。又當輔佐君子，成其令名。是以《卷耳》求賢審官，《殷其雷》勸以義，《汝墳》勉之以正，《雞鳴》警戒相成，此皆内助之功也。自塗山至于太姒，其徽風著于經典，❶無以尚之。周宣王姜后，齊女也。宣王嘗晏起，后脱簪珥，待罪永巷。使其傅母通言於王曰：「妾之淫心見矣，至使君王失禮而晏朝，以見君王樂色而忘德也，敢請婢子之罪。」王曰：「寡人不德，實自生過，非后之罪也。」遂復姜后而勤于政事，早朝晏退，卒成中興之名。故雞鳴樂擊鼓以告旦，后夫人必鳴珮而去君所，禮也。

齊桓公好淫樂，衛姬爲之不聽。

楚莊王初即位，狩獵畢弋。樊姬諫，不止，乃不食鳥獸之肉。三年，王勤于政事不倦。

晉文公避驪姬之難，適齊。齊桓公妻之，有馬二十乘，公子安之。從者以爲不可，將行，謀于桑下。蠶妾在

---

❶「經」，原作「経」，今據四庫本改。

其上，以告姜氏。姜氏殺之，而謂公子曰：「子有四方之志。其聞之者，吾殺之矣。」公子曰：「無之。」姜曰：「行也。懷與安，實敗名。」公子不可。姜與子犯謀，醉而遣之，卒成霸功。

陶大夫荅子治陶，名譽不興，家富三倍。妻數諫之，荅子不用。居五年，從車百乘歸休，宗人擊牛而賀之，其妻獨抱兒而泣。姑怒而數之曰：「吾子治陶五年，從車百乘歸休，宗人擊牛而賀之。婦獨抱兒泣，何其不祥也？」婦曰：「夫人能薄而官大，是謂嬰害。無功而家昌，是謂積殃。昔令尹子文之治國也，家貧而國富，君敬之，民戴之，故福結于子孫，名垂于後世。今夫子則不然，貪富務大，不顧後害，逢禍必矣。願與少子俱脱。」姑怒，遂棄之。處期年，荅子之家果以盜誅，唯其母以老免。婦乃與少子歸，養姑終卒天年。

楚王聞於陵子終賢，欲以爲相，使使者持金百鎰往聘迎之。於陵子終入謂其妻曰：「楚王欲以我爲相，我今日爲相，明日結駟連騎，食方于前，❶子意可乎？」妻曰：「夫子織履以爲食，業本辱而無憂者，❷何也？非與物無治乎，左琴右書，樂在其中矣。夫結駟連騎，所安不過容膝；食方于前，❸所飽不過一肉。以容膝之安、一肉之味而懷楚國之憂，其可乎？亂世多害，吾恐先生之不保命也。」於是，子終出謝使者而不許也。

---

❶「方」下，四庫本及《列女傳》有「丈」。
❷「本」，原作「才」，今據四庫本改。
❸「方」下，四庫本及《列女傳》有「丈」。

遂相與逃而爲人灌園。❶

漢明德馬皇后，數規諫明帝，辭意欵備。時楚獄連年不斷，囚相證引，坐繫者甚衆。后慮其多濫，乘間言及，帝惻然感悟，夜起彷徨，爲思所納，卒多有降宥。時諸將奏事及公卿較議難平者，帝數以試后。后輒分解趣理，各得其情。每于侍執之際，輒言及政事，多所毗補，而未嘗以家私干欲。

河南樂羊子嘗行路得遺金一餅，還以與妻。妻曰：「妾聞志士不飲盜泉之水，廉者不受嗟來之食，況拾遺求利，不污其行乎？」羊子大慙，乃捐金于野，而遠尋師學。一年來歸，妻跪問其故。羊子曰：「久行懷思，無它異也。」妻乃引刀趣機而言曰：「此織生自蠶繭，成于機杼，一絲而累，以至于寸，累寸不已，遂成丈匹。今若斷斯織也，則捐失成功，稽廢時月。夫子積學，當日知其所亡，以就懿德。若中道而歸，何異斷斯織乎？」羊子感其言，復還終業，❷遂七年不反。妻常躬勤養姑，又遠饋羊子。

吴許升少爲博徒，不治操行。妻吕榮嘗躬勤家業，以奉養其姑。數勸升修學，每有不善，輒流涕進規。榮父積忿疾升，乃呼榮，欲改嫁之。榮歎曰：「命之所遭，義無離二。」終不肯歸。升感激自勵，乃尋師遠學，遂以成名。

唐文德長孫皇后崩，太宗謂近臣曰：「后在宮中，每能規諫。今不復聞善言，内失一良佐，以此令人哀耳。」

❶「相與」，原倒，今據四庫本乙正。
❷「還終」，原倒，今據四庫本及《後漢書》乙正。

此皆以道輔佐君子者也。

漢長安大昌里人妻，其夫有仇人，欲報其夫而無道徑。聞其妻之孝有義，乃刼其妻之父，使要其女爲中，譎父呼其女告之。女計念：「不聽之，則殺父，不孝；聽之，則殺夫，不義。不孝不義，雖生不可以行于世。欲以身當之。」乃且許諾曰：「旦日在樓新沐東首卧則是矣。妾請開牖户待之。」還其家，乃譎其夫，使卧他所。因自沐，居樓上東首，開牖户而卧。夜半，仇家果至，斷頭持去。明而視之，乃其妻首也。仇人哀痛之，以爲有義，遂釋，不殺其夫。

光啓中，楊行密圍秦彦、畢師鐸。楊州城中食盡，人相食，軍士掠人而賣其肉。有洪州商人周迪，夫婦同在城中。迪餒且死，其妻曰：「今饑窮勢不兩全，君有老母，不可以不歸，願鬻妾于屠肆，以濟君行道之資。」遂詣屠肆自鬻，得白金十兩以授迪，號泣而別。迪至城門，以其半賂守者，求去。守者詰之，迪以實對。守者不之信，與共詣屠肆驗之，見其首已在案上。衆聚觀，莫不歎息，競以金帛遺之。迪收其餘骸，負之而歸。古之節婦，有以死狥其夫者，況敢庸奴其夫乎？

家範卷之十

十八世孫露十九世孫嘌嵩峄巘崘岐梓

舅甥　舅姑　婦　妾　乳母

舅　甥

秦康公之母，晉獻公之女。文公遭驪姬之難，未反而秦姬卒。穆公納文公。康公時爲太子，贈送文公于渭之陽，念母之不見也，曰：「我見舅氏，如母存焉。」故作《渭陽》之詩。

漢魏郡霍諝。有人誣諝舅宋光于大將軍梁商者，以爲妄刊文章，坐繫洛陽詔獄，掠考困極。諝時年十五，奏記于商，爲光訟冤，辭理明切。商高諝才志，即爲奏，原光罪，由是顯名。

晉司空郗鑒，頰邊貯飯以活外甥周翼。

見伯叔父門。

鑒薨，翼爲剡令，解職而歸，席苫心喪三年。

此皆舅甥之有恩者也。

舅姑

晏子稱：「姑慈而從，婦聽而婉，❶禮之善物也。」

《禮》：「子婦有勤勞之事，雖甚愛之，姑縱之而寧數休之。

不可愛此而移苦於彼也。

「子婦未孝未敬，勿庸疾怨，

庸之爲言用也。

「姑教之。若不可教，而後怒之。

怒，譴責也。

「不可怒，子放婦出而不表禮焉。」

表，猶明也，猶爲隱之不表明其犯禮之過也。

季康子問于公父文伯之母曰：「主亦有以語肥也。」對曰：「吾聞之先姑曰：『君子能勞，後世有繼。』」

能勞，能自卑勞，貴而不驕也。有繼，子孫不廢也。

子夏聞之曰：「善哉！商聞之曰：『古之嫁者，不及舅姑，謂之不幸。』夫婦學于舅姑者，禮也。」

❶「婉」，原作「娩」，今據萬曆七年本、四庫本及《左傳》改。

唐禮部尚書王珪子敬直尚南平公主。禮有婦見舅姑之儀，自近代，公主出降，此禮皆廢。珪曰：「今主上欽明，動循法制，吾受公主謁見，豈爲身榮，所以承國家之美耳。」❶遂與其妻就席而坐，令公主親執笲，❷行盥饋之道，禮成而退。是後，公主下降，有舅姑者皆備婦禮，自珪始也。

笲之爲器，似筥，以竹或葦爲之。衣以青繒，以盛棗栗段脩之贄。

婦

《内則》：「婦事舅姑，與子事父母畧同。

見子門。

「舅没則姑老，

謂傳家事于長婦也。

「家婦則祭祀賓客，❸每事必請于姑。

婦雖受傳，猶不敢專行也。

---

❶ 「承」，四庫本作「成」。

❷ 「笲」，原作「笄」，今據萬曆七年本、四庫本、下文注及《禮記注疏》改。

❸ 「則」，四庫本作「所」。

「介婦請于冢婦。

以其代姑之事。介婦，衆婦也。

「舅姑若使冢婦毋怠不友、無禮於介婦。舅姑若使介婦無敢敵耦于冢婦，

雖有勤勞不敢掉磬。

「不敢並行，不敢並命，不敢並坐。

下冢婦也，命爲使令。

「凡婦，不命適私室不敢退。

婦，事舅姑者也。

「婦將有事，大小必請于姑。❶

不敢專行。

「子婦無私貨，無私畜，無私器，不敢私假，不敢私與。

家事統于尊也。

「婦，或賜之飲食、衣服、布帛、佩帨、茝蘭，則受而獻諸舅姑，❷舅姑受之則喜，如新受賜。

---

❶ 「于」下，四庫本有「舅」字。

❷ 「帨」，原作「悦」，今據萬曆七年本、四庫本改。

或賜之謂私親兄弟。

「若反賜之，則辭。不得命，如更受賜，藏以待之。❶

待舅姑之乏也，不得命者不見許也。

「婦若有私親兄弟，將與之，則必復請其故，賜而後與之。」

曹大家《女戒》曰：「舅姑之意，豈可失哉？固莫尚于曲從矣！姑云不爾而是，固宜從命。姑云爾而非，猶宜順命。勿得違戾是非，争分曲直，此則所謂曲從矣。」故《女憲》曰：「婦如影響，焉可不賞？」

影響，言順從也。

漢廣漢姜詩妻，同郡龐盛之女也。詩事母至孝，妻奉順尤篤。母好飲江水，去舍六七里，妻嘗泝流而汲。後值風，不時得還，母渴，詩責而遣之。妻乃寄止鄰舍，晝夜紡績，市珍羞，使鄰母以意自遺其姑。如是者久之。姑怪問鄰母，鄰母具對。姑感慙呼還，恩養愈謹。其子後因遠汲溺死，妻恐姑哀傷，不敢言，而託以行學不在。

河南樂羊子從學七年不反，妻嘗躬勤養姑。嘗有它舍雞謬入園中，姑盜殺而食之。妻對雞不餐而泣，姑怪問其故。妻曰：「自傷居貧，使食他肉。」姑竟棄之。然則舅姑有過，婦亦可幾諫也。

後魏樂部郎胡長命妻張氏，事姑王氏甚謹。太安中，京師禁酒，張以姑老且患，私爲醖釀，爲有司所糾。王

---

❶「之」，四庫本作「乏」。

氏詣曹自首由己私釀。張氏曰：「姑老抱患，張主家事，姑不知釀。」主司不知所處。平原王陸麗以狀奏，文成義而赦之。

唐鄭義宗妻盧氏，畧涉書史，事舅姑甚得婦道。嘗夜有强盜數十人持杖鼓譟，踰垣而入，家人悉奔竄，唯有姑獨在堂。盧冒白刃，往至姑側，爲賊捶擊，幾至于死。賊去後，家人問何獨不懼？盧氏曰：「人所以異禽獸者，以其有仁義也。鄰里有急，尚相赴救，況在于姑而可委棄？若萬一危禍，豈宜獨生！」其姑每云：「古人稱『歲寒然後知松柏之後凋也』，吾今乃知盧新婦之心矣！」若盧氏者，可謂能知義矣。

《詩·何彼穠矣》美王姬也。雖則王姬，亦下嫁于諸侯，車服不繫其夫，下王后一等，猶知婦道，❶以成肅雍之德。

舜妻堯之二女，行婦道于虞氏。

唐岐陽公主，憲宗之嫡女，穆宗之母妹。母懿安郭皇后，尚父子儀之孫也。適工部尚書杜悰，逮事舅姑。杜氏大族，其他宜爲婦禮者，不翅數千人。主卑委怡順，奉上撫下，終日愓愓，屏息拜起，一同家人禮度。二十餘年，人未嘗以絲髮間指爲貴驕。承奉大族，時歲獻饋，吉凶賻助，必親經手。姑涼國太夫人寢疾，比喪及葬，主奉養蚤夜不解帶，親自嘗藥，粥飯不經心手一不以進。既而哭泣哀號，感動他人。彼天子之女猶不敢失婦道，奈何臣民之女，乃敢恃其富貴以驕其舅姑？爲婦若此，爲夫者宜棄之，爲有司者治其罪可也。

❶「知」，四庫本作「執」。

妾

《内則》：「雖婢妾，衣服飲食必後長者。」

人貴賤不可以無禮。

妾事女君，猶臣事君也。尊卑殊絶，禮節宜明。是以「緑衣黄裳」，詩人所刺。慎夫人與竇后同席，袁盎引而却之。董宏請尊丁、傅，❶師丹劾奏其罪。皆所以防微杜漸，抑禍亂之原也。或者主母屈己以下之，猶當貶抑退避，謹守其分，况敢挾其主父與子之勢陵慢其女君乎？

衛宗二順者，衛宗室靈王之夫人及其傅妾也。秦滅衛君，乃封靈王世家，使其奉祀。❷靈王死，夫人無子而守寡，傅妾有子代後。傅妾事夫人八年不衰，供養愈謹。夫人謂傅妾曰：「孺子養我甚謹，子奉祀而妾事我，我不願也。且吾聞主君之母不妾事人，今我無子，于禮斥絀之人也，而得留以盡節，是我幸也。今又煩孺子不改故節，我甚内慙，吾願出居外，以時相見，我甚便之。」傅妾泣而對曰：「夫人欲使靈氏受三不祥邪？公不幸早終，是一不祥也；夫人無子而婢妾有子，是二不祥也；夫人欲居外，使婢妾居内，是三不祥也。妾聞忠臣事君，無時懈惓；孝子養親，患無日也。妾豈敢以少貴之故，變妾之節哉？供養，固妾之職也，夫人又何勤

---

❶「丁」，原作「下」，今據四庫本及《漢書》改。

❷「其奉」，四庫本作「奉其」。

乎？」夫人曰：「無子之人，而辱主君之母，雖子欲爾，衆人謂我不知禮也。吾終願居外而已。」傅妾退而謂其子曰：「吾聞君子處順，奉上下之儀，修先古之禮，此順道也。今夫人難我，將欲居外，使我處内，逆也。處逆而生，豈若守順而死哉？」遂欲自殺。其子泣而守之，不聽。夫人聞之，懼，遂許傅妾留。終年供養不衰。

後唐莊宗不知禮，尊其所生爲太后，而以嫡母爲太妃。太妃不以愠，太后不敢自尊。二人相好，終始不衰，是亦近世所難。

事見妻門。

乳母 保母附

《内則》：「異爲孺子室于宫中，擇于諸母與可者，必求其寬裕、慈惠、温良、恭敬、慎而寡言者，使爲子師，其次爲慈母，其次爲保母。皆居子室。

特歸一處以處之。

此人君養子之禮也。諸母，衆妾也。可者，傅御之屬也。子師，教示以善道者。慈母，知其嗜欲者。保母，安其居處者，士妻食乳之而已。❶

❶ 「士妻」，原作「亡妾」，今據《禮記注疏》改。

「他人無事不往。」

魯孝公義保臧氏。初，孝公父武公與其二子長子括、中子戲朝周宣王。宣王立戲爲魯太子。武公薨，戲立，是爲懿公。❶孝公時號公子稱，最少。義保與其子俱入宫養公子稱。括之子曰伯御，與魯人作亂，攻殺懿公而自立，求公子稱于宫中，入殺之。義保聞伯御將殺稱，衣其子以稱之衣，卧于稱之處，伯御殺之。義保遂抱稱以出，遇稱之舅魯大夫于外。舅問：「稱死乎？」義保曰：「不死，在此。」舅曰：「何以得免？」義保曰：「以吾子代之。」義保遂抱以逃。十一年，魯大夫皆知稱之在保，以是請周天子殺伯御，❷立稱，爲孝公。

秦攻魏，破之，殺魏王，誅諸公子，❸而一公子不得。令魏國曰：「得公子者，賜金千鎰。匿之者，罪至夷。」公子乳母與公子俱逃。魏之故臣見乳母，識之，曰：「乳母固無恙乎？」乳母曰：「嗟乎！吾奈公子何！」故臣曰：「今公子安在？吾聞秦令曰：有能得公子者，賜金千鎰；匿之者，罪至夷。乳母倘知其處乎？而言之則可以得千金。知而不言，則昆弟無類矣！」乳母曰：「吁！我不知公子之處。」故臣曰：「我聞公子與乳母俱逃。」曰：「吾雖知之，亦終不可以言。」故臣曰：「今魏國以破亡，族已滅矣。子匿之，尚誰爲乎？」母曰：「吁！夫見利而反上者逆，畏死而棄義者亂也。今持逆亂而以求利，吾不爲也。且夫凡爲人養子者，務生

❶「是」，原作「長」，今據四庫本及《列女傳》改。

❷「以」，四庫本作「於」。

❸「子」，原闕，今據四庫本補。

之，非爲殺之也，豈可以利賞畏誅之故，廢正義而行逆節哉？ 妾不能生而令公子禽矣。」乳母遂抱公子逃于深澤之中。故臣以告秦軍，追見，争射之。乳母以身爲公子蔽矢，矢着身者數十，與公子俱死。秦君聞之，貴其能守忠死義，乃以卿禮葬之，祠以太牢，寵其兄爲五大夫，賜金百鎰。

唐初，王世充之臣獨孤武都謀叛歸唐，事覺誅死。子師仁始三歲，世充憐其幼，不殺，命禁掌之。其乳母王蘭英求自髡鉗，入保養師仁，世充許之。蘭英鞠育備至。時喪亂凶飢，人多餓死。蘭英乞丐捃拾，每有所得，輒歸哺師仁，自惟啖土飲水而已。久之，詐爲捃拾，竊抱師仁奔長安。高祖嘉其義，下詔曰：「師仁乳母王氏，慈惠有聞，撫育無倦，提携遺幼，背逆歸朝，宜有褒隆。以錫其號，可封『壽永郡君』。」

五代漢鳳翔節度使侯益入朝，右衛大將軍王景崇叛于鳳翔，有怨于益，盡殺其家屬七十餘人。益孫延廣尚襁褓，乳母劉氏以己子易之，抱延廣而逃。乞食于路，以達大梁，歸于益家。

嗚呼！ 人無貴賤，顧其爲善何如耳！ 觀此乳母保忘身狥義，字人之孤，名流後世，雖古烈士，何以過哉！

附録

馬巒識語

巒幸生司馬文公之鄉，垂髫即知企慕。凡公之書，雖隻字片言，必珍收寶重。迨晚遊太學，獲識内翰澶淵春陵晁公瑮。一日，出其家所藏文正公《家範》示予曰：「此我遠祖景迂公之所遺也。」景迂爲温公高弟，故得親受是書于温公。比温公之没，隨遭黨禍，故又不得刊布天下而僅世守于家如此也。巒捧讀，忻忭如獲拱璧。適以文務，未遑手録，乃倩人摹寫。既越月而始克成編。竊惟天下之本在國，國之本在家。凡家之人誠能父父子子兄兄弟弟以至于祖孫叔姓夫婦姊姒主僕之間，莫不各盡其道而齊其家，則達之國而國治，推之天下而天下平矣。故孟子曰：「道在迩，事在易，人人親其親，長其長，而天下平也。」温公《家範》之作，蓋誠知所本矣。觀其爲政一年而遂致旋乾轉坤之業，豈無所自而然哉！昔子朱子尊信温公《稽古録》，謂小兒讀六經終，可使接續讀去，予于《家範》亦云。但其字舛謬不可讀，仍俟少暇，躬自校讐，倘獲寸進，勉圖鋟梓。使得與《傳家集》并行于世，庶不負爲公之鄉後生乎。爰記厥由于編末，垂示我後人，俾知珍守，勿或漫視致遺落云。

嘉靖甲寅孟春朔日涑水後學希迂生馬巒子端甫識。

刻温公家範序

予祖温公夏人也。自公曾孫吏部侍郎彶扈宋高宗駕南渡，遷浙之山陰，子孫因家焉。距祉以譜系計，凡十有六世矣。先是，由甲第起家者若族祖曰恂、曰亜，率來展謁塋下，修舉祀事。家君相登，正德辛巳進士，嘉靖丁亥主事比部，請假伏臘，舉春盤瞻依，戀戀不忍去。垂卜築於兹，竟以解組未果。伯兄癸丑進士，初甫任遽卒，亦抱志以終。迄隆慶丁卯，祉始携伯兄子晰偕來奉祀，用成父志云。顧夫奔旅之後，遺書湮失。矧自浙來夏，負笈間關，自《傳家集》而外，《稽古》、《潛虚》、《徽言録》，僅僅數卷，相與珍守而寶藏之。每恨未備，又自慚積書未能讀，且未能守也。乃邑有馬氏，好古多經籍，自其梅軒公與家君友善，迨雲樓君亦熟交於伯兄，嗣是其子若孫誼隆世講間，出其所藏《温公家範》者示予。予誦之愧而思曰：《家範》以範家也，而爲子孫者至是始得閲之。於是計晷而録，欲削木而梓而未之就。適守翁陳侯來涖兹土，所行事一以公爲師。逾三年，侯以奏最，❶奉命當擢去，而以無所裨述作於先公爲歉。审知其故，索而梓之。不越旬而厥工告竣。嗚呼！侯之用心於先公也亦篤且斷矣哉！蓋昔者宋哲后重先公之亡命，蘇文忠公表其墓而揭其文於豐碑，以樹昭厥德。後爲奸黨所擠仆之而碑以掩没。比金皇统間，有龜杏之異，賴王令而故物復存。以是知物之隐顯，固有其時，亦有待於人也。微王令則昭德之碑未獲存於今，微陳侯則垂世之書或未

---

❶「侯」上，原有字，漫漶不清，疑爲「陳」。

遽傳於後世。其功蓋俱甚博也已！或者謂先公著述，其用心與力之勞不盡此，而以是示人，得無漏乎？予曰：積德冥冥之中，爲子孫長久計，此先公言也。《家範》爲子孫謀也，而所謂積德者，於此亦略可見。故夫讀是書者，知先公積德之意，則知我侯命刻之意矣。是爲序。旹萬曆乙亥季春之吉賜進士出身觀禮部政温公十六世孫治下門生司馬祉頓首撰。

宋司馬温國文正公家範後序❶

吾夏乃宋太師司馬温國文正公之鄉也。先曾太父都諫梅軒翁訓子弟必以温公爲楷範，以故先太父企慕温公，號希迂子。于凡温公之書，雖隻字片言，必珍收寶貯。迨晚遊太學，與澶淵春陵晁内翰相友善。内翰之遠祖景迂先生受學于温公，故其家所藏有温公《家範》。内翰暇日出畀與我太父，我太父受讀忻忭如獲拱璧，乃録以歸，藏諸家塾，迄今二十有七年矣。欲勉圖鋟梓，而力實未之逮也。先太父棄養之六年，爲萬曆乙亥，乃我守軒神君陳公涖夏之三年也。是時政善民和，百墜具舉。乃欽崇先哲，索温公遺書而刊之。家君乃出以獻，且告以故。神君曰：吾志也，是惡可以弗傳！乃命龍及温公之裔孫雲岳氏校其舛訛而亟壽諸梓。不越旬而工人告成。龍仰承神君之休命，稽首而叙之于後曰：書靡範何書也？言靡範何言也？言書靡範，雖聯編縷章，贅焉亡補。昔人有是言矣，乃《家範》之爲書，事擷古今，義無述作，上自卿士，下逮

❶「宋」，原漫漶，今補。

庶人，凡家行隆美可爲世法者，罔不備載。公之天下，允可範俗。昔子朱子稱温公之言如桑麻布粟，覩于此而益信矣。乃若書之傳，則以範吾夏以範四方，爲聖朝風化之助，又不獨爲司馬氏一家之範已耳。兹我神君命刻之意也。其視言書靡範而徒以加災于木、聯編縷章而贅焉亡補者，相去奚啻天壤！但向微晁氏，則《家範》之書不傳于今；時微我太父，則《家範》之書不歸于温公之梓里；微我陳神君，則五百載不刊之書不得遍及于天下也，其功顧不偉哉！嗚呼，先太父之藏是書也，其用心亦勤矣！何幸有好古君子如我陳神君者而鋟梓于今日也耶！又何不幸而早逝不得躬逢好古君子如我陳神君者，而使之瞑目于地下也耶！予于是乎有感。陳神君名世寶，字介錫。晁内翰名瑮，字君石。先曾大父名騤，字世用。先大父名巒，字子端。家君名珂，字公振。奉神君之命而叙之者，希迂子之長孫馬化龍也。

萬曆三年歲次乙亥孟夏吉旦禹都後學鳳巢馬化龍頓首謹書。

新刻温公家範序

先朝司馬文正公，人物一時之冠。因時政不協，退而著書立言，緝有《家範》一帙若干篇，將以垂之子孫，世守之，使無違其則者。世遠人湮，此書散逸久矣。鉅鹿陳侍御公初涖夏邑，慕文正公爲其鄉先達，侍御公固志在天下國家者，搜其遺書曰《家範》，得而翻閱焉。蓋收之於散落之餘，公爲之訂其訛，叙其次，分之爲十卷，既已付而鋟之梓矣。至是奉命巡視東南河道，肅紀貞度。自公之暇，輒取是册而披之，每喟然興歎曰：「古人治國平天下之具，自脩齊始，其要莫大焉。是刻也，豈特可行之一鄉而止于一鄉之人知所範也哉！」顧其傳不廣則行不遠，出以示人曰：「天下皆家也，皆家皆當範於斯也！」復屬余取梓而鋟之，將以播之人人而垂之世世。今攷其書，彝倫之道，靡細不載，以言乎九族之間則備矣。上自聖經賢傳之盡制盡倫，與夫聖帝明王之高踪遐矩；下自王公大人一行之幾乎道，與夫田夫稚子一節之中乎倫。處家庭之常者自合乎經，遭人倫之變者不失其正。其擇之者靡不精，而語之者靡不詳。大哉《家範》乎！誠可以爲天下後世取則矣！《禮記》謂「一道德以同俗」者不出乎此，吾人慎斯以往，能使一家之人其分秩如，其和雝如，其儀凛如。内外由是，尊卑由是，親疏厚薄由是。《孟子》曰：「人人親其親，長其長，而天下平。」固有不出户庭之間而治道可登于上理矣！文王之化，泳于《周南》，説者以爲脩身齊家之效，南國諸侯大夫被其化者，皆知所以脩身而正其家。不爲《周南》、《召南》，夫子以爲正墻面而立，則是《範》之係於人也，豈淺淺乎哉！文正公以是筆之於書，則所以貽厥孫謀也，其説長；侍御公以是鏤之於版，則所以嘉惠後學也，其志遠。於乎！士君子之在當世皆有天下國家之責者，若知二公垂範之爲功矣，亦知所以脩於家不出乎《範》，以成二公之功者哉！

萬曆七年季夏朔日賜進士出身知東昌府事馬平後學莫與齊頓首拜書。

温公家範跋

晰隨叔父自浙來夏時，笈置未久，而我默翁陳侯來宰吾邑。凡所以存䘏其初復者意靡弗至。及叔父暨晰襲德教，叨領薦簡，是其貽惠于我先文正公者爲何如！迄今牧用厎績，而鴻聞淑譽洽中外。行膺徵命，猶取先公所著《家範》鋟之，用以惠夫四方之未獲覩者。夫書以《家範》名，先公之意非敢欲爲範于天下，直欲其家範之耳。而侯則梓以廣其傳，顧其功不甚鉅且遠哉！若不肖輩雖幸有寸躋，實默成于積德，詎敢謂遺書能讀，與遺範能遵乎？惟我侯惠施一邑，分兼養教，即是編之鋟，雖謂之丁寧申飭吾家，亦無不宜者。晰嗣自今，敢不勉竭駑力，未副先訓之百一。雖持之以復我侯德意者，固將在是矣。且是役所需，惟俸料之出，所校以牧爱之餘，儷之他鋟爲不侔，尤不可不竊附數語于簡末云。

温公十七世孫癸酉舉人治下門生司馬晰頓首謹跋。

《儒藏》精華編選刊

即出書目（二〇二三）

白虎通德論
誠齋集
春秋本義
春秋集傳大全
春秋左氏傳賈服注輯述
春秋左氏傳舊注疏證
春秋左傳讀
道南源委
桴亭先生文集
復初齋文集
廣雅疏證
龜山先生語録
郭店楚墓竹簡十二種校釋
國語正義
涇野先生文集
康齋先生文集
孔子家語　曾子注釋
禮書通故
論語全解
毛詩後箋
毛詩稽古編
孟子正義
孟子注疏
閩中理學淵源考
木鐘集
群經平議

三魚堂文集　外集
上海博物館藏楚竹書十九種校釋
尚書集注音疏
詩本義
詩經世本古義
詩毛氏傳疏
詩三家義集疏
書疑　東坡書傳　尚書表注
書傳大全
四書集編
四書蒙引
四書纂疏
宋名臣言行録
孫明復先生小集　春秋尊王發微
文定集

五峰集　胡子知言
小學集註
孝經注解　温公易説　司馬氏書儀　家範
犨經室集
伊川擊壤集
儀禮圖
儀禮章句
易漢學
游定夫先生集
御選明臣奏議
周易口義　洪範口義
周易姚氏學